软件开发人才培养系列丛书

吕迪 王勇刚 李光灿 陈斌◎主编 杨志琴 周华君 石宜金 李世辉◎副主编

Java 程序设计基础与实战

微课版 | 附上机实验

人民邮电出版社

北京

图书在版编目（CIP）数据

Java程序设计基础与实战 ：微课版 ：附上机实验 / 吕迪等主编. -- 北京 ：人民邮电出版社，2024.3
（软件开发人才培养系列丛书）
ISBN 978-7-115-63066-7

Ⅰ. ①J… Ⅱ. ①吕… Ⅲ. ①JAVA语言－程序设计－教材 Ⅳ. ①TP312.8

中国国家版本馆CIP数据核字(2023)第204009号

内 容 提 要

本书结合 Java 技术栈的常用技术和软件构造的底层思维，由浅入深、全面系统地讲解 Java 的相关知识。全书共 11 章，主要内容包括 Java 简介，Java 基础知识，类和对象，继承、抽象类和接口，异常，常用类库，输入流和输出流，集合，数据库的连接，多线程，网络编程基础。Java 知识点庞杂，本书的讲解以“宜用”为基础，在讲解 Java 基础知识的过程中配以示例，而且每章配套习题（含编程题）和上机实验。另外，本书提供一套完整的课程设计（共 6 个子题目），读者可以通过实践逐步掌握系统设计的原则和软件构造的步骤。

本书可作为计算机科学与技术、软件工程等专业的教材，也可供以 Java 为基础的软件开发人员参考使用。

◆ 主　　编　吕　迪　王勇刚　李光灿　陈　斌
副 主 编　杨志琴　周华君　石宜金　李世辉
责任编辑　王　宣
责任印制　王　郁　陈　犇

◆ 人民邮电出版社出版发行　　北京市丰台区成寿寺路 11 号
邮编　100164　　电子邮件　315@ptpress.com.cn
网址　https://www.ptpress.com.cn
三河市君旺印务有限公司印刷

◆ 开本：787×1092　1/16
印张：17.5　　2024 年 3 月第 1 版
字数：505 千字　　2024 年 3 月河北第 1 次印刷

定价：69.80 元

读者服务热线：(010)81055256　印装质量热线：(010)81055316
反盗版热线：(010)81055315
广告经营许可证：京东市监广登字 20170147 号

写作初衷

Java 发展至今，已经成为软件行业的主力开发语言之一。Java 知识点庞杂，读者在短期内很难掌握其所有技术细节。程序员若要掌握以 Java 为核心的技术栈，就必须熟练掌握这门语言的各种技术细节。编者作为高校教师，对自身近 10 年的教学经验进行总结，编成这本易学、宜教、实用的 Java 教材。

本书内容

本书基于 Java 8 的新特性进行讲解，首先讲解基础知识，每章设计基础示例，同时融入面向对象的程序设计思维和软件构造的过程。章末提供习题和上机实验，让读者可以及时巩固所学知识。特别地，编者将第 1 章～第 9 章的内容进行整合，组合成包含 6 个子题目的课程设计。课程设计内容涵盖 Java 开发中的一些常用技术，最终引导读者实现一个简单的系统。请读者务必跟随编者完成课程设计，相信这能让读者深刻领会编程的乐趣。

本书共 11 章，各章主要内容介绍及学时建议如表 1 所示。

表 1　各章主要内容介绍及学时建议

章序	章名	主要内容	理论学时（58 学时）	实验学时（20 学时）
第 1 章	Java 简介	Java 的基本情况、Java 的特性、Java 虚拟机、搭建 Java 运行环境、Java 的注释和编程风格	2	1
第 2 章	Java 基础知识	标识符与关键字、数据类型、数组、运算符和表达式、程序控制结构	8	2
第 3 章	类和对象	类、对象、成员方法、构造方法、方法调用	8	2
第 4 章	继承、抽象类和接口	继承、封装、抽象类、接口、多态、内部类、反射	8	4
第 5 章	异常	异常的含义和分类、异常处理机制、异常的抛出方式、常见异常	4	1
第 6 章	常用类库	Java 类库结构、System 类、String 类、正则表达式、日期和时间类	4	1
第 7 章	输入流和输出流	流的概念、流的结构体系、File 类、字节流、字符流、对象序列化与反序列化、标准 I/O 流	4	2
第 8 章	集合	集合概述、List 接口、Set 接口、ArrayList 类、Map 接口、HashMap 类	4	2
第 9 章	数据库的连接	JDBC 连接数据库的原理、数据库操作、数据库事务处理	6	3
第 10 章	多线程	线程、线程的生命周期、创建线程的方式、线程常用方法、线程同步、守护线程	6	1
第 11 章	网络编程基础	URL 类、InetAddress 类、套接字、UDP 数据报、Java 远程调用	4	1

本书特色

为了方便读者掌握 Java 的核心思想，理解软件设计的思维，本书采用基础知识+示例+习题+课程设计的模式，循序渐进地引领读者进入“编程世界”。本书特色如下。

1．以易学、宜教、实用为原则，构建内容体系，提升学习效果

每章设计入门示例供读者练习，配套微课视频，仔细讲解编码过程，降低初学者的上手难度。本书采用的知识结构和配套的课程设计，由浅入深，循序渐进，可以助力院校教师顺利开展教学工作。Java 的知识点细节较多，本书针对常用技术进行详细讲解，可以帮助读者提升学习效果。

2．融入丰富示例、习题与上机实验，巩固所学理论，强化实战能力

本书以 Java 技术栈常用知识点为线索，为各章的知识点讲解设计了丰富示例；同时，为便于读者及时巩固各章所学，为每章配套课后习题，其中包括编程题；此外，还在每章最后编排了上机实验，多维强化读者的实战能力，同时也可以支撑院校教师在上完理论课以后开展对应的实验课。

3．系统构建入门级的课程设计，贯穿主要知识点，培养工程意识

本书在附录部分设计了一个入门级的课程设计，共 6 个子题目，贯穿了本书第 1 章～第 9 章的主要知识点，通过要求读者开发实际的系统来培养读者的工程意识。高校教师可以利用课程设计的内容开展期末的教学工作，或者开展 Java 程序设计相关课程所配套的课程设计教学工作。

4．针对重点知识录制微课视频，提供丰富资源，助力院校教学

编者针对本书重点知识录制了微课视频进行深入讲解，以帮助读者高效自学；同时，编者为本书打造了丰富的教辅资源，包括 PPT、教学大纲、教案、课程设计、习题答案、程序源代码等，可以帮助高校教师开展线上线下混合式教学。

学习建议

为了让读者获得更好的学习效果，编者给出如下建议供读者在学习的过程中参考。

建议一：首先掌握 Java 的基础知识；在学习过程中要多写代码，在编码过程中如果遇到 bug 要多调试，通过解决 bug 来巩固对相关知识点的理解。

建议二：掌握 Java 的基础知识之后，务必完成配套的课程设计，这有助于读者理解软件构造的过程；在学习过程中，切勿“急于求成”，而须“循序渐进”。

编者团队

本书编者均为高校计算机相关专业的教师。本书第 1 章～第 6 章由吕迪、王勇刚、石宜金、杨志琴负责编写，第 7 章～第 11 章由李光灿、周华君、李世辉负责编写。陈斌负责本书的设计和审核，吕迪负责全部课程设计的系统研发与测试，以及本书的统稿工作。

由于编者水平有限，书中难免存在表达欠妥之处，因此，编者由衷希望广大读者朋友和专家学者能够拨冗提出宝贵的修改建议。修改建议可以直接发送至编者的电子邮箱：47038756@qq.com。

编　者

2023 年夏于云南丽江

目录

第1章 Java简介

第2章 Java基础知识

第3章 类和对象

第 4 章 继承、抽象类和接口

第 5 章 异常

第6章 常用类库

第7章 输入流和输出流

第8章 集合

第9章
数据库的连接

第10章
多线程

第11章
网络编程基础

附录
课程设计：班级信息管理系统开发

参考文献

第1章 Java 简介

章节概述

Java 是一种软件开发语言，时至今日依然占据较高的市场份额，是程序员需要掌握的一种程序设计语言。Java 的知识点较多，在学习过程中应当循序渐进，通过大量代码实践是掌握程序设计语言的必经之路。本章主要介绍 Java 的基本情况、Java 的特性、Java 虚拟机、如何搭建 Java 运行环境、第一个 Java 程序如何编写、Java 注释和编程风格等内容。

1.1 Java 的基本情况

Java 的应用

Java 的诞生源于一个美丽的意外，1990 年末，Sun 公司启动了由 James Gosling（詹姆斯・高斯林）等人参与的“Green 计划”，需要为嵌入式智能家居编写一个通电控制系统。随着项目的推进，项目团队意外创建了一种全新的程序设计语言——OAK，到了 1995 年 OAK 正式命名为 Java。伴随着 IT（Information Technology，信息技术）行业的发展，Java 在 Android 平台上获得了大展拳脚的机会。也由于其轻量化、网络编程、跨平台等特点，Java 逐渐成为 Internet 中最受欢迎的程序设计语言之一。

目前 Java 主要有平台标准版（Java SE）、平台企业版（Java EE）和平台微型版（Java ME）这 3 个版本。本书是通过 Java SE 对 Java 进行介绍的。

使用 Java 的程序员人数众多，社区资源丰富，Java 的应用领域几乎涉及社会生活的各个方面，概括来讲有以下几个方面：嵌入式开发、软件开发、大数据应用、Web 应用开发、企业级应用开发、手机 App 开发、电子商务、游戏开发等。

1.2 Java 的特性

Java 语言的特性

1．简单

Java 简单高效，易学好用。Java 是在 C 语言和 C++的基础上发展而来的，但是与这两种语言相比，Java 更加简单。Java 优化了 C++中一些容易混淆的概念，例如，Java 不再强调指针的使用。Java 以更清楚、更好理解的方式实现这些易混淆的概念，例如 Java 使用接口替代了多重继承，使得程序不再复杂、烦琐。

2．安全

Java 常被用于网络及分布式环境中。Java 作为一种网络程序设计语言，语言的安全性尤为重要。Java 通过提供类库可以处理 TCP/IP（Transmission Control Protocol/Internet Protocol，传输控制协议/互联网协议），用户可以通过 URL（Uniform Resource Locator，统一资源定位符）在网络上方便地访问其他对象。同时为了确保安全，Java 提供了许多安全机制，例如 Java 本身的安全性设计，以及严格的编译检查、运行检查和网络接口的安全检查。

3．面向对象

Java 是面向对象的高级程序设计语言。面向对象编程更符合人们的思维模式，有利于人们开拓思维，在具体的开发过程中便于进行程序的划分，方便分工合作，提高开发效率。

4．跨平台

Java 是跨平台的程序设计语言，这是 Java 与其他语言相比具有的核心优势，即利用 Java 编写的程序，经过一次编译后可以在多个操作系统平台上运行。具体跨平台的实现原理将在 1.4 节中阐述。

5．健壮性（鲁棒性）

Java 是强类型化的语言。在编译和运行程序时，Java 会对可能出现的问题进行检查，以消除错误。Java 还提供了自动垃圾回收（Garbage Collection，GC）机制来进行内存管理，防止出现内存管理错误。Java 通过面向对象异常处理功能，揭示在编译时可能出现但未被处理的异常。另外，Java 在编译时还可捕获类型声明中的许多常见错误，防止动态运行时出现不匹配问题。

6．多线程

Java 内置对多线程的支持机制。Java 提供了实现多线程的类和接口，使用它们进行程序设计能够将一个应用程序的运行逻辑划分成小的、独立的进程。一个进程中可以并发多个线程。线程是进程中的独立运行单元，每个线程并行执行不同的任务，从而实现应用程序可以在同时段内完成多项任务的目的。Java 相应的同步机制还可以保证不同线程能够正确共享数据，让应用程序具有较好的交互性和实时控制能力。

7．动态性

Java 虽然不是动态语言，但是它具有一些动态特性。Java 程序的基本构成模块就是类。Java 程序运行时允许应用程序动态地将所需要的类载入运行环境，这些类可以是程序员自己编写的，也可以是通过网络从 Java 类库中载入的。类是运行时动态装载的，这就使得 Java 能够在分布式环境中动态地维护程序及类库，而不用像 C++，每当在类中新增一个成员变量或者一种成员方法，引用该类的子类时相应的程序都必须重新修改和编译。

8．编译和解释

Java 作为高级程序设计语言，同时具有编译型语言和解释型语言的特征。C 语言、C++等属于编译型语言。使用编译型语言编写的源代码在运行之前，需要通过编译器将源代码编译并生成可执行程序，使其脱离开发环境，在特定的操作系统上独立运行。但是编译型语言的源代码是一次性地被“翻译”成指定操作系统的可执行程序，因此无法将编译生成的可执行程序移植到其他操作系统上运行。JavaScript、Python 等属于解释型语言。使用解释型语言编写的源代码在运行时不会被直接整体性地“翻译”成可执行程序，而是由专门的解释器逐行解释成指定操作系统的可执行程序并立即执行。用 Java 编写的应用程序需要经过编译、解释两个步骤。使用编辑器编译 Java 源代码时，生成的是与操作系统无关的字节码文件，再由虚拟机进行解释执行。Java 中负责解释执行的是 JVM（Java Virtual Machine，Java 虚拟机）。面对不同的操作系统，会有不同的 JVM。

9．丰富的类库

Java 提供了丰富的类库。通过使用这些类库，可以提高开发效率，降低开发难度。具体内容将在第 6 章中深入探讨。

除了以上特性，Java 还具有可移植性、网络适用性和高性能等特征。

1.3 Java 虚拟机

Java 虚拟机（JVM）

1.2 节中提到 Java 是编译型与解释型两种语言类型的结合，用 Java 编写的应用程序需要经过编译、解释两个步骤。具体而言，首先利用文本编辑器或其他开发工具编写好 Java 源代码（扩展名为.java），再利用编译器（Javac）将源代码编译成字节码文件（扩展名为.class），最后利用 JVM 解释执行。

在上述过程中，JVM 作为中间转换器，其作用尤为重要。JVM 是可以运行字节码文件的核心虚拟机，所有操作系统上的 JVM 向编译器提供相同的编程接口。编译器只需面向 JVM，生成 JVM 能够理解的字节码文件，然后通过 JVM 来解释、执行。

JVM 是 Java 程序实现跨平台的关键部分。引入 JVM 后，Java 在不同平台上运行时不需要重新编译。但需要注意的是，Java 的跨平台性是需要相应平台支持并安装相应的 JVM 的，也就是用 Java 编写的源代码若要在某一个平台上运行，需要在该平台上部署 JVM。倘若该平台不支持 JVM，则 Java 源代码不能在其上运行。

1.4 搭建 Java 运行环境

运行环境

在编写、编译、运行 Java 程序之前，必须在计算机上安装并配置好 Java 开发所必需的环境。配置必需的开发环境需要下载 Java 的标准开发包 JDK（Java SE Development Kit），它是 Oracle 公司提供的 Java 应用程序开发包，包括 Java 编译器、Java 运行环境（Java Runtime Environment，JRE）、Java 标准库的核心类和接口（Java API）和一些 Java 工具等。

值得注意的是，JRE 是 Java 程序必需的运行环境，而 JDK 则是 Java 程序必需的开发环境。也就是说，如果只需要运行 Java 程序，安装 JRE 即可，不用安装 JDK。当然，实际上 JDK 中就已经包含 JRE，只要成功安装了 JDK 就可以运行 Java 程序。而且运行 Java 程序除了需要 JVM，还需要其他的工具，例如字节码校验器、类加载器等。也就是说 JRE 中除了包含 JVM 外，还包含运行 Java 程序的其他必需的环境。

1.4.1 下载 JDK

读者通过浏览 Oracle 官网，可以看到页面中不同平台对应不同版本的 JDK，根据硬件平台选择对应的 JDK 版本。本书以 64 位 Windows 系统安装为例，可以任意选择下载 x64 Installer 或 x64 MSI Installer 安装程序，单击右侧的网址进行下载。JDK 官方下载页面如图 1-1 所示。

本书选择下载 jdk-18_windows-x64_bin.exe 安装包到本地硬盘进行安装及讲解环境配置。

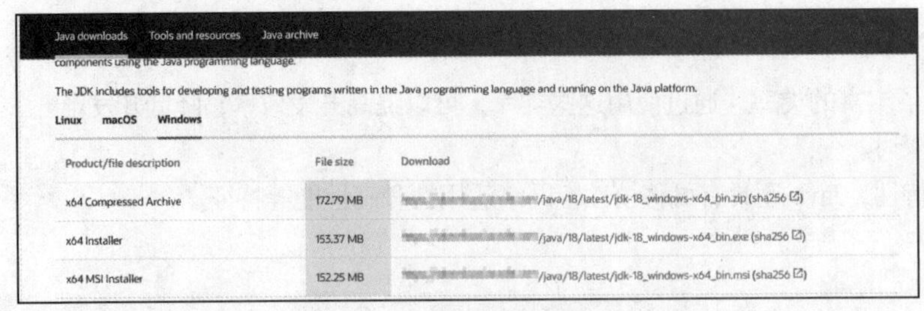

图 1-1　JDK 官方下载页面

1.4.2　安装 JDK

（1）安装步骤

① 双击“jdk-18_windows-x64_bin.exe”，弹出图 1-2 所示的界面，单击“下一步”按钮进行安装。

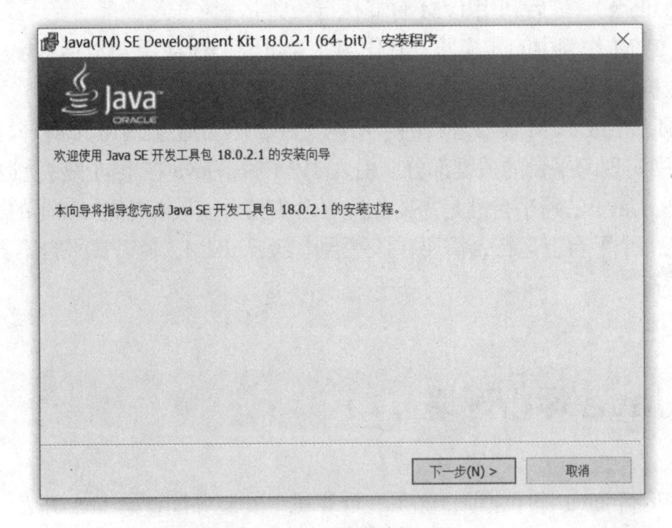

图 1-2　JDK 安装步骤 1

② 选择 JDK 安装位置，单击“下一步”按钮，如图 1-3 所示。

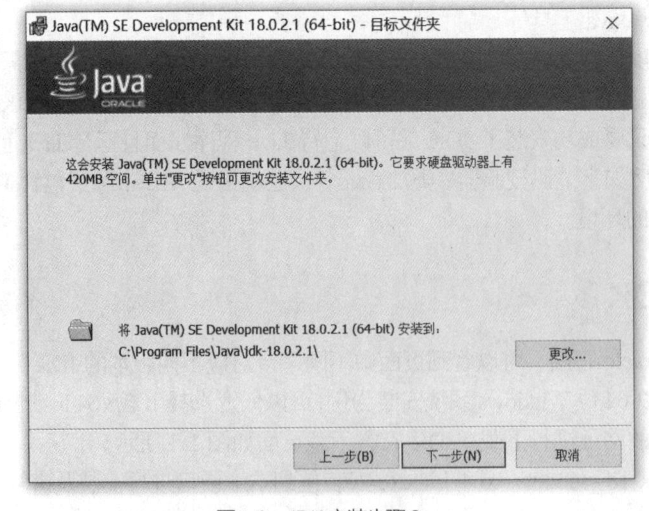

图 1-3　JDK 安装步骤 2

图 1-3 所示选择的是系统默认安装目录 C:\Program Files\Java\jdk-18.0.2.1\，读者可以根据个人需要单击“更改”按钮修改 JDK 安装路径。

设置完安装路径并单击“下一步”按钮后，即可进入安装进度界面，如图 1-4 所示。

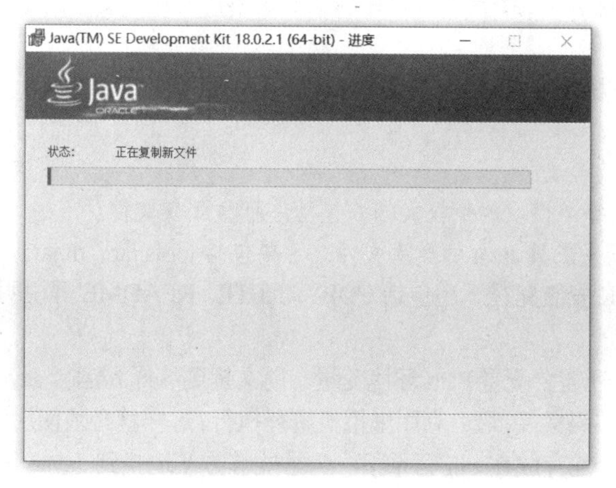

图 1-4　安装进度界面

③ 当出现图 1-5 所示界面时表示安装成功，单击“关闭”按钮完成 JDK 安装。

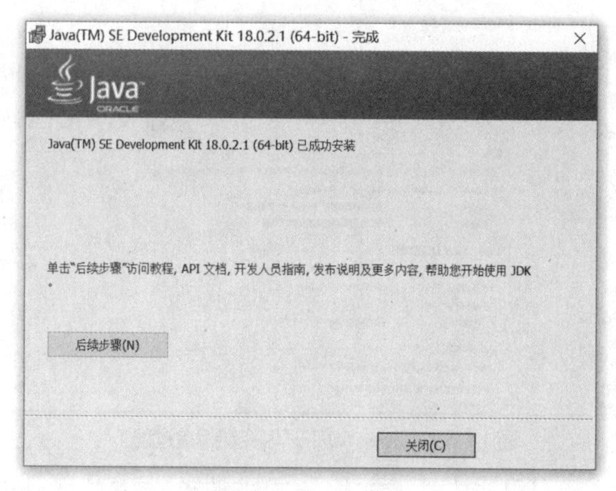

图 1-5　JDK 安装成功

（2）了解安装目录

完成 JDK 安装后，JDK 主要安装目录如图 1-6 所示。

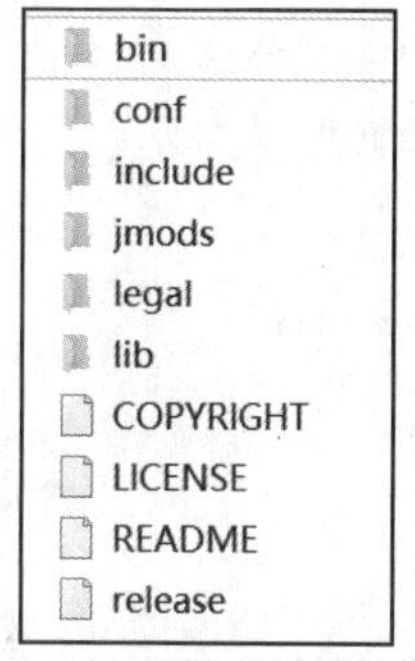

图 1-6　JDK 主要安装目录

对 JDK 安装目录的主要内容做如下解释。

- bin：JDK 中非常重要的目录，用于存放开发工具的可执行文件，除了包括 Javac.exe 与 Java.exe 两个 Java 程序编译和运行所必需的命令，还包括 jlink.exe、jar.exe 等命令。
- conf：用于存放配置文件，用户可以编辑该目录下的文件以更改 JDK 的访问权限、配置安全算法等。
- include：用于存放本地方法文件，支持 native-code 库使用 JVM Debugger（Java 虚拟机调试器）接口。
- jmods：用于存放模块。
- legal：用于存放每个模块的授权文档，包括许可和版权文件。
- lib：用于存放开发工具 Java 的类库文件，主要包括 tools.jar、dt.jar。

除以上目录外，JDK 安装路径下还包括 COPYRIGHT、README 等说明性文件。

（3）配置环境变量

完成 JDK 安装后，还需要配置 Path 环境变量。前文提到编译和运行 Java 程序需要先将 Java 源代码通过编译器编译成字节码文件，最后利用虚拟机解释执行，这样就必须使用到 JDK 下的 Javac 和 Java 这两个命令，这两个命令均存放在 bin 目录下。为了能够方便地找到 Javac 和 Java 命令，可以通过设置环境变量实现在任何目录中均可使用编译器和解释器。Windows 10 下环境变量配置过程如图 1-7～图 1-12 所示。

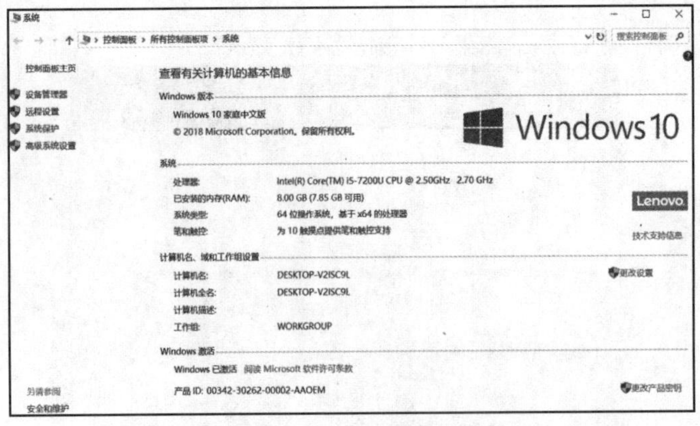

图 1-7　Windows 10 下环境变量配置过程 1

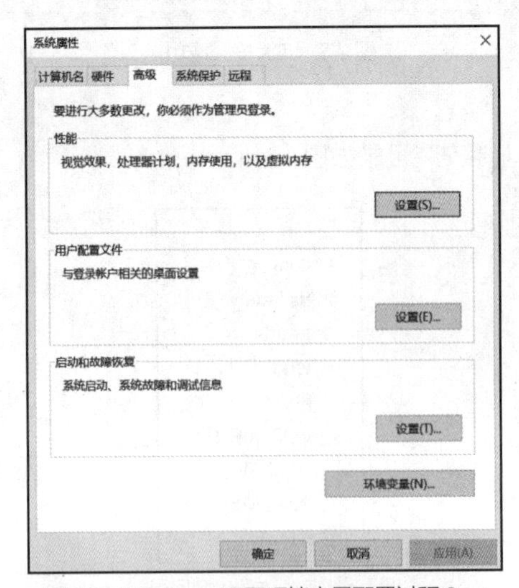

图 1-8　Windows 10 下环境变量配置过程 2

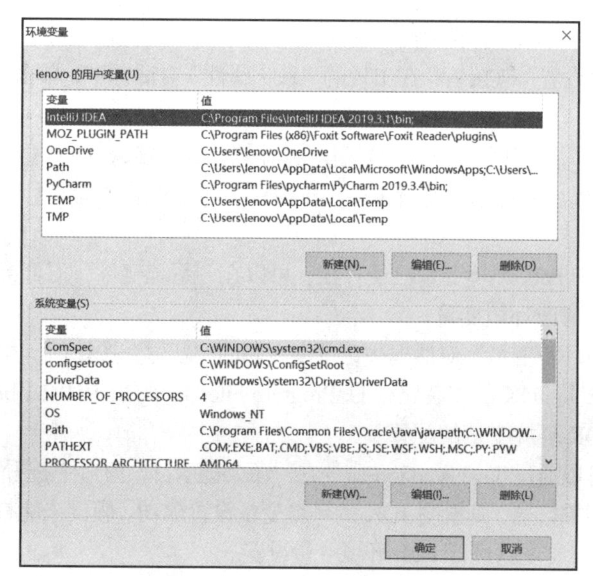

图 1-9　Windows 10 下环境变量配置过程 3

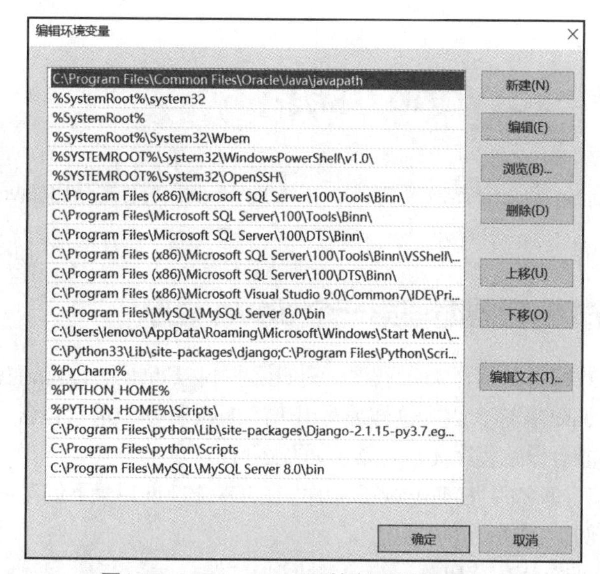

图 1-10　Windows 10 下环境变量配置过程 4

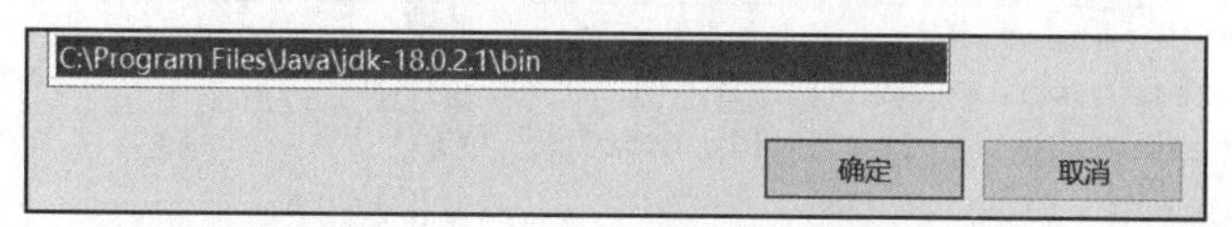

图 1-11　Windows 10 下环境变量配置过程 5

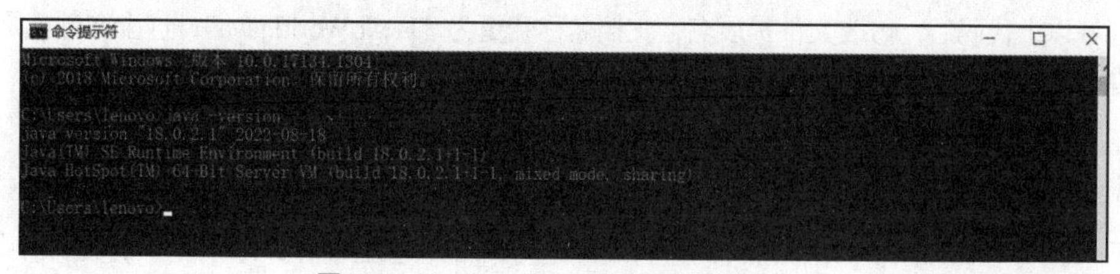

图 1-12　Windows 10 下环境变量配置过程 6

① 在计算机桌面上单击“此计算机”图标，单击鼠标右键，在出现的快捷菜单中选择“属性”命

令，在弹出的窗口中单击“高级系统设置”链接。

② 单击“高级系统设置”链接后，在出现的“系统属性”对话框中，单击“高级”选项卡下的“环境变量”按钮。

③ 单击“环境变量”按钮后，在“环境变量”对话框下修改或添加环境变量。这里可以进行用户变量和系统变量两种设置。注意用户变量主要用于设置当前用户的环境变量，而系统变量则用于设置整个系统的环境变量。

④ 在 Windows 10 中 Path 环境变量已经存在，可以在“系统变量”下直接单击“编辑”按钮打开“编辑环境变量”对话框修改环境变量。

⑤ 在打开的“编辑环境变量”对话框中，单击右侧的“新建”按钮后，在环境变量列表末尾处会出现一个空的环境变量，将 JDK 的安装路径 C:\Program Files\Java\jdk-18.0.2.1\bin 添加上，逐个单击“确定”按钮，就完成了 JDK 环境变量的配置。

⑥ 安装完成后，可以通过 Java -version 命令在“命令提示符”窗口中查看 JDK 的版本信息。若可以显示出当前 JDK 的相关信息，则说明 JDK 的环境变量设置成功。假设未能查看到 JDK 的相关信息，则说明环境搭建失败，需要重新进行 Path 环境变量设置。

至此，在 Windows 10 下搭建 JDK 环境成功，为 Java 程序开发工作做好了准备。

1.5 编写“HelloWorld”程序

现在编写、编译、运行第一个 Java 程序——“HelloWorld”，正式开启 Java 学习之旅。

编写著名的“HelloWorld”程序

1.5.1 利用无格式编辑器编写第一个 Java 程序

可以利用任何无格式编辑器编写 Java 程序，例如记事本、Edit 等。注意避免使用带格式的编辑器编写 Java 程序，因为这样编写出来的 Java 程序中通常包含一些隐藏的格式化字符，可能会导致程序无法正常编译及运行。

这里，利用记事本编写著名的“HelloWorld”程序。在 JDK 的 bin 目录下创建一个名为“HelloWorld.txt”的文档，在里面输入【例 1-1】所示的代码。

【例 1-1】“HelloWorld”程序代码。

```
1  public class HelloWorld{
2      public static void main(String[] args){
3          System.out.println("Hello World!!");
4      }
5  }
```

编写好以上代码后，修改文件扩展名，文档名称变更为“HelloWorld.java”，这个文件就是 Java 源代码文件。

1.5.2 编译运行 Java 程序

接下来，利用 Javac 命令对该源代码进行编译运行，编译过程如图 1-13 所示。首先打开“命令提示符”窗口，将路径切换至 HelloWorld.java 的存储路径下，本示例中 HelloWorld.java 的存储路径为 C:\Program Files\Java\jdk-18.0.2.1\bin。

```
命令提示符
Microsoft Windows [版本 10.0.17134.1304]
(c) 2018 Microsoft Corporation。保留所有权利。

C:\Users\lenovo>cd ..

C:\Users>cd ..

C:\>cd C:\Program Files\Java\jdk-18.0.2.1\bin

C:\Program Files\Java\jdk-18.0.2.1\bin>
```

图 1-13　编译 HelloWorld.java 源代码 1

再利用 Javac 命令将 HelloWorld.java 源代码编译成字节码文件。具体实现方法是在 HelloWorld.java 的存储路径下输入“javac HelloWorld.java”，按 Enter 键后完成编译，如图 1-14 所示。

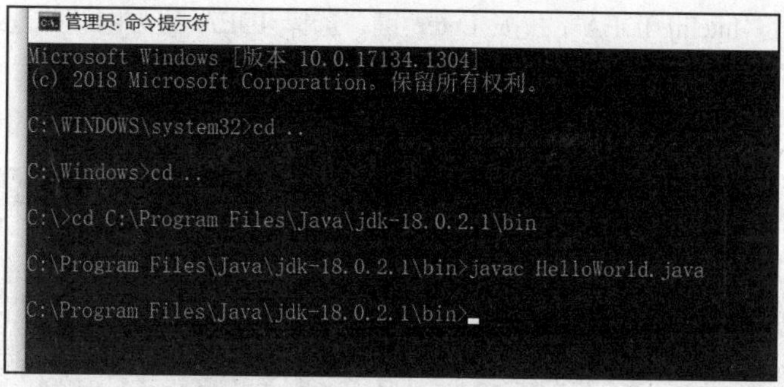

```
管理员: 命令提示符
Microsoft Windows [版本 10.0.17134.1304]
(c) 2018 Microsoft Corporation。保留所有权利。

C:\WINDOWS\system32>cd ..

C:\Windows>cd ..

C:\>cd C:\Program Files\Java\jdk-18.0.2.1\bin

C:\Program Files\Java\jdk-18.0.2.1\bin>javac HelloWorld.java

C:\Program Files\Java\jdk-18.0.2.1\bin>
```

图 1-14　编译 HelloWorld.java 源代码 2

编译完成后，在“命令提示符”窗口中不会出现提示信息，但是 Javac 命令执行成功后在 bin 文件目录下会出现一个 HelloWorld.class 文件，如图 1-15 所示。此文件就是编译成功后生成的字节码文件。

HelloWorld.class	2022-8-19 18:20	CLASS 文件

图 1-15　编译成功后产生的字节码文件

最后，可以使用 Java 命令解释运行 HelloWorld.class 字节码文件，解释运行过程如图 1-16 所示。具体做法是在 HelloWorld.class 所在的路径下输入“java HelloWorld”，按 Enter 键后完成解释运行。注意，这里文件名后面不需要加扩展名。

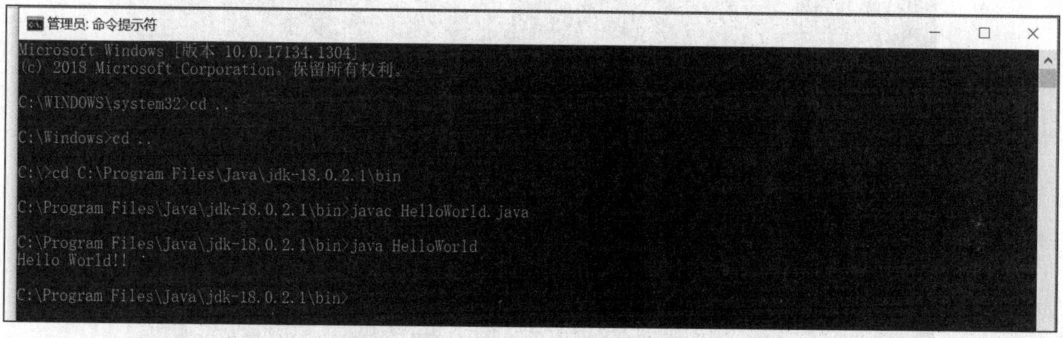

```
管理员: 命令提示符
Microsoft Windows [版本 10.0.17134.1304]
(c) 2018 Microsoft Corporation。保留所有权利。

C:\WINDOWS\system32>cd ..

C:\Windows>cd ..

C:\>cd C:\Program Files\Java\jdk-18.0.2.1\bin

C:\Program Files\Java\jdk-18.0.2.1\bin>javac HelloWorld.java

C:\Program Files\Java\jdk-18.0.2.1\bin>java HelloWorld
Hello World!!

C:\Program Files\Java\jdk-18.0.2.1\bin>
```

图 1-16　解释运行“HelloWorld”源代码

“HelloWorld”源代码的编译运行过程完成后，在“命令提示符”窗口会输出“Hello World!!”，这表明利用 Java 编写的“Hello World”程序运行成功。

1.5.3 IDEA 开发工具

前面编写的“Hello World”程序是利用无格式编辑器进行编写并手动编译运行的，这种编程手段对于 Java 程序而言，编写、编译及运行的效率较低，可以选择 IDEA 开发工具提高效率。

IDEA 全称为 IntelliJ IDEA，是 JetBrains 公司的产品，既可用于 Java 的集成开发环境（Integrated Development Environment，IDE），也可用于其他语言。

IDEA 在业界被公认为最好的 Java 开发工具之一，其在智能代码助手、代码自动提示、重构、J2EE 支持、Ant（构建工具）、JUnit（单元测试工具）、CVS（并发版本系统）整合、代码审查、创新的图形用户界面（Graphical User Interface，GUI）设计等方面的功能可以说是超常的。

（1）下载

通过浏览器搜索“Intellij IDEA”并按 Enter 键，选择 IDEA 官方网站并进入。IDEA 的版本有“Ultimate”（付费的完整版，功能齐全）和“Community”（免费的社区版，功能不全）两个版本，学习阶段建议使用社区版即可，IDEA 下载页面如图 1-17 所示。

图 1-17　IDEA 下载页面 1

在页面中可选择下载的文件格式（扩展名为.exe），如图 1-18 所示，然后单击“下载”按钮。

图 1-18　IDEA 下载页面 2

弹出“新建下载任务”对话框后，在其中选择一个存放下载文件的路径，最后单击“下载”按钮，如图 1-19 所示。

图 1-19　IDEA 文件存放路径

（2）安装及配置

找到下载好的 IDEA 安装文件，双击运行它，进入图 1-20 所示的界面，单击“Next”按钮。

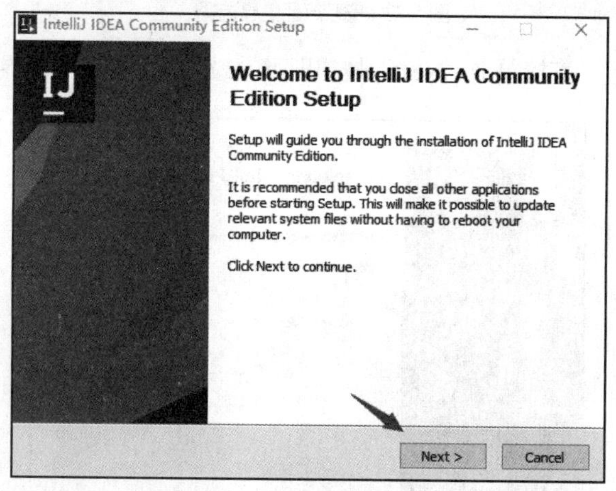

图 1-20　安装界面

若需要修改安装目录，可单击“Browse”按钮进行选择，安装目录设置好后，单击“Next”按钮，如图 1-21 所示。

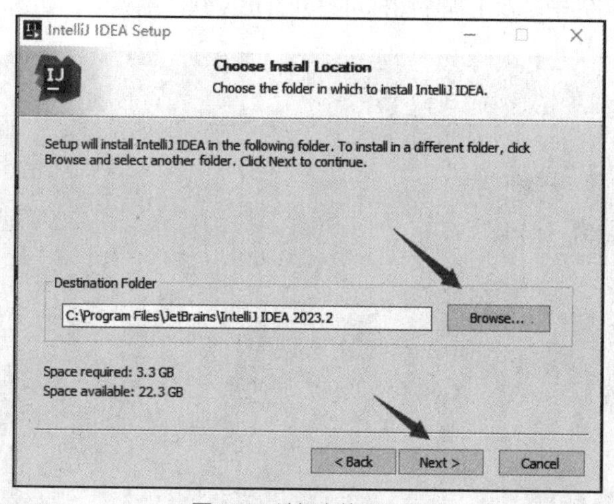

图 1-21　选择安装目录

选择需要安装的产品信息，这里勾选“Add ‘bin’ folder to the PATH”（将 IDEA 配置到系统的环境变量中），勾选“.java”（关联扩展名为.java 的文件），其他选项根据需要进行选择，然后单击“Next”按钮，如图 1-22 所示。

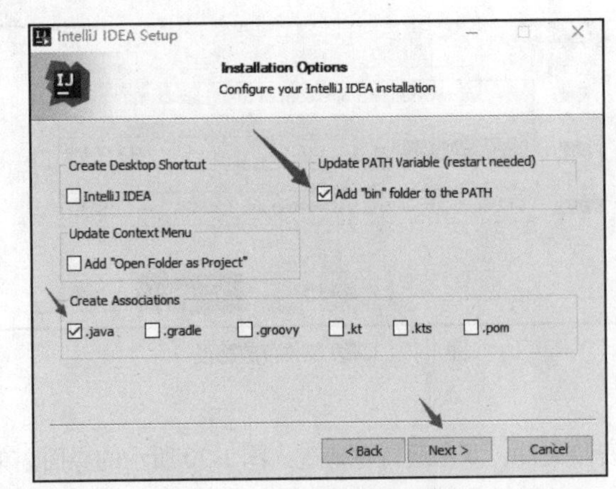

图 1-22　安装产品信息选择

后面不需要进行设置，直接单击“Next”按钮即可，最后软件安装完成界面如图 1-23 所示。

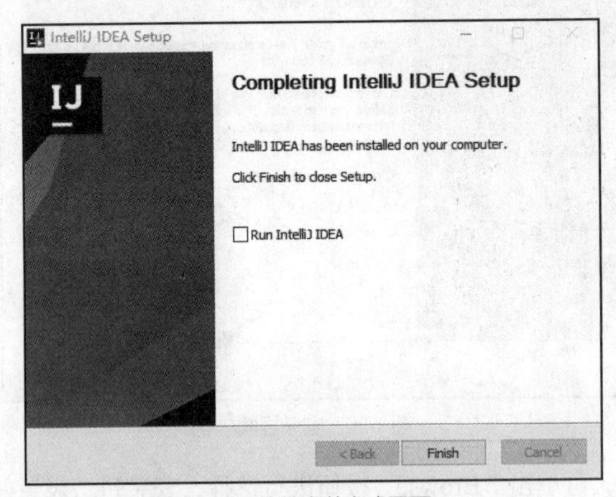

图 1-23　软件安装完成界面

至此 IDEA 已经安装完毕。双击程序图标可打开 IDEA 软件主界面，如图 1-24 所示。

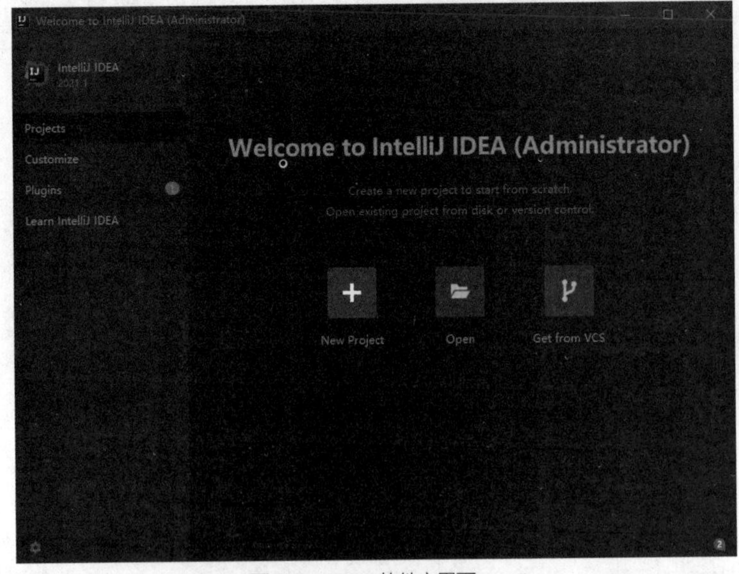

图 1-24　IDEA 软件主界面

（3）使用 IDEA 编写“HelloWorld”程序

利用 IDEA 编写 Java 程序，首先需要创建一个 Java 项目，如图 1-25 所示。

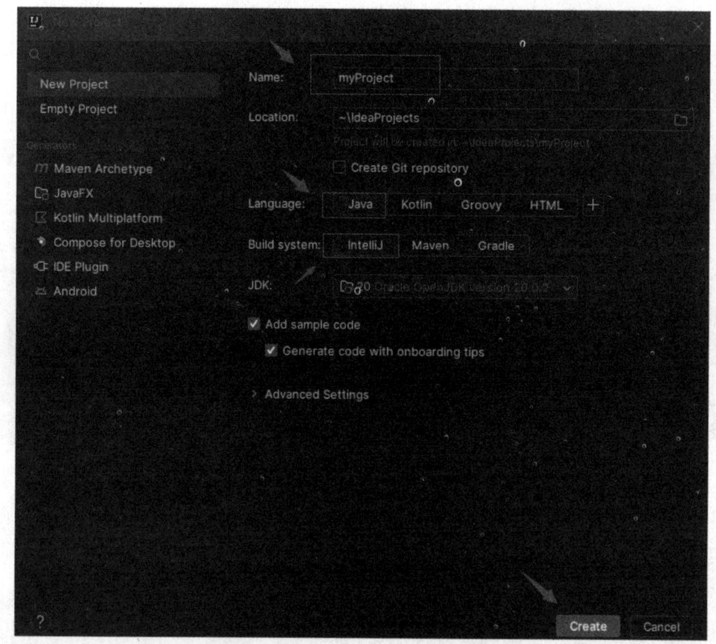

图 1-25　使用 IDEA 创建 Java 项目

Java 项目信息设置好后单击“Create”按钮即可进入项目初始界面，如图 1-26 所示。

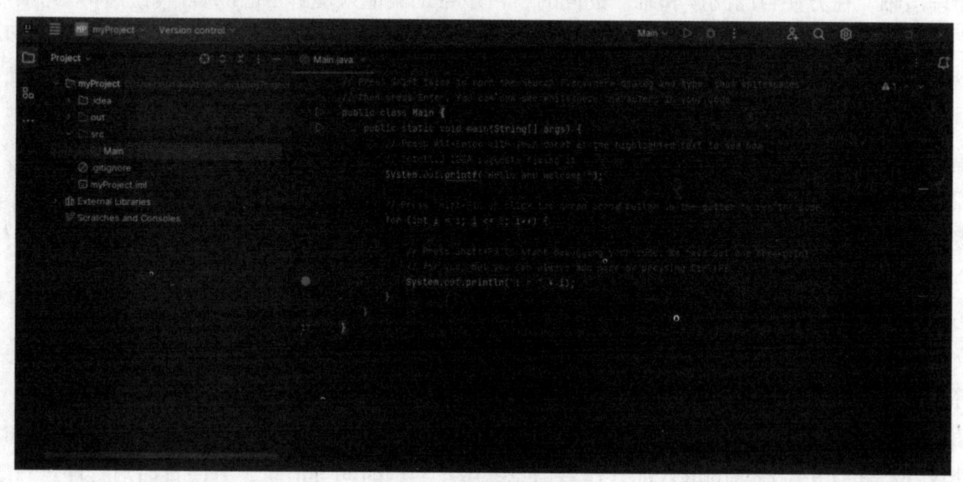

图 1-26　项目初始界面

此时，IDEA 默认为用户创建一个“Main”方法，用户可在该方法中进行编码。

使用 IDEA 编写“HelloWorld”程序代码如【例 1-2】所示。

【例 1-2】使用 IDEA 编写“HelloWorld”程序代码。

```
1  public class HelloWorld{
2      public static void main(String[] args){
3          System.out.println("我爱 Java!");
4      }
5  }
```

在 IDEA 中编译运行 Java 程序，十分方便、快捷，不再需要编写 Javac 和 Java 命令。只需要在“运行”按钮下选择对应程序进行编译运行即可。程序运行结果如图 1-27 所示。

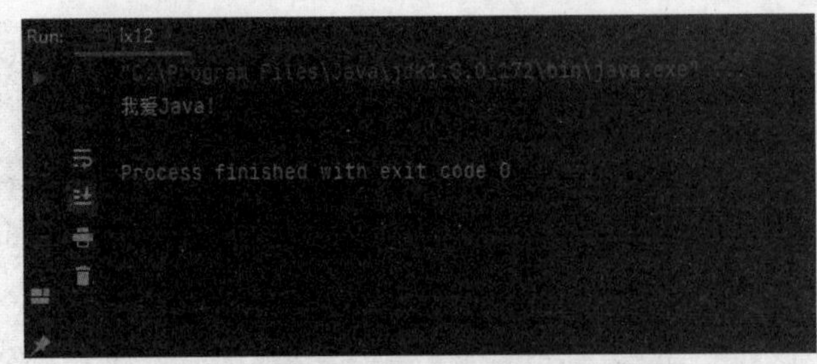

图 1-27 程序运行结果

1.6 注释和编程风格

要注意养成良好的编程习惯，就像生活中人们总是在吃穿住行方面养成固定的行为习惯，为代码添加注释就是程序员必须养成的良好习惯。

注释和编程风格

1.6.1 注释

在 Java 源代码中，需要通过注释的方式对编写的代码进行解释说明，使得 Java 程序条理清晰，在方便自己阅读和维护的同时，可以帮助其他人理解自己的程序。注释语句虽然写在程序之中，但不是程序代码，因此会被 Java 编译器自动忽略，不会被编译。通常，Java 中的注释方式有以下 3 种。

（1）单行注释

单行注释以“//”开始，只能注释一行内容，适用于注释内容少的情况。

（2）多行注释

多行注释以“/*”开始，以“*/”结束，可以注释多行内容。一般情况下，首行和结尾行不写注释信息，以提高可读性和美观度。

（3）文档注释

文档注释一般用于对类、方法和变量加以说明，描述其作用。以“/**”开始，以“*/”结束，文档注释添加好后，将鼠标指针置于类、方法和变量上时注释内容会自动显示。

值得注意的是，给程序添加注释是一个非常好的编程习惯，一般情况下除了对程序内容进行注释外，建议在程序开头以注释的形式加入作者信息、版本号、时间等信息，方便日后对程序进行维护，也可以促进程序员之间的交流。

1.6.2 编程风格

为了便于阅读和维护，在编写 Java 程序时还需要保持 Java 的编程风格。Java 的编程风格主要有 Allmans 风格和 Kernighan 风格两种。

（1）Allmans 风格

Allmans 风格又被称为“独行”风格。编写代码时一对花括号（左、右花括号）分别独占一行。Allmans 风格代码如【例 1-3】所示。

【例 1-3】Allmans 风格代码。

```
1  public class SumMer
2  {
3      public static void main(String[] args)
4      {
5          int sum = 0,a = 0;
6          for(a = 8; a <= 88; a++)
7          {
8              sum = sum + a;
9          }
10         System.out.println(sum);
11     }
12 }
```

（2）Kernighan 风格

Kernighan 风格也被人称为“行尾”风格，书写时将一对花括号中的左花括号写在上一行的结尾处，右花括号则独占一行。Kernighan 风格代码如【例 1-4】所示。

【例 1-4】Kernighan 风格代码。

```
1  public class Summer{
2      public static void main(String[] args) {
3          int sum = 0,a = 0;
4          for(a = 8; a <= 88; a++){
5              sum = sum + a;
6          }
7          System.out.println(sum);
8      }
9  }
```

本章小结

本章简单介绍了 Java 的诞生、发展，并详细说明了 Java 的特性及优势，介绍了 JVM 的作用。本章重点讲解了 Java 运行环境的搭建及利用无格式编辑器和集成开发工具 IDEA 编写第一个 Java 程序的步骤，阐述了 Java 的 3 种注释方法及 Java 程序编写需要遵守的 2 种编程风格等内容。当然，实践出真知，想要学好 Java，读者必须得根据书中内容进行实际操作、练习，才能入门 Java 学习，开启美妙的学习之旅。

习题

一、单选题

1. Java 是（　　）。
   A. 面向对象的语言　　B. 面向机器的语言
   C. 面向操作系统的语言　　D. 面向过程的语言
2. 关于 Java，选项（　　）的叙述是正确的。
   A. Java 是 1989 年 Sun 公司推出的程序设计语言
   B. Java 最初的名字叫作 JDK
   C. Java 诞生于“Green 计划”
   D. Java 的标准版本简称 Java EE

3. 下列不属于 Java 健壮性特点的是（　　）。
   A. Java 能检查程序在编译和运行时的错误
   B. Java 能运行虚拟机实现跨平台
   C. Java 操纵内存，减少了内存出错的可能性
   D. Java 实现了真数组，避免了覆盖数据的可能
4. 下面（　　）属于解释 Java 程序所使用到命令。
   A. Java.exe　　B. Javac.exe　　C. keytool.exe　　D. cmd.exe
5. （　　）不能用来表示注释。
   A. //注释　　B. /*注释*/　　C. /**注释*/　　D. /注释/
6. 关于注释，以下说法错误的是（　　）。
   A. 注释的作用主要是提示程序员代码的功能
   B. 编译器能够检查出注释中的错误
   C. 注释不影响程序的运行和结果
   D. 程序的注释虽可有可无，但良好的代码应包含丰富的注释
7. 运行名为“HelloWorld”的应用程序，正确的命令是（　　）。
   A. Java HelloWorld.class　　B. HelloWorld.class
   C. Java HelloWorld.java　　D. Java HelloWorld
8. 下面关于 Java 特性的描述中，错误的是（　　）。
   A. Java 是面向对象的编译型语言　　B. Java 可以用于开发网络程序
   C. Java 支持多线程　　D. Java 程序与平台无关、可移植性好
9. （　　）是 Java 的关键字。
   A. public　　B. static　　C. void　　D. 以上都是
10. 以下属于 Java 集成开发环境的是（　　）。
   A. NetBeans　　B. Eclipse　　C. BlueJ　　D. 以上都是

二、编程题

1. 编写 Java 程序，在屏幕上输出：“我喜欢学习 Java”。
2. 编写 Java 程序，在屏幕上输出以下的图形。

```
**************************************
*********     Java 程序设计      *********
**************************************
```

3. 编写 Java 程序，输出一个心形。
4. 编写 Java 程序，定义 3 个整型变量 a、b、c，计算 a+b 的和，然后赋值给变量 c，最后在屏幕上输出 c 的信息。
5. 编写 Java 程序，输出当前系统时间，要求代码中有注释。

上机实验

1. 在本机完成 JDK 1.8 的安装。
2. 在本机完成 IDEA 的安装。
3. 使用 IDEA 编写任意一个 Java 程序并运行。

第 2 章 Java 基础知识

Java 程序设计的主要目的是通过程序来解决实际问题，在编程之前就需要明白整个程序的输入、输出和中间的算法设计。对于 Java 来说，数据的定义和处理是非常重要的。数据是符号，包括图像、视频、声音、文字等。各种类型的数据在计算机中如何表示，如何以 Java 能够识别的形式进行输入和处理，是程序设计者需要考虑的问题。一般来说，Java 是通过表达式的形式来进行数据处理的。

数据是程序设计的基础，算法是程序设计的灵魂。为了实现特定功能的 Java 程序，需要对程序的流程进行控制。一般程序控制结构分为顺序结构、分支结构（又称为选择结构）和循环结构。本章主要介绍数据类型、运算符和表达式、程序控制语句等。

2.1 标识符与关键字

第 1 章介绍了 Java 程序的运行环境和第一个 Java 程序的编写和运行过程，下面介绍 Java 程序代码中的基本元素。一个完整的 Java 程序主要由关键字、分隔符、标识符、文字、运算符、注释等基本元素组成。本节主要讨论标识符和关键字。

Java 中的关键字

2.1.1 标识符

人和事物都会被命名，以便和其他人和事物进行区分。在程序设计中需要对变量、常量、方法、类等进行命名，以便区分和调用。标识符是一种符号，是赋予变量、常量、方法、类等的名称。标识符是由程序设计者自行命名的，由英文字母、数字、下画线、美元符号等组合而成，其中英文字母包括大写字母（A~Z）、小写字母（a~z），数字由 0~9 构成。标识符的命名有特定的要求和规则，标识符不能以数字开头，否则容易与常量、数字混淆，造成错误。需要特别强调，Java 中的标识符是严格区分大小写的，例如 Apple1 与 apple1 是两个不同的标识符。

Java 中的标识符使用需要注意以下 5 点：

（1）标识符不能以数字开头；

（2）标识符不能包含除了$和 _ 的特殊符号；

（3）标识符不能是 Java 中的关键字；

（4）标识符严格区分大小写；

（5）为了提高程序的可读性，一般标识符命名要做到见名知意。

正确的命名，例如：

```
this_is_yes   AvgScore   y4   countcc   $test
```

错误的命名，例如：

```
No/Yes    6countT   high-temp
```

2.1.2 关键字

关键字是具有特定含义的预留标识符。Java 的关键字用于表示一种数据类型或者程序的结构等，全部由小写字母组成，对 Java 的编译器有特殊的意义。

目前 Java 一共定义了 51 个保留关键字，如表 2-1 所示。这 51 个保留关键字与运算符、分隔符等一起构成 Java 程序代码。这里需要注意的是，这 51 个保留关键字不可用于表示类名、变量名或方法名。

表 2-1　Java 保留关键字

abstract	const	finally	int	public	this
boolean	continue	float	interface	return	throw
break	default	for	long	short	throws
byte	do	goto	native	static	transient
case	double	if	new	strictfp	try
catch	else	implements	package	super	void
char	extends	import	private	switch	volatile
class	final	instanceof	protected	synchronized	while
true	false	null			

在表 2-1 中的各个关键字都具有特定的功能，主要分为以下几种。

访问权限修饰符的关键字：private、protected、public。

数据类型的关键字：byte、short、int、long、float、double、char、boolean。

方法、类、变量修饰符的关键字：abstract、final、static、synchronized。

类之间关系的关键字：extends、implements。

建立对象以及应用对象、判断对象的关键字：new、this、super、instanceof。

异常处理的关键字：try、catch、finally、throw、throws。

包的关键字：package、import。

流程控制的关键字：if、else、switch、case、default、while、do、for、break、continue、return。

2.2 数据类型

数据类型、变量和数组是 Java 中基本的 3 个元素，这 3 个元素相辅相成。本节介绍数据类型及数据类型的转换。Java 中的数据类型是强制类型，所谓强制类型指的是在变量使用时候必须先声明后使用。其中要注意的是，声明变量的数据类型后，变量的值可以修改，但是变量的数据类型不能随意改变。

数据类型

Java 可以完美支持多种数据类型。多种数据类型可以用于创建数组、声明变量以便进一步完成程序设计。程序中数值的传递无论是直接传递还是方法调用时传递，都要进行数据类型的兼容性检查，若不匹配就会出现错误。Java 编译器会对所有程序中的表达式和传递参数进行兼容性检查，编译器要保证数据类型之间是兼容的。任何数据类型的不匹配都会导致编译器报错。对于初学者来说，一定要适应 Java 的强类型特点，准确使用数据类型。

2.2.1 基本数据类型

Java 的数据类型可以分为“基本数据类型”和“引用数据类型”两类。基本数据类型在声明的时候就会按照类型来分配好存储空间，但是引用数据类型不会在声明的时候预先分配存储空间，需要通过其他方式指定存储空间的大小。例如，字符串和数组便是引用数据类型，所以字符串变量和数组变量记录的是内存地址。下面先介绍基本数据类型，如表 2-2 所示。

表 2-2　基本数据类型

数据类型名称	关键字	位数/bit
字节型	byte	8
短整型	short	16
整型	int	32
长整型	long	64
单精度浮点型	float	32
双精度浮点型	double	64
字符型	char	16
布尔型	boolean	8

Java 定义了 8 个基本数据类型：字节型、短整型、整型、长整型、单精度浮点型、双精度浮点型、字符型、布尔型，这些类型又可分为如下 4 类。

- 整数类型：字节型、短整型、整型、长整型，它们是有符号整数。
- 浮点数类型：单精度浮点型、双精度浮点型、它们代表小数，但是精度不同。
- 字符类型：字符型，代表字母和数字等。
- 布尔类型：布尔型，一种特殊的类型，表示真/假值。

基本数据类型变量的定义与赋值的语法如下：

```
数据类型　变量名称=数值
```

例如定义一个整型变量并赋值：

```
int  a =2024
```

在这个例子中，int 表示数据类型是整型，a 是变量名称，2024 是这个整型变量的初始值。其中 a 代表在内存中申请的存储空间名，存储空间的大小是 32 位。

2.2.2 整数类型

Java 中定义的 4 个整数类型分别是字节型、短整型、整型和长整型。这些数据类型所表示的数据范围是不同的，同时这些数据类型的数据是有符号的值，既可以表示正数，又可以表示负数。需要特别注意的是，在 Java 中不支持正的无符号整数，这点与 C 语言和 C++不同。为了提高性能，字节型和短整型的存储空间的大小是 32 位（而非 8 位和 16 位），因为这是现在大多数计算机使用的字的大小。整数类型如表 2-3 所示。

表 2-3　整数类型

数据类型名称	位数/bit	范围
字节型	8	–128～127
短整型	16	–32 768～32 767
整型	32	–2 147 483 648～2 147 483 647
长整型	64	–9 223 372 036 854 775 808～9 223 372 036 854 775 807

1. 字节型

字节型是范围最小的整数类型，它的数值范围是-128～127（$-2^7 \sim 2^7-1$）。字节型数据主要用于处理网络或者文件传递时产生的数据流，也可以用于处理一些未加工过的二进制数据。可以通过 byte 来进行字节型数据的定义。按照数据类型的语法，下面定义了 2 个字节型的变量：

```
byte b1, b2;
```

这里需要注意，字节型的数据是有取值范围的，最大值是 127，最小值是-128，如果超出它所规定的范围就会出错。

【例 2-1】字节型变量的声明和使用（1）。

```
1  public class bytetest {
2      public static void main (String args []) {
3          byte b1=128;
4          byte b2=-129;
5          System.out.println("b1="+b1);
6          System.out.println("b2="+b2);
7          }
8    }
```

运行结果如下：

```
1  Exception in thread "main" Java.lang.error:无法解析的编译问题:
2  类型不匹配：不能从 int 转换为 byte
3  类型不匹配：不能从 int 转换为 byte
```

编译器报出错误信息："类型不匹配：不能从 int 转换为 byte"。原因在于定义两个字节型数据 b1 和 b2，它们的表示范围是-128～127，而程序给 b1 赋值 128 超过了最大值，给 b2 赋值-129 也超过了规定的数据范围。这里可以将 b1 和 b2 赋值-128～127 中的数据进行测试。

【例 2-2】字节型变量的声明和使用（2）。

```
1  public class bytetest {
2      public static void main (String args []) {
3          byte  b1=119;
4          byte  b2=-120;
5          System.out.println("b1="+b1);
6          System.out.println("b2="+b2);
7          }
8  }
```

运行结果如下：

```
1  b1=119
2  b2=-120
```

如果一定要将 b1 和 b2 赋值为 128 和-129，可以使用短整型，修改成"short b1=128;"和"short b2=-129;"即可。

2. 短整型

短整型占 2 个字节，使用场景不多。短整型的取值范围是-32 768～32 767。

【例 2-3】短整型变量的声明和使用。

```
1  public class bytetest {
2      public static void main (String args []) {
```

```
3         short  b1=128;
4         short  b2=-129;
5         System.out.println("b1="+b1);
6         System.out.println("b2="+b2);
7         }
8  }
```

运行结果如下：

```
1  b1=128
2  b2=-129
```

3．整型

整型使用频率较高，它占 4 个字节。需要强调的一点是，在 Java 程序中包含字节型、短整型、整型及字面量数字的整数表达式在进行计算前，表达式的数据类型将被转化到整型。

4．长整型

长整型占 8 个字节，只有在整型不足以保存所要求的数值时才会使用。

【例 2-4】字节型、短整型、整型和长整型测试。

```
1  public class bytetest {
2      public static void main (String args []) {
3          byte byteMAX = Byte.MAX_VALUE;
4          byte byteMIN = Byte.MIN_VALUE;
5          byte byteNUM = Byte.SIZE;
6          System.out.println("byte 字节型数据的最大值是："+byteMAX);
7          System.out.println("byte 字节型数据的最小值是："+byteMIN);
8          System.out.println("byte 字节型数据的位数是："+byteNUM+"位");
9          short shortMAX = Short.MAX_VALUE;
10         short shortMIN = Short.MIN_VALUE;
11         short shortNUM = Short.SIZE;
12         System.out.println("short 短整型数据的最大值是："+shortMAX);
13         System.out.println("short 短整型数据的最小值是："+shortMIN);
14         System.out.println("short 短整型数据的位数是："+shortNUM+"位");
15         int intMAX = Integer.MAX_VALUE;
16         int intMIN = Integer.MIN_VALUE;
17         int intNUM = Integer.SIZE;
18         System.out.println("int 整型数据的最大值是："+intMAX);
19         System.out.println("int 整型数据的最小值是："+intMIN);
20         System.out.println("int 整型数据的位数是："+intNUM+"位");
21         long longMAX = Long.MAX_VALUE;
22         long longMIN = Long.MIN_VALUE;
23         long longNUM = Long.SIZE;
24         System.out.println("long 长整型数据的最大值是："+longMAX);
25         System.out.println("long 长整型数据的最小值是："+longMIN);
26         System.out.println("long 长整型数据的位数是："+longNUM+"位");
27             }
28 }
```

运行结果如下：

```
1  byte 字节型数据的最大值是：127
```

```
2  byte 字节型数据的最小值是：-128
3  byte 字节型数据的位数是：8 位
4  short 短整型数据的最大值是：32767
5  short 短整型数据的最小值是：-32768
6  short 短整型数据的位数是：16 位
7  int 整型数据的最大值是：2147483647
8  int 整型数据的最小值是：-2147483648
9  int 整型数据的位数是：32 位
10 long 长整型数据的最大值是：9223372036854775807
11 long 长整型数据的最小值是：-9223372036854775808
12 long 长整型数据的位数是：64 位
```

2.2.3 浮点数类型

程序设计过程中还需要小数，在 Java 中提供了浮点数类型。浮点数，也就是在数学计算中所讲的实数（real number）。对计算的精度有要求的时候，就可以采用浮点数类型。浮点数类型一般在数学计算和科学计算中应用较广。如计算三角方法的值，计算立方根、平方根，或计算圆周率的值等。由于这些计算的结果对于精度有特殊的要求，因此程序设计过程中便可以使用浮点数类型。在 Java 中有两种浮点数类型，即单精度浮点型和双精度浮点型。浮点数类型如表 2-4 所示。

表 2-4 浮点数类型

数据类型名称	位数/bit	范围（科学记数法）
双精度浮点型	64	4.9E−324～1.7976931348623157OE+308
单精度浮点型	32	1.4E−45～3.40282347E+38

在表 2-4 中使用的是以 10 为底数的科学记数法，例如 7E+2 表示 7×10^2，7E−2 表示 7×10^{-2}。

单精度浮点型所占用的存储空间大小为 32bit，程序设计对小数部分精度的要求不高时，可以使用单精度浮点型。双精度浮点型所占用的存储空间大小是 64bit（8Byte），可用于高速数学计算。当程序设计需要进行多次、反复的迭代计算，对精确性要求较高，或在操作数很大时，双精度浮点型便是最好的选择。单精度浮点型的默认值为 0.0f，双精度浮点型的默认值是 0.0d。

【例 2-5】单精度浮点型和双精度浮点型测试。

```
1   public class folattest {
2     public static void main (String args []) {
3         float f1=13.523f;
4     double d1=3.1415926d;
5     System.out.println("单精度浮点型数据 f1="+f1);
6     System.out.println("双精度浮点型数据 d1="+d1);
7         float floatMAX = Float.MAX_VALUE;
8         float floatMIN = Float.MIN_VALUE;
9         int floatNUM = Float.SIZE;
10        System.out.println("float 单精度浮点型数据的最大值是："+floatMAX);
11        System.out.println("float 单精度浮点型数据的最小值是："+floatMIN);
12        System.out.println("float 单精度浮点型数据的位数是："+floatNUM+"位");
13        double doubleMAX = Double.MAX_VALUE;
14        double doubleMIN = Double.MIN_VALUE;
```

```
15          int doubleNUM = Float.SIZE;
16      System.out.println("double 双精度浮点型数据的最大值是："+doubleMAX);
17          System.out.println("double 双精度浮点型数据的最小值是："+doubleMIN);
18          System.out.println("double 双精度浮点型数据的位数是："+doubleNUM+"位");
19      }
20  }
```

运行结果如下：

```
1  单精度浮点型数据 f1=13.523
2  双精度浮点型数据 d1=3.1415926
3  float 单精度浮点型数据的最大值是：3.40282347E38float
4  float 单精度浮点型数据的最小值是：1.4E-45float
5  float 单精度浮点型数据的位数是：32 位
6  double 双精度浮点型数据的最大值是：1.7976931348623157OE308double
7  double 双精度浮点型数据的最小值是：4.9E-324double
8  double 双精度浮点型数据的位数是：32 位
```

程序代码的第 3 行是声明一个单精度浮点型变量 f1，默认赋值为 13.523f，在数字后面加一个小写字母 f 表示该数据的类型是单精度浮点型；同样，程序代码的第 4 行是声明一个双精度浮点型变量 d1，默认赋值为 3.1415926d，在数字后面加一个小写字母 d 表示该数据的类型是双精度浮点型。

2.2.4 布尔类型

Java 中用于表示逻辑的数据类型称为布尔型，它的值只能是真（true）或假（false）。布尔型用于判断，可以作为分支结构的条件判断。布尔型数据与计算机中的 0、1 数据是匹配的。正因为有了布尔型数据，程序才能够进行逻辑判断。布尔型是所有关系运算的返回类型，同样布尔型对分支结构、循环结构中控制语句的条件表达式而言也是必需的。例如判断 2022 > 1211 是否成立这样的表达式，返回结果值就只有 true 或 false，成立就返回 true，不成立就返回 false。

【例 2-6】布尔型变量的声明及使用。

```
1  public class booleantest {
2      public static void main (String args []) {
3          boolean flag1=true;
4          System.out.println("布尔型数据 flag1="+flag1);
5          boolean flag2=(2022>2024);
6          System.out.println("2022>2024 表达式的返回值为："+flag2);
7      }
8  }
```

运行结果如下：

```
1  布尔型数据 flag1=true
2  2022>2024 表达式的返回值为：false
```

2.2.5 字符类型

字符型对应使用 Unicode 字符集，它占 16 位。Unicode 是国际标准字符集，是多种字符集的统一，例如希腊语、阿拉伯语、拉丁文、古代斯拉夫语、日文假名语等。相对其他语言，在 Java 中使用 Unicode

时程序执行效率不高。对于在世界范围内使用 Java 的情况来说，程序的可移植性是比较重要的，所以在 Java 中使用 Unicode 是以牺牲部分程序执行效率来实现全球可移植性的。字符型相关说明如表 2-5 所示。

表 2-5　字符型

数据类型名称	位数/bit	字节数/Byte	范围	默认值
字符型	16	2	\u0000～\uFFFF	\u0000

在 Java 中用单引号将字符引起来，尽管字符型数据不是整数，但在许多情况下可以对它们进行运算操作，就好像它们是整数一样。允许将 2 个字符相加，或对一个字符型变量值进行增量操作。声明字符时用单引号而非双引号，单引号必须是半角状态。例如：

```
char char1='K';
```

另外，字符型数据还可以用十六进制表示，其基本形式为“\u 十六进制数码”。\u 表示编码格式是 Unicode，后面的十六进制数码需要查 Unicode 编码表，字符“A”的 Unicode 编码是“\u0041”，其基本原理与 ASCII 表的原理类似，这里不再赘述。

【例 2-7】字符型变量的声明及使用。

```
1  public class chartest {
2      public static void main (String args []) {
3              char char1='A';
4              char char2='\u0041';
5              char2++;
6          System.out.println("字符型数据 char1="+char1);
7          System.out.println("原始字符型数据 char2="+char2);
8          System.out.println("增量以后的字符型数据 char2="+char2);
9      }
10 }
```

运行结果如下：

```
1  字符型数据 char1=A
2  原始字符型数据 char2=B
3  增量以后的字符型数据 char2=B
```

在 Java 程序设计中，有一些特殊的字符无法用键盘输入或者显示在计算机显示器上，这时就需要用到转义字符。Java 是用 16 位的 Unicode 字符集来表示字符的，通过将字符用单引号引起来表示字符字面量。所有可见的 ASCII 字符都能直接被引在单引号之内，例如'a'、'v'、'$'等。对于不能直接用单引号引起来的一些特殊字符就需要使用转义字符，例如\n 代表换行符，\t 表示制表符，这种表示方法与 C 语言中的转义字符的表示方法类似。另外，要以八进制、十六进制的形式表示某些内容时，也需要使用转义字符。对于八进制形式，使用反斜线加 3 个八进制数表示，例如，\141 表示字母 a。对于十六进制形式，使用反斜线和 u（\u）加 4 个十六进制数表示，例如，\u0061 表示高位字节是零。表 2-6 列出了转义字符序列说明。

表 2-6　转义字符序列说明

转义字符序列	说明	十六进制 ASCII
\ddd	八进制字符	
\uxxxx	十六进制字符	

续表

转义字符序列	说明	十六进制 ASCII
\'	单引号	\u0027
\"	双引号	\u00022
\\	反斜线	\u0005C
\r	回车符	\u000d
\n	换行符	\u000A
\f	换页符	\u000C
\t	水平制表符	\u0009
\b	退格	\u0008

2.2.6 变量与常量

1. 变量

Java 程序中的变量是一个基本的存储单元，变量是由一个标识符、一个数据类型以及一个可选初始值组成的。当程序需要存取内存中的数据时，可以通过变量的名称将变量中的数据从内存中取出。

在 Java 中，所有的变量必须先声明后使用。变量声明方法如下：

```
数据类型 变量名称 1=初始值,变量名称 2=初始值……
```

例如：

```
1  int  num1;
2  int  num2 ,num3;
3  int  num4=88;
4  boolean flag1,flag2=true;
5  char app='\u0042';
```

变量在命名的时候必须满足以下规则：

- 满足标识符命名规则；
- 符合驼峰命名法规则；
- 尽量简单，要做到见名知意；
- 变量名的长度没有特殊限制。

在上述要求的 4 点规则中，驼峰命名法是一种被普遍接受的变量命名法。驼峰命名法又可以分为小驼峰命名法、大驼峰命名法。

小驼峰命名法：第一个单词以小写字母开始；第二个单词的首字母大写，例如 myName、aDog。

大驼峰命名法：每一个单词的首字母都大写，例如 FirstName、LastName。

在具体的软件开发过程中还有一种命名法比较流行，就是用下画线来连接所有的单词，例如 send_buf。选用何种变量命名法还与工程项目团队的要求、公司软件开发标准有关。

2. 常量

Java 中除了变量之外还有常量，一般来说，在程序设计过程中根据需求都要定义常量。常量就是被定义和赋值以后，在程序运行过程中固定不变的量。常量被赋值之后就不能再被改变。

Java 是利用关键字 final 来定义常量的。常量定义语法如下：

```
final  数据类型  常量名称=值;
```

根据编码习惯，常量名一般使用大写字母。常量标识符和变量标识符的规定一样，可由任意顺序的大小写字母、数字、下画线和美元符号等组成，标识符不能以数字开头，也不能是 Java 中的保留关键字。此外，在定义常量时，需注意如下两点。

（1）必须要在定义常量时对其进行初始化，否则会出现编译错误。常量一旦初始化后，就无法修改。

（2）final 关键字不仅可以用来修饰基本数据类型的常量，还可以用来修饰对象引用或者方法。

【例 2-8】常量的声明和测试。

```
1  public class Test{
2      static  final  int  DAY=365;
3      public static void main(String[] args){
4          System.out.println("一年有"+DAY+"天");
5      }
6  }
```

运行结果如下：

```
一年有 365 天
```

代码 static final int Day= 365 中的 static 是 Java 的关键字（后文会介绍）。如果在 main()方法中增加“DAY=DAY+1”，尝试修改 DAY 的值，编译器会提示“The final field DAY cannot be assigned”，意为 final 修饰的常量值不能修改。

2.3 数据的输入和输出

数据的输入和输出是程序的基本功能，各种程序设计语言都提供了输入和输出功能。Java 提供了多个输入输出流（后文介绍）类。在这些类中，常用的输入输出操作是 System 中的 in 对象和 out 对象。本节主要介绍 in 和 out 两种对象的使用方法。

数据的输入和输出

1. 数据的输出

在 Java 中向开发环境控制台输出数据，采用的声明方式如下：

```
1  System.out.print(输出数据);           //这个语句不会换行输出
2  System.out.println(输出数据);         //这个语句会换行输出
```

其中 System.out 是对象引用的方式（后文会介绍），代表系统的标准输出形式；print()和 println()代表系统标准输出的两种方法，它们都表示将圆括号内的字符或者变量输出。

2. 数据的输入

在 Java 中标准输入的声明采用 System.in，并调用 read()方法，形式如下：

```
System.in.read();
```

其中 System.in 代表系统的标准输入形式；read()方法表示从输入流（例如键盘输入的数据）中直接读取下一个数据，然后返回该数据对应的 ASCII 值，返回的是 0～255 的一个整数。

例如下面这一个程序片段：

```
1  System.out.println("请从键盘输入一个字符，按 Enter 键结束");
2  char char1=(char)(System.in.read());
3  System.out.println("你从键盘输入的字符是"+char1);
```

在上面的程序片段中，read()方法从键盘上接收到的数据返回值是整型的，所以要在 read()方法前面加上强制类型转换，将整型转换为字符型。同时需要注意的是，read()方法一次只能从键盘上读取一个字符，如果从键盘上输入多个字符，那么 read()方法只能读取第一个字符的 ASCII 值。

【例 2-9】字符的输入输出。

```
1   import java.io.IOException;
2    public class Systeminouttest {
3        public static void main(String args[]) throws IOException{
4             System.out.println("[输入输出练习]");
5             System.out.print("请从键盘输入一个字符，按Enter 键结束");
6             char char2=(char)(System.in.read());//强制类型转换，将 int 转换为 char
7             System.out.println("你从键盘输入的字符是"+char2);
8        }
9    }
```

运行结果如下（以从键盘输入字母 U 为例）：

```
1   [输入输出练习]
2   请从键盘输入一个字符，按Enter 键结束U
3   你从键盘输入的字符是U
```

程序中的第一句 import java.io.IOException 是 Java 的输入输出异常包，导入这个包，可以方便对程序的输入输出进行检测。如果程序的输入输出没有问题，程序正常运行；否则，在控制台可以抛出输入输出错误。第 6 行中声明 char2 字符型变量用于存放从键盘输入的数据，但是 read()方法返回的是整型数据，所以在前面要添加(char)来完成强制类型转换。

上述示例介绍了字符的输入输出，但是在实际程序设计过程中，输入数据不会只是一个单一的字符。如果要输入字符串，就需要使用 java.until.Scanner 类。java.util.Scanner 类使用时需要用 new 关键字新建一个 Scanner 类的对象，具体语法如下：

```
Scanner 对象名称 = new Scanner(System.in)
```

按照上面的语法，创建好 Scanner 对象以后就可以使用它提供的方法。从键盘接收字符串，Scanner 对象提供了各种数据类型数据的获取方法，获取一行字符串使用 nextLine()方法；获取整数使用 nextInt()方法；获取双精度浮点数使用 nextDouble()方法。关于类、对象、方法的具体使用在后文会详细介绍，此处仅介绍使用 Scanner 类进行字符串、整数、双精度浮点数的输入的方法。

【例 2-10】通过键盘输入学生信息。

```
1   import java.util.Scanner;
2   public class ScannerClassTest {
3    public static void main(String[] agrs){
4         Scanner input =  new Scanner(System.in);
5        // 提示用户输入，可提高用户体验
6        System.out.print("请输入学生姓名：");
7        // 调用方法
8        String name  = input.next();
9        System.out.println("My name is" + name);
10       System.out.println("请输入学生年龄：");
11       int age =  input.nextInt();
12       System.out.println(name + "的年龄为"+age);
13       System.out.println("请输入学生成绩:");
```

```
14      int score = input.nextInt();
15      System.out.println(name + "的成绩为" + score);
16      System.out.println(name+"\n"+"年龄是:"+age+"\n"+"成绩是:"+score);
17    }
18 }
```

运行结果如下：

```
1   请输入学生姓名：Tom
2   My name is Tom
3   请输入学生年龄：
4   20
5   Tom 的年龄为 20
6   请输入学生成绩：
7   99
8   tom 的成绩为 99
9   tom
10  年龄是：20
11  成绩是：99
```

2.4 数组

数组（array）是同一类型的元素的有序集合。从内存角度看，数组可以用来存储多个相同类型的数据，因此在内存中数组是一片连续的区域。数组分为一维数组和多维数组。数组中的元素访问是通过索引来完成的。特别注意的是，Java 中数组的工作原理与语言和 C++中的不同。本节将介绍一维数组和多维数据的声明与使用，同时将讨论 Arrays 类和 ArrayList 类的使用方法。

2.4.1 一维数组

一维数组

一维数组（one-dimensional array）的本质是相同数据类型的变量（数组元素）列表。一维数组的创建需要先定义数组元素的数据类型。一维数组的声明格式为：

```
数据类型 数组名称[];
```

数据类型用来定义数组元素是什么类型的数据。例如，下面的例子定义了一个整型数组。

```
int Math_score[];
```

上面的例子中，Math_score 是数组名称，数据类型为 int，但是没有创建数组元素，Math_score 的值为 null。要使数组成为内存中存在的数组，还需要使用 new 来分配内存地址，基本格式如下所示：

```
type[] array-var = new type[size];
```

type 用于指定被分配的数据类型，size 用于指定数组中元素的个数，array-var 是数组名称。上面语句的作用就是用 new 申请存储空间并分配数组元素，数组元素创建之后空间内的值为数组数据类型的默认值，int 的默认值是 0。

数组一旦声明，其长度就会固定不变。Java 的数组中各种数据类型对应的默认值是不一样的，整型对应的默认值为 0，字符型对应的默认值为 Unicode 的字符 0，布尔型对应的默认值为 false，对象对应的默认值为 null。当然也可以由用户自行设定数组的初始值，设定初始值的方法如下：

```
type var-name[]= new type[size]{data1,data2,data3,…};
```

在给数组赋值初始值时使用花括号{}，花括号内的数组元素之间用逗号隔开。Java 提供了获取数组长度的方式：数组名.length。数组初始化后，使用在方括号内指定索引的形式来访问数组中特定的元素。

注意数组元素的索引从零开始。例如，Math_score[1]=80;表示将值 80 赋值给数组中的第 2 个元素；System.out.println (Math_score[0]);表示输出存储在 Math_score 数组中的第 1 个元素。

【例 2-11】数组声明。

```
1  public class arraytest {
2  public static void main(String args[]) {
3  float Math_score[];
4  Math_Score = new float[8];
5  Math_Score[0]=88;
6  Math_Score[1]=78;
7  Math_Score[2]=121;
8  Math_Score[3]=101;
9  Math_Score[4]=76;
10 Math_Score[5]=69;
11 Math_Score[6]=42;
12 Math_Score[7]=33;
13 System.out.println("第三个同学的数学成绩是：" + Math_Score[2] + "分");
14 }
15 }
```

运行结果如下：

```
第三个同学的数学成绩是：121 分
```

声明数组还有第二种格式：

```
数据类型[]数组名称;
```

这里方括号紧跟在数据类型的后面，而不是跟在数组名称的后面。例如下面的两个定义是等价的：

```
1  int a1[] = new int[3];
2  int[] a2 = new int[3];
```

下面的两个定义也是等价的：

```
1  char twod1[][] = new char[3][4];
2  char[][] twod2 = new char[3][4];
```

【例 2-12】数组声明的第二种形式。

```
1  public class arraytest2 {
2      public static void main(String args[]) {
3      String[] CourseName=new String [6];//声明并创建字符串类型的数组
4      //赋初始值
5      CourseName[0]="软件工程导论";
6      CourseName[1]="大学物理";
7      CourseName[2]="大学英语";
8      CourseName[3]="离散数学";
```

```
9       CourseName[4]="大学语文";
10      CourseName[5]="程序设计基础";
11      //输出各项目名称
12      System.out.println( "第一门课程是:"+CourseName[0]);
13      System.out.println( "第二门课程是:"+CourseName[2]);
14      System.out.println( "第三门课程是:"+CourseName[5]);
15      }
16 }
```

运行结果如下：

```
1  第一门课程是：软件工程导论
2  第二门课程是：大学英语
3  第三门课程是：程序设计基础
```

2.4.2 多维数组

二维数组

在 Java 程序设计中，二维及以上的数组称为多维数组。多维数组的出现是为了满足复杂程序设计中对大量数据声明的需求，多维数组是一维数组的延伸。多维数组的建立与一维数组的建立类似，在形式上就是增加方括号。程序开发中二维数组比较常见，本节重点介绍二维数组。

可以将二维数组理解为一维数组的一种延伸，也可以将其理解为二维平面行列交错的组合，它也是一维数组的线性扩展。在二维数组中采用两个索引来指定数组元素，存取方式也是利用两个索引值来完成的，具体形式如下：

```
1  数据类型 [] [] 数组名称;
2  数据类型 [] [] 数组名称 = new 数据类型 [列] [行];
```

例如 int Array_Two [ ] [ ] =new int [5][4];声明一个 5 列 4 行的二维整型数组，共 20 个元素。Array_Two [ ] [ ]表示这是一个二维数组的声明，数组名称为 Array_Two，后面的两个方括号表示二维数组的列数和行数，int [5][4]表示二维数组的元素个数为 5 列 4 行一共 20 个。在存取二维数组的元素时，使用数组索引确定操作的元素，索引值从 0 开始，按照行和列顺序排列。Array_Two [ ] [ ]数组的存储关系如表 2-7 所示。

表 2-7　Array_Two [ ] [ ]数组的存储关系

Array_Two[0][0]	Array_Two[0][1]	Array_Two[0][2]	Array_Two[0][3]	Array_Two[0][4]
Array_Two[1][0]	Array_Two[1][1]	Array_Two[1][2]	Array_Two[1][3]	Array_Two[1][4]
Array_Two[2][0]	Array_Two[2][1]	Array_Two[2][2]	Array_Two[2][3]	Array_Two[2][4]
Array_Two[3][0]	Array_Two[3][1]	Array_Two[3][2]	Array_Two[3][3]	Array_Two[3][4]

Java 程序设计中二维数组的赋值采用花括号来标识，内部行列的区分可以采用逗号分隔，具体语法格式如下：

```
1  int Array_Two [] [] =new int{
2  {11,22,3,4,5},
3  {88,62,3,9,1},
4  {41,32,23,43,59},
5  {64,32,33,46,15},
6  };
```

【例2-13】二维数组的声明方式。

```
1  public class Array_Twotest {
2      public static void main(String args[]) {
3      double arrayTwo[][] = {
4              { 0*0, 1*0, 2*0, 3*0 },
5              { 0*1, 1*1, 2*1, 3*1 },
6              { 0*2, 1*2, 2*2, 3*2 },
7              { 0*3, 1*3, 2*3, 3*3 }
8              };
9      System.out.print(arrayTwo[0][0] + " ");
10     System.out.print(arrayTwo[1][0] + " ");
11     System.out.print(arrayTwo[2][0] + " ");
12     System.out.println(arrayTwo[3][0] + " ");
13     System.out.print(arrayTwo[0][1] + " ");
14     System.out.print(arrayTwo[1][1] + " ");
15     System.out.print(arrayTwo[2][1] + " ");
16     System.out.println(arrayTwo[3][1] + " ");
17     System.out.print(arrayTwo[0][2] + " ");
18     System.out.print(arrayTwo[1][2] + " ");
19     System.out.print(arrayTwo[2][2] + " ");
20     System.out.println(arrayTwo[3][2] + " ");
21     System.out.print(arrayTwo[0][3] + " ");
22     System.out.print(arrayTwo[1][3] + " ");
23     System.out.print(arrayTwo[2][3] + " ");
24     System.out.println(arrayTwo[3][3] + " ");
25 }
26 }
```

运行结果如下：

```
1  0.0 0.0 0.0 0.0
2  0.0 1.0 2.0 3.0
3  0.0 2.0 4.0 6.0
4  0.0 3.0 6.0 9.0
```

上述例子中System.out.print和System.out.println被多次使用，后文中可用循环结构来简化程序。

2.5 枚举

枚举

枚举（enum），enum的全称为enumeration，意为列举、计数。枚举类型是JDK 1.5中引入的一个新特性，存放在java.lang包中。枚举类型是一个被命名的整型常量的集合，用于声明一组带标识符的常量。日常生活中枚举很常见，例如英文字母只能是26个字母中的1个等。类似这种当一个变量有几种固定取值时，就可以将它定义为枚举类型。

声明枚举类型变量时必须使用enum关键字，然后定义变量的名称、可访问性、基础类型和成员等。枚举类型变量声明的语法如下：

```
1  enum-modifiers enum enumname:enum-base
2  {
3      enum-body,
4  }
```

其中，enum-modifiers 表示枚举的修饰符主要包括 public、private 和 internal；enumname 表示声明的枚举类型变量名称；enum-base 表示枚举的基础类型；enum-body 表示枚举的成员，是枚举类型的命名常量。

任意两个枚举成员不能具有相同的名称，且常量必须在该枚举的基础类型的范围之内，多个枚举成员之间使用逗号分隔。注意：如果没有显式地声明基础类型，那么意味着对应的基础类型是 int。下面的代码定义了一个表示性别的枚举类型变量 SexEnum 和一个表示颜色的枚举类型变量 Color。

```
1  public enum SexEnum
2  {male,female;}
3  public enum Color
4  { RED,BLUE,GREEN,BLACK;}
```

声明之后可以通过枚举类型变量名称直接引用常量，如 SexEnum.male、Color.RED。使用枚举类型还可以使 switch 语句的可读性更强，例如以下示例代码：

```
1  //定义一个枚举类型变量
2  enum Signal
3  {
4      GREEN,YELLOW,RED
5  }
6  public class TrafficLight
7  {
8      Signal color=Signal.RED;
9      public void change()
10     {
11         switch(color)
12         {
13             case RED:
14                 color=Signal.GREEN;
15                 break;
16             case YELLOW:
17                 color=Signal.RED;
18                 break;
19             case GREEN:
20                 color=Signal.YELLOW;
21                 break;
22         }
23     }
24  }
```

2.6 运算符和表达式

运算是计算机的核心功能，运算包括算术运算和逻辑运算，主要由计算机 CPU（Central Processing Unit，中央处理器）中的运算器完成。在程序设计中运算是通过各种表达式来呈现的，运算符是组成表达式的基本单元。Java 提供了丰富的运算环境。Java 主要有 4 类运算符：算术运算符、位运算符、关系运算符和逻辑运算符。Java 还定义了一些附加的运算符用于处理特殊情况。表达式与数学公式一样，由运算符和操作数共同组成。例如 f=a+b*3−c+d，其中 a、b、c、d、f、3 等称为变量或常量的操作数，而=、*、+、−等称为运算符。

运算符和表达式

注意：Java 的绝大多数运算符的用法和 C 语言或 C++中的用法类似。Java 中定义的部分运算符如表 2-8 所示。

表 2-8 Java 中定义的部分运算符

运算符	说明	运算符	说明	运算符	说明
+	加法	++x	运算前加法	!	逻辑非（NOT）
-	减法	x++	运算后加法	>>	位右移
*	乘法	==	等于（比较）	<<	位左移
/	除法	!=	不等于	=	赋值
%	取模，计算余数	>	大于	&=	逻辑与赋值
-x	负号	<	小于	|=	逻辑或赋值
+x	正号	>=	大于或等于	^=	异或赋值
~	取反	<=	小于或等于		
--x	运算前减法	&&	逻辑与（AND）		
x--	运算后减法	||	逻辑或（OR）		

表达式由运算符和操作数组成，操作数代表数据，运算符表示操作数之间的运算关系。目前 Java 中的运算符包括：基本算术运算符、模运算符、算术赋值运算符、递增和递减运算符、位运算符、位逻辑运算符、左移运算符、右移运算符、无符号右移、位运算赋值符、关系运算符、布尔逻辑运算符、短路逻辑运算符、赋值运算符等。

2.6.1 算术运算符

在 Java 中算术运算的数据类型必须是 byte、short、int、long。特别注意 char 类型的数据也可以进行算术运算。Java 中 char 类型用于表示 ASCII 表中的字符，这些字符有对应的十进制数值。两个 char 类型的字符变量相加时，实际上是将两个字符对应的 ASCII（十进制数）值相加。基本算术运算包括加、减、乘、除，所有的数字类型都可以进行这些运算。算术运算符常用于四则运算，这些运算符的功能与传统的数学运算符的功能相似。用 “/” 对整数进行除法运算时，余数会被舍去。下面用一个例子来说明浮点型除法和整型除法之间的差别。

【例 2-14】基本算术运算符的使用。

```
1  class BasicMathOp1 {
2  public static void main(String args[]) {
3  System.out.println("Integer Arithmetic is:");
4  int a = 1 + 3;
5  int b = a * 4;
6  int c = b / 5;
7  int d = c - a;
8  int e = -d;
9  double da = 1 + 1;
10 double db = da * 3;
11 double dc = db / 4;
12 double dd = dc - a;
13 double de = -dd;
14 System.out.println("a = " + a);
15 System.out.println("b = " + b);
16 System.out.println("c = " + c);
17 System.out.println("d = " + d);
18 System.out.println("e = " + e);
19 System.out.println("Floating Point Arithmetic is : ");
20 System.out.println("da = " + da);
21 System.out.println("db = " + db);
```

```
22 System.out.println("dc = " + dc);
23 System.out.println("dd = " + dd);
24 System.out.println("de = " + de);
25 }
26 }
```

运行结果如下：

```
1  Integer Arithmetic is:
2  a = 4
3  b = 16
4  c=3
5  d =-1
6  e = 1
7  Floating Point Arithmetic is :
8  da = 2.0
9  db = 6.0
10 dc = 1.5
11 dd =-2.5
12 de = 2.5
```

1．模运算符

在 Java 中“%”是模运算符，即求余数运算，下面用一个示例来说明模运算符的用法。

【例 2-15】模运算符的使用。

```
1  class ModTest {
2  public static void main(String args[]) {
3  int x = 2022;
4  double y = 2022.25;
5  System.out.println("x mod 10 = " + x % 10);
6  System.out.println("y mod 10 = " + y % 10);
7  }
8  }
```

运行结果如下：

```
1  x mod 10 = 2
2  y mod 10 = 2.25
```

2．递增和递减运算符

递增和递减运算符是程序设计中常见的运算符，分别用“++”和“- -”来表示。其中递增运算符是使运算数自加 1，递减运算符是使运算数自减 1。例如 x = x + 1，用递增运算符可以表示为 x++；同理，语句 x = x – 1，可以用递减运算表示为 x- -。递增和递减运算符可以写在操作数之前或者之后，运算符放在操作数前面时，先执行递增或递减操作再赋值；运算符放在操作数后面时，先赋值再进行递增或递减操作。在使用递增和递减运算符时一定要熟悉它们的运行机制。

例如：

```
1  x = 1949 ;
2  y = ++x ;
```

y 将被赋值为 1950，递增运算符在前面，所以在将 x 的值赋给 y 之前，要先执行递增运算。语句行 y =++x;，与下面代码是等价的：

```
1  x = x + 1;
2  y = x;
```

若递增运算符在 x 后：

```
1  x = 1949;
2  y = x++;
```

执行语句后，y 的值还是 1949，因为在执行递增运算以前已将 x 的值赋给了 y。在本例中，y =x++;，与下面代码是等价的：

```
1  y = x;
2  x = x + 1;
```

【例 2-16】递增运算符的使用。

```
1  class IncDecTest {
2  public static void main(String args[]) {
3  int a1 = 1949;
4  int b1 = 2022;
5  int c1;
6  int d1;
7  int e1;
8  int e2;
9  c1 = ++b1;
10 d1 = a1++;
11 c1++;
12 e1=b1--;
13 e2=--b1;
14 System.out.println("a1 = " + a1);
15 System.out.println("b1 = " + b1);
16 System.out.println("c1 = " + c1);
17 System.out.println("d1 = " + d1);
18 System.out.println("e1 = " + e1);
19 System.out.println("e2 = " + e2);
20 }
21 }
```

运行结果如下：

```
1  a1 = 1950
2  b1 = 2021
3  c1 = 2024
4  d1 = 1949
5  e1 = 2023
6  e2 = 2021
```

3．位运算符

在计算机内部，操作数在内存中是采用二进制的形式来表示和存储的。可以使用位运算符来对操作数按照对应二进制位进行逻辑运算。Java 定义的位运算符可以直接对整型数据进行位运算。表 2-9 列出了 Java 定义的位运算符。

表 2-9　Java 定义的位运算符

运算符	含义	运算符	含义
~	按位非运算	<<	左移
&	按位与运算	&=	按位与赋值
|	按位或运算	|=	按位或赋值

续表

运算符	含义	运算符	含义
^	按位异或运算	^=	按位异或赋值
>>	右移	>>=	右移赋值
>>>	右移，左边空出的位置用 0 填充	<<=	左移赋值

例如，字节型值 68 的二进制代码为 01000100，它的值是权值累加的形式，二进制转换为十进制计算方式：$2^6+2^2=68$。

整型数据都是有符号的（除了字符型），既能表示正数，又能表示负数。Java 中采用 2 的补码编码来表示负数，即将对应正数的二进制先进行取反，然后加 1。要将一个负数解码就需要进行相反的操作。正是由于 Java 中采用 2 的补码来表示负数，所以位运算操作时要注意 Java 用高位来表示负数，这样才不会在位操作时出现错误。

2.6.2 关系运算符

关系运算符用于比较两个操作数之间的关系（大于、小于或不等于），计算结果为布尔值。在 Java 中关系运算符如表 2-10 所示。

表 2-10　关系运算符

运算符	含义
==	相等
!=	不相等
>	大于
<	小于
>=	大于或等于
<=	小于或等于

在关系运算中，用“==”来比较是否相等，用“!=”来判断两个操作数或表达式是否不相等。关系运算符可以用于整型、浮点型、字符型、布尔型等类型数据的运算。

【例 2-17】关系运算符的使用。

```
1  class RelTest{
2  public static void main(String args[]) {
3    System.out.println("64 大于 36 为 : "+(64 > 36));
4    System.out.println("64 小于 36 为 : "+(64 < 36));
5    System.out.println("64 大于或等于 36 为 : "+(64 >=36));
6    System.out.println("64 小于或等于 36 为 : "+(64 <= 36));
7    System.out.println("64 不等于 36 为 : "+(64 !=36));
8    System.out.println("64 等于 36 为 : "+(64==36));
9  }
10 }
```

运行结果如下：

```
1  64 大于 36 为: true
2  64 小于 36 为: false
3  64 大于或等于 36 为: true
```

```
4    64 小于或等于 36 为：false
5    64 不等于 36 为：true
6    64 等于 36 为：false
```

2.6.3 逻辑运算符

Java 程序中逻辑运算符是用于完成逻辑判断的，将判断的结果用 0 代表 false，用 1 代表 true。逻辑运算符的两个操作数必须是布尔型的，同时它们的运算结果也只能是真（true）或假（false）。逻辑运算符如表 2-11 所示。

表 2-11　逻辑运算符

运算符	含义
&	逻辑与
|	逻辑或
^	异或
||	短路或
&&	短路与
!	逻辑反
&=	逻辑与赋值
|=	逻辑或赋值
^=	异或赋值
==	相等
!=	不相等

注意逻辑运算符“!”表示布尔值取反，例如!true = = false 和 !false = = true。表 2-12 所示为各个逻辑运算符的运算结果。

表 2-12　布尔逻辑运算

A	B	A|B	A&B	A^B	!A
false	false	false	false	false	true
true	false	true	false	true	false
false	true	true	false	true	true
true	true	true	true	false	false

【例 2-18】逻辑运算符的测试。

```
1  class BoolLogicTest {
2  public static void main(String args[]) {
3  boolean la = true;
4  boolean lb = false;
5  boolean lc = la | lb;
6  boolean ld = la & lb;
7  boolean le = la ^ lb;
8  boolean lf = (!la & lb) | (la & !lb);
9  boolean lg = !la;
10 System.out.println(" la = " + la);
11 System.out.println(" lb = " + lb);
12 System.out.println(" la | lb = " + lc);
13 System.out.println(" la & lb = " + ld);
```

```
14 System.out.println(" la ^ lb = " + le);
15 System.out.println("!la & lb | la & !lb = " + lf);
16 System.out.println(" !la = " + lg);
17 }
18 }
```

运行结果如下：

```
1  la = true
2  lb = false
3  la | lb = true
4  la & lb = false
5  la ^ lb = true
6  !la & lb | la &!lb = true
7  !la = false
```

上述示例中可以将逻辑与运算符“&”换成短路与运算符“&&”。在运算时，“&&”左边值为 false 时计算结果直接判定为 false，不再计算符号右边的表达式；同理，逻辑或运算符“|”可以替换为短路或运算符“||”，只要“||”左边值为 true，计算结果直接判定为 true，不再计算符号右边的表达式。程序设计时一般使用的是短路与和短路或，执行效率更高。

2.6.4 赋值运算符

赋值运算符是一个等号“=”，它至少有两个操作数，作用是将等号右边的值赋给等号左边的变量。注意区分：“=”表示赋值，“==”表示判断是否相等。赋值运算符的基本语法为：

```
var = expression;
```

在使用赋值语句的时候，“=”左右两边的数据类型要一致，另外赋值运算符允许对多个变量赋值，例如：

```
1  int x,y,z;
2  x = y = z = 2023;
```

上面的程序片段执行后，x、y、z 都赋值为 2023，赋值运算是从右到左进行赋值的。

【例 2-19】赋值运算符。

```
1  class TestA {
2      public static void main(String[] args) {
3          int a = 121;
4          int b = 2;
5          int c = 0;
6          c = a + b;
7          System.out.println("c = a + b = " + c );
8          c += a ;
9          System.out.println("c += a = " + c );
10         c -= a ;
11         System.out.println("c -= a = " + c );
12         a = 500;
13         c = 3;
14         c %= a ;
15         System.out.println("c %= a = " + c );
16         c &= a ;
17         System.out.println("c &= a = " + c );
18         c |= a ;
19         System.out.println("c |= a = " + c );
```

```
20          c ^= a ;
21          System.out.println("c ^= a = " + c );
22          c >>= 1 ;
23          System.out.println("c >>= 1 = " + c );
24          c <<= 1 ;
25          System.out.println("c <<= 1 = " + c );
26      }
27  }
```

运行结果如下：

```
1  c = a + b = 123
2  c += a = 244
3  c -= a = 123
4  c %= a = 3
5  c &= a = 0
6  c |= a = 500
7  c ^= a = 8
8  c >>= 1 = 8
9  c <<= 1 = 8
```

Java 提供特殊的算术赋值运算符，可将赋值符与算术运算符结合。例如常见的编程语句 a = a +2，在 Java 中可以将它改写为 a += 2。“+=”就是算术赋值操作，以上两个语句的功能是一样的。又如 a = a % 3，可简写为 a %= 3，“%=”算术赋值运算符的结果是先将 a 除以 3 得到余数，再重新赋给变量 a。这样的编程形式对 Java 二元运算都适用，基本格式为：

```
var= var op expression;
```

改写以后为：

```
var op= expression;
```

使用算术赋值运算符的好处，一是比标准等式紧凑，二是有利于提高 Java 代码的运行效率。下面的例子显示了几个算术赋值运算符的作用。

【例 2-20】算术赋值运算的使用。

```
1  class OpEqualsTest {
2  public static void main(String args[]) {
3  int a1 = 2;
4  int b1 = 4;
5  int c1 = 5;
6  a1 += 3;
7  b1 *= 6;
8  c1 += a1 * b1;
9  c1 %= 7;
10 System.out.println("a1 = " + a1);
11 System.out.println("b1 = " + b1);
12 System.out.println("c1 = " + c1);
13 }
14 }
```

运行结果如下：

```
1  a1 = 5
2  b1 = 24
3  c1 = 6
```

2.6.5 运算符优先级

在运算表达式中，使用多个运算符时要考虑运算符的优先级，即运算的优先顺序。表 2-13 显示了 Java 运算符在表达式中从高到低的优先级和结合性。需要特别说明的是圆括号用于改变运算的优先顺序，添加圆括号不会影响程序的运行效率。

表 2-13 Java 运算符优先级以及结合性

优先级	运算符	结合性
1	( )、[]	从左到右
2	!、+（正）、-（负）、~、++、--	从右到左
3	/、*、%	从左到右
4	+（加）、-（减）	从左到右
5	<<、>>、>>>	从左到右
6	<、<=、>、>=	从左到右
7	==、!=	从左到右
8	&（按位与）	从左到右
9	^	从左到右
10	|	从左到右
11	&&	从左到右
12	||	从左到右
13	?	从右到左
14	=、+=、-=、*=、/=、%=、&=、|=、^=、~=、<<=、>>=	从右到左

在处理含有运算符的表达式时，需要区分运算符和操作数。根据运算符的优先级顺序进行运算，在处理含有多个运算符的表达式时需要先明确各种运算符的优先级，清楚各个运算符的优先级，才能避免编程过程中的逻辑错误。

【例 2-21】运算符优先级的测试。

```
1  class OpPrecedence {
2     public static void main(String[] args) {
3        int a=10,b=16,c=32;
4        System.out.println("a<b && b<c || c<a ="+(a<b && b<c || c<a));
5        System.out.println("!(a<b) && b<c || c<a ="+(!(a<b) && b<c || c<a));
6     }
7  }
```

运行结果如下：

```
1  a<b && b<c || c<a =true
2  !(a<b)&& b<c || c<a =false
```

2.7 程序控制结构

在程序设计中，程序控制结构有顺序结构、分支结构和循环结构这 3 种，如图 2-1 所示。所谓控制是指程序设计者按照解决问题的思路，实现程序状态的改变或者转移，以此来实现想要的功能。顺序结构指的是程序按照代码顺序执行，自上而下执行到最后一个语句；分支结构则是根据条件控制语句来控制程序的流程；循环结构是指满足条件便重复执行一个代码段，直到条件不成立跳出。Java 中的程序控制语句与 C 语言中的程序控制语句类似。Java 中顺序结构与 C 语言中的执行逻辑一致，此处不再累述，本节仅介绍分支（选择）结构、循环结构。

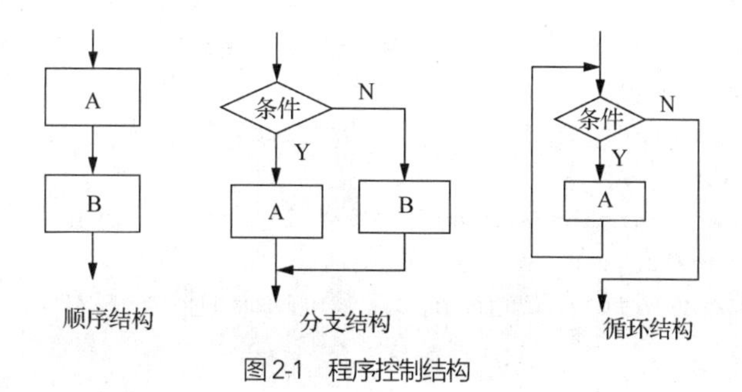

图 2-1 程序控制结构

2.7.1 分支结构

Java 分支结构，有两种分支语句：if 语句和 switch 语句。分支结构利用条件的真假来选择程序执行的流程，如果条件为真，则执行对应为真的语句；如果条件为假，则执行对应为假的语句。

1. if 语句

Java 中的 if 语句是最常用的一种条件选择语句，它能够将程序的执行路径按照条件分为两条。if 语句的基本语法如下：

```
1  if (condition) {
2  statement1
3  };
4  else {
5  statement2
6  };
```

if 和 else 后面的 statement1 和 statement2，既可以是单语句，也可以是一个程序块；condition 必须是返回结果为布尔值的条件表达式；else 子句表示不满足条件的其他情况，可以选择性使用。如果条件为真，执行 statement1；如果条件为假，执行 statement2。任何情况下都不可能同时执行 statement1 和 statement2。

```
1  int x,y;
2  if(x < y) {
3  x = 1;
4  }
5  else{
6  y = 2;
7  }
```

在上面的程序片段中，如果 x 小于 y，那么 x 被赋值为 1；否则，y 被赋值为 2。一般情况下，if 语句的条件都应为一个条件表达式。

【例 2-22】分支结构 if 语句。

```
1  class IfTest {
2      public static void main(String[] args) {
```

```
3        int liming=22,lucy=33;
4        System.out.println("liming 的年龄="+liming+",lucy 的年龄="+lucy);
5        if(liming<lucy)
6        {System.out.println("liming 的年龄比 lucy 的年龄小");}
7        liming=44;
8        System.out.println("liming 的年龄="+liming+",lucy 的年龄="+lucy);
9        if(liming>lucy)
10       {System.out.println("liming 的年龄比 lucy 的年龄大");}
11       liming=33;
12       System.out.println("liming 的年龄="+liming+",lucy 的年龄="+lucy);
13       if(liming==lucy)
14       {System.out.println("liming 的年龄和 lucy 的年龄一样大");}
15    }
16 }
```

运行结果如下：

```
1  liming 的年龄=22,lucy 的年龄=33
2  liming 的年龄比 lucy 的年龄小
3  liming 的年龄=44,lucy 的年龄=33
4  liming 的年龄比 lucy 的年龄大
5  liming 的年龄=33,lucy 的年龄=33
6  liming 的年龄和 lucy 的年龄一样大
```

2．嵌套 if 语句

嵌套 if 语句是指在一个 if 语句中包含另外一个 if 语句，这样的嵌套可以是多层的。在程序设计过程中需要满足多个条件时，就需要使用嵌套 if 语句。在 if 语句中还有一种 if-else-if 阶梯结构，它可以用来判断多个条件。使用这种结构时，每遇到一个 if 条件就需要进行一次判断，直到 if 语句的所有条件都不成立，再执行 else 后面的语句。if-else-if 阶梯结构语法如下：

```
1  if (condition1)
2  {statement1};
3  else if(condition2)
4  {statement2};
5  else if(condition3)
6  {statement3};
7  else
8  statement4;
```

if-else-if 阶梯结构可以有多个条件语句，条件表达式自上而下判断求值，当找到为真的条件，就执行与这个条件关联的语句或程序块，阶梯中的其他语句就不执行了。如果所有条件都不为真，则执行 else 对应的语句。else 语句又被称为默认条件，当其他条件都不成立时，执行最后的 else 语句。下面的程序通过使用 if-else-if 阶梯结构来确定某个月属于什么季节。

【例 2-23】if-else-if 阶梯结构判断。

```
1  class IfElseIf {
2  public static void main(String args[]) {
3  int month = 12;
4  String season;
5  if(month == 3 || month == 4 || month == 5)
```

```
6 season = "春天";
7 else if(month == 6 || month == 7 || month == 8)
8 season = "夏天";
9 else if(month == 9 || month == 10 || month == 11)
10 season = "秋天";
11 else if(month == 12 || month == 1 || month == 2)
12 season = "冬天";
13 else
14 season = "月份错误";
15 System.out.println(month + "月份是在" + season + "。");
16 }
17 }
```

运行结果如下：

```
12 月份是在冬天。
```

从上面的例子可以看出，无论 month 的值是什么，该阶梯结构中有且只有一个满足条件的语句可执行。

3．switch 语句

分支结构的另外一种形式是 switch 语句，多重选择时使用 if 语句会增加程序的复杂度，同样，多个 if 语句的嵌套也会让程序变得复杂。Java 提供了 switch 语句，它只有一个条件表达式，提供了基于一个表达式结果来执行多个分支的方法。switch 语句让程序更加简洁。switch 语句的形式如下：

```
1 switch (expression) {
2 case value1:
3 // 执行语句 1
4 break;
5 case value2:
6 // 执行语句 2
7 break;
8 …
9 case valueN:
10 // 执行语句 N
11 break;
12 default:
13 // 默认执行语句
14 }
```

在 switch 语句中，条件表达式 expression 的结果必须为 byte、short、int 或 char 型。每个 case 语句后的值必须是与条件表达式相同或者兼容的一个特定的常量，且 case 的值不能相同。在 switch 语句中，如果找到了相匹配的值，则运行该 case 内的程序语句或程序块。当运行完 case 程序块后不会直接离开 switch 区块，还会继续往下运行 case 语句以及 default 语句，这个过程在程序设计中称为“失败经过”现象。为了避免“失败经过”，可以在 case 语句后面增加 break 语句来结束 switch 语句。当程序执行到一个 break 语句时，会从整个 switch 语句后的第一行代码开始继续执行，有一种“跳出” switch 语句的效果。如果所有的 case 都不满足条件，则会运行 default 语句。需要注意的是，default 语句可以放在 switch 语句中的任意位置，但是只有把它放在最后才可以省略其中的 break 语句，否则还是需要加上 break 语句。

【例 2-24】switch 多分支结构。

```
1  class SwitchTest {
2  public static void main(String args[]) {
3
4      char Mscore='A';
5      System.out.println("张三的数学成绩是："+Mscore);
6      switch(Mscore) {
7      case 'A':
8          System.out.println("张三的数学成绩是："+Mscore+"成绩等级是优秀);
9          break;
10     case 'B':
11         System.out.println("张三的数学成绩是："+Mscore+"成绩等级是良好);
12         break;
13     case 'C':
14         System.out.println("张三的数学成绩是："+Mscore+"成绩等级是中等);
15         break;
16     case 'D':
17         System.out.println("张三的数学成绩是："+Mscore+"成绩等级是及格);
18         break;
19         default:
20             System.out.println("张三的数学成绩是差，请认真学习继续努力);
21      }
22
23 }
24 }
```

运行结果如下：

```
1  张三的数学成绩是：A
2  张三的数学成绩是：A 成绩等级是优秀
```

在上面的程序中，当 Mscore 的值与 case 后的常量匹配时，相关语句就被执行，其他语句不执行。

2.7.2 循环结构

循环控制是一种重复结构的流程控制，当满足设定的条件的时候，就会重复执行对应的程序语句或程序块，当条件不成立的时候就跳出循环。Java 中的循环语句有 do-while、while 和 for。例如，要输出 100 个字符信息，不需要编写 100 次 System.out.print 语句，只需要调用循环语句便可实现。

循环语句

1．while 循环

while 循环语句用于循环次数不确定的程序，它是 Java 中最基本的循环语句之一。在程序设计中，若不确定某个循环的循环次数，那么优先选择 while 循环。while 循环在执行的时候先检查条件表达式是否为真，如果条件表达式的值为 true，则执行循环体中的内容，否则不执行。while 循环的语法格式如下：

```
1  while(condition) {
2  // 循环体
3  }
```

condition 是布尔表达式，它的结果是布尔值。

【例 2-25】while 循环语句。

```
1  class WhileTest {
2  public static void main(String args[]) {
3  int a=1,sum=0;
4   System.out.println("求1～100 的累加和：");
5    while(a<=100){
6         System.out.println("a="+a);
7         sum+=a;
8         System.out.println("第"+a+"次\t 累加值："+sum);
9         a++;
10      }
11   System.out.println("循环结束");
12 }
13 }
```

运行结果如下：

```
1  求1～100 的累加和：
2  ……
3  a=95
4  第 95 次   累加值：4560
5  a=96
6  第 96 次   累加值：4656
7  a=97
8  第 97 次   累加值：4753
9  a=98
10 第 98 次   累加值：4851
11 a=99
12 第 99 次   累加值：4950
13 a=100
14 第 100 次  累加值：5050
15 循环结束
```

2．do-while 循环

在 while 循环中，如果开始条件表达式就不成立，那么循环体中的语句是不执行的。也就意味着 while 循环，有可能一次循环都不执行。实际程序设计中，如果希望循环至少执行一次，可以使用 do-while 循环。while 循环属于前测型循环，do-while 循环属于后测型循环，也就是说 do-while 循环至少执行一次循环体，因为条件表达式在循环的结尾。do-while 循环的语法格式如下：

```
1   do {
2   //循环体
3   } while (condition);
```

do-while 循环在执行时，总是先执行循环体再判断条件表达式。如果条件表达式为真，返回循环起点重复执行语句，否则循环结束。条件表达式 condition 必须是布尔表达式。

【例 2-26】do-while 循环语句。

```
1  class doWhileTest {
2  public static void main(String args[]) {
3
4  int a=121,b=330;
5  int c=0;
6  System.out.println("求 a 和 b 两个数的最大公因数");
```

```
7  System.out.println("a= "+a+" b= "+b);
8   do{
9      c=b%a;
10     b=a;
11     a=c;
12  }while(a!=0);
13  System.out.println("a、b 两数的最大公因数为"+b);
14 }
15 }
```

运行结果如下：

```
1  求 a 和 b 两个数的最大公因数
2  a= 121 b= 330
3  a、b 两数的最大公因数为 11
```

3．for 循环

for 循环是计数循环，可以重复执行固定次数的循环，结构灵活、功能强大。同时，for 循环也是一种比较严谨的循环，需要设定循环初始值、循环条件和步长。for 循环的语法格式如下：

```
1  for(initialization; condition; iteration) {
2  //循环体
3  }
```

其中 initialization 是循环初始值设置表达式，condition 是循环条件，iteration 是步长表达式。每次循环时，循环变量呈现递增或者递减趋势。当循环体语句只有一条时，花括号可以不写。for 循环执行流程如下：第一步，循环启动时先执行其初始化部分，设置循环变量值作为控制循环的计数器，循环初始化部分仅被执行一次；第二步，判断循环条件，如果值为真则执行 for 循环内部的循环体，如果值为假则终止 for 循环；步长表达式用于控制循环次数。for 循环内部声明变量后，对应变量的作用域只对应 for 循环内部，若在程序的其他地方还需要用到这个变量，就不能在 for 循环内部进行声明。

【例 2-27】for 循环语句。

```
1  class forTest {
2  public static void main(String args[]) {
3   int a,sum=0;
4   System.out.println("求 1～100 的累加和：");
5    for(a=1;a<=100;a++){
6            System.out.println("a="+a);
7        sum+=a;
8        System.out.println("第"+a+"次\t 累加值："+sum);
9      }
10   System.out.println("循环结束");
11 }
12 }
```

运行结果如下：

```
1  求 1~100 的累加和：
2  ……
3  a=95
4  第 95 次    累加值：4560
5  a=96
6  第 96 次    累加值：4656
7  a=97
```

```
8  第 97 次   累加值：4753
9  a=98
10 第 98 次   累加值：4851
11 a=99
12 第 99 次   累加值：4950
13 a=100
14 第 100 次  累加值：5050
15 循环结束
```

4．for 循环嵌套

Java 程序中允许循环嵌套，也就是一个循环在另一个循环之内。for 循环嵌套就是多层 for 循环结构，运行的机制是先内层循环，再外层循环。由于内层循环和外层循环之间相互交错，所以容易导致错误，编程过程中要特别注意，下面通过一个经典的九九乘法表来介绍 for 循环嵌套。

【例 2-28】用 for 循环嵌套实现九九乘法表。

```
1  class forTest1 {
2  public static void main(String args[]) {
3   int a,sum=0;
4   System.out.println("输出九九乘法表");
5    for(int  i=1;i<=9;i++){
6        for(int  j=1;j<=i;j++) {
7        System.out.print(j+"*"+i+"="+i*j+'\t');
8        }
9        System.out.print("\n");
10      }
11   System.out.println("循环结束");
12 }
13 }
```

运行结果如下：

```
1  输出九九乘法表
2  1*1=1
3  1*2=2 2*2=4
4  1*3=3 2*3=6 3*3=9
5  1*4=4 2*4=8 3*4=12 4*4=16
6  1*5=5 2*5=10 3*5=15 4*5=20 5*5=25
7  1*6=6 2*6=12 3*6=18 4*6=24 5*6=30 6*6=36
8  1*7=7 2*7=14 3*7=21 4*7=28 5*7=35 6*7=42 7*7=49
9  1*8=8 2*8=16 3*8=24 4*8=32 5*8=40 6*8=48 7*8=56 8*8=64
10 1*9=9 2*9=18 3*9=27 4*9=36 5*9=45 6*9=54 7*9=63 8*9=72 9*9=81
11 循环结束
```

2.7.3 跳转语句

Java 支持 3 种类型的跳转语句，分别是 break、continue 和 return。这些跳转语句可以把控制流程转移到程序的其他部分。需要说明的是，Java 中除了这里的 3 种跳转语句之外，还支持另一种能改变程序执行流的方法——异常处理。异常处理在后文中具体介绍。

1．break 语句

前文介绍 switch 结构时已使用过 break 语句，它可以跳出 switch 结构执行后面的程序语句。break

语句也可以与循环控制语句搭配。Java 中 break 语句有 3 种作用：一是在 switch 语句中用来终止语句序列；二是用于退出循环结构；三是作为 goto 语句的一种形式。switch 语句中 break 语句的用法已经介绍过，下面对 break 语句的另外 2 种用法进行解释。

使用 break 语句时可以忽略循环体中的其他任何语句和循环的条件测试，直接退出循环。循环中遇到 break 语句时循环会终止。break 语句还能用在任何 Java 循环中，包括无限循环。需要强调的一点是，break 并非专门用于终止循环，循环的终止是由循环语句的条件表达式来控制的。

除了在 switch 语句和循环中使用之外，break 语句还能作为 goto 语句的一种“文明”形式。Java 中没有 goto 语句，因为 goto 语句会使程序难以理解和维护，妨碍了某些编译器的优化。但在有些地方，goto 语句的形式对于构造流程控制是有用而且合法的。例如，从嵌套很深的循环中退出时，goto 语句就很有用。所以，Java 定义了 break 语句的一种扩展形式来替代 goto 语句的这项功能，用 break 语句可以终止一个或者几个代码块。这些代码块可以是任何块。这种形式的 break 语句带有标签，可以明确指定代码从何处重新开始执行。所以这种形式的 break 语句能够给程序设计带来 goto 语句的益处，并舍弃了 goto 语句的麻烦。加标签的 break 语句的基本语法格式如下所示：

```
break label;
```

label 用于标识代码块，当 break 语句执行时，程序会跳转到指定的代码块。在 Java 程序设计中，可以使用加标签的 break 语句退出一系列的嵌套，但是不能使用 break 语句将控制传递到不包含 break 语句的代码块。加标签的 break 语句的一个普遍用法是退出循环嵌套。例如，在下面的程序中，外层的循环只执行了一次。

【例 2-29】使用 break 语句退出嵌套循环。

```
1  class BreakLoop {
2  public static void main(String args[]) {
3  exit1: for(int i=0; i<10; i++) {
4  System.out.print("循环执行： " + i + ": ");
5  for(int j=0; j<50; j++) {
6  if(j == 20) break exit1; // 退出两个循环
7  System.out.print(j + " ");
8  }
9  System.out.println("这部分内容不会输出");
10 }
11 System.out.println("循环结束！");
12 }
13 }
```

运行结果如下：

```
循环执行： 0:012345678910111213141516171819 循环结束!
```

在上面的程序中，exit1 便是定义的标签，当从代码内部循环退到外部循环时，这两个循环都被终止了。

2．continue 语句

在 Java 循环控制中，continue 语句可以强迫循环语句 for、while、do-while 等结束正在运行的循环，重新运行下一次循环。continue 表示终止本次循环，继续下一次循环；break 表示终止循环，不再继续循环。

【例 2-30】使用 continue 语句退出循环。

```
1  class ContinueLoop {
2      public static void main(String args[]) {
```

```
3          int i,j;
4          System.out.println("使用 continue 退出循环");
5          for(i=1;i<8;i++) {
6              for(j=1;j<=i;j++) {
7                  if(j==4) continue;//跳过下面的语句，从循环开始处继续运行下一次
8                  System.out.print(j+"  ");
9              }
10             System.out.println();
11         }
12         System.out.println();
13         out:
14             for(i=1;i<8;i++) {
15                 for(j=1;j<=i;j++) {
16                     if(j==4) continue out;//回到 out 标签处继续运行
17                     System.out.print(j+"  ");
18                 }
19                 System.out.println();
20             }
21             System.out.println();
22     }
23     }
```

运行结果如下：

```
1   使用 continue 退出循环
2   1
3   12
4   123
5   1
6   1
7   2
8   5
9   1
10  2 3 5 6
11  1
12  2 3 5 6 7
13  1
14  12
15  123
16  1
17  3
18  1
19  2
20  3
21  123123
```

3．return 语句

return 语句可以终止程序目前所在方法的执行，回到调用方法的程序语句处继续执行。在一个方法中，return 语句可被用来使正在执行的分支程序返回到调用它的位置。使用 return 语句时，可以为调用的方法返回一个值。返回值的数据类型要与声明的数据类型一致。若方法不需要返回值，则将方法声明为 void 类型。

【例 2-31】使用 return 语句返回值。

```
1   class ReturnTest {
2       public static void main(String args[]) {
3           int sumt;
```

```
4           sumt=sum(20);//调用 sum()方法
5           System.out.println("求 1～20 的累加和:");
6           System.out.println("sumt="+sumt);
7           }
8       static int sum(int m) {
9           int sum=0;
10          for(int i=1;i<=m;i++) {
11              sum+=i;
12          }
13          return sum;//返回 sum 的值
14      }
15  }
```

运行结果如下：

```
1  求 1～20 的累加和:
2  sumt=210
```

本章小结

本章重点讲解 Java 中标识符与关键字的使用规则、数据类型的分类、数据的输入和输出、数组的使用、运算符和表达式的使用规则、程序设计中的 3 种程序控制结构。本章介绍的是 Java 的基础知识，知识点与其他程序设计语言的类似，读者可以根据学习经验融会贯通。本章知识点较为琐碎，但都是重要内容，特别是程序控制结构在编程实践中应用广泛，认真完成本章的上机实验将有助于初学者尽快掌握知识点的细节。

习题

一、单选题

1. 下列哪个不是 Java 的关键字？（　　）
   A. final　　B. static　　C. private　　D. method
2. 在 Java 中，以下哪种数据类型属于基本数据类型？（　　）
   A. string　　B. integer　　C. float　　D. array
3. 下列哪个是合法的 Java 标识符？（　　）
   A. 2variable　　B. _variable　　C. #variable　　D. variable@
4. 在 Java 中，以下哪个循环结构可以在没有循环条件的情况下至少执行一次？（　　）
   A. for 循环　　B. while 循环　　C. do-while 循环　　D. if 语句
5. 在 Java 中，以下哪个关键字用于终止当前循环，并开始下一次循环？（　　）
   A. break　　B. continue　　C. return　　D. exit
6. 在 Java 中，以下哪个关键字用于定义一个常量？（　　）
   A. final　　B. static　　C. private　　D. protected
7. 在 Java 中，以下哪个运算符用于逻辑与操作？（　　）
   A. &&　　B. ||　　C. !　　D. &
8. 在 Java 中，以下哪个运算符用于位与操作？（　　）
   A. %　　B. &　　C. *　　D. /

9. 在 Java 中，下列哪个选项是正确的 Java 注释的写法？（　　）

A. /* 注释内容 */　　B. // 注释内容　　C. <!-- 注释内容 -->　　D. ** 注释内容 **

10. 在 Java 中，以下哪个循环结构可以保证循环体至少执行一次？（　　）

A. for 循环　　B. while 循环　　C. do-while 循环　　D. switch 语句

11. 在 Java 中，以下哪个选项是合法的 Java 数组声明？（　　）

A. int[] arr = new int[5];　　B. int arr[] = new int[5];

C. int[] arr = {1, 2, 3, 4, 5};　　D. int arr[5] = {1, 2, 3, 4, 5};

12. 在 Java 中，以下哪个运算符用于实现对象的实例化和初始化？（　　）

A. =　　B. ==　　C. !=　　D. new

二、编程题

1. 计算 $1!+2!+3!+\cdots+n!$，并输出计算结果。

2. 从键盘输入一行字符串（以换行符结束），要求分别统计里面英文字符的总个数和数字的总个数，并分别输出。

3. 实现水果价格查询。给定 4 种水果，分别是苹果（apple）、梨（pear）、橘子（orange）、葡萄（grape），单价分别对应为 3.00 元/千克、2.50 元/千克、4.10 元/千克、10.20 元/千克。首先在显示器上显示以下菜单：

```
1  [1] apple
2  [2] pear
3  [3] orange
4  [4] grape
5  [0] exit
```

用户可以输入编号 1～4 查询对应水果的单价，输入 0 即退出；输入其他编号，显示没有出售这种水果。

4. 根据利润提成计算企业发放的奖金。利润低于或等于 10 万元时，奖金可提成 10%；利润高于 10 万元，低于 20 万元时，低于 10 万元的部分按 10%提成，高于 10 万元的部分，可以提成 7.5%；利润在 20 万元到 40 万元之间时，高于 20 万元的部分，可提成 5%；利润在 40 万元到 60 万元之间时，高于 40 万元的部分，可提成 3%；利润在 60 万元到 100 万元之间时，高于 60 万元的部分，可提成 1.5%；利润高于 100 万元时，高于 100 万元的部分，可提成 1%。从键盘输入当月利润，求应发放奖金总数。

5. 输入某年某月某日，判断这一天是这一年的第几天。

6. 输入 3 个整数 x、y、z，请把这 3 个数由小到大输出。

7. 有一分数序列：2/1,3/2,5/3,8/5,13/8,21/13…，求出这个序列的前 20 项之和。

上机实验

1. 计算素数。

编写一个 Java 程序，能够接收用户输入的一个正整数 n，并计算出小于或等于 n 的所有素数。

2. 利用数组实现学生成绩管理系统。

设计一个学生成绩管理系统，用于记录学生的姓名和成绩。使用数组来存储学生的信息，数组长度为 10。这个系统可实现以下功能：（1）添加学生信息，输入学生姓名和成绩，可将其添加到数组中；（2）查询学生信息，输入学生姓名，可查询并输出该学生的成绩；（3）计算平均成绩，计算并输出所有学生的平均成绩；（4）查找最高分学生，查找并输出成绩最高的学生姓名和成绩。

第3章 类和对象

本章着重介绍 Java 程序设计中类和对象等的相关概念。Java 程序是由一个个类及其定义组成的。编写 Java 程序就是从现实世界中抽象出 Java 可实现的类并用合适的语句定义它们的过程，这个过程包括对类内各种变量和方法的定义、创建类的对象，以及实现类之间各种信息的传递。

方法是类的主要组成部分。在一个类中，程序的作用体现在方法中。方法是 Java 的基本构件。利用方法可以组成结构良好的程序。本章介绍方法的设计规则，以及使用方法的基本要点。

3.1 面向过程和面向对象

面向过程和面向对象

面向过程的程序设计（process-oriented programming）是一种以过程为中心的编程思想。简单来说，就是分析出解决问题所需要的步骤，然后用方法把这些步骤一步一步地实现，使用的时候再一个一个地依次调用就可以了。这样导致的结果是程序处理的所有数据和对应的处理方法全部整合到了一起，要求程序员对整个过程有全面、系统的了解，因此其显著的缺点是可扩展性差、不易维护。

面向对象的程序设计（object-oriented programming）就是用人类在现实世界中常用的思维方法来认识、理解和描述客观事物，强调最终建立的程序系统能够与问题域进行映射，即程序系统中的对象及对象之间的关系能够如实地反映问题域中固有的事物及其关系。因此，面向对象的程序设计提出了一个全新的概念，其主要思想是将数据（成员数据）及处理这些数据的相应方法（成员方法）封装在一个类（class）中，而使用类的数据变量称为对象。这样就弥补了面向过程的程序设计所带来的不足。由于面向对象的程序设计有封装、继承、多态性等特点，因此可以设计出低耦合的系统，该系统更加灵活、更加易于维护。

3.2 初识类和对象

类和对象

Java 是一种面向对象的程序设计语言，要求每一个对象都必须属于某一个类。面向对象的程序设计的编程思想力图使在计算机语言中对事物的描述与在现实世界中该事物的本来面目尽可能一致，类和对象就是面向对象的核心概念。

类是对某一类事物的描述，是抽象的、概念上的定义；对象是实际存在的该类事物的个体，因而也称为实例（instance）。类和对象就如同概念和实物一样，类就好比模板，而对象就是模板下的一个实例。

3.2.1 类的声明

在 Java 当中，声明类都是由 class 开头的，格式如下。

```
1  [访问修饰符] class 类名称
2  {
3  声明成员变量
4  声明成员方法
5  }
```

成员变量也称成员属性，可以是基本数据类型成员，也可以是引用类型成员，还可以是本类的成员。成员变量是用来存储数据的，成员方法是用来对成员变量进行处理的。

【例 3-1】声明学生类 Student。

```
1  public class Student
2  {
3      String stuID;//学号
4      String stuName;//姓名
5      Date stuBirth;//出生日期
6      String stuClass;//班级
7      //其他成员变量
8      //成员方法
9  }
```

【例 3-1】中 Student 类定义了学生的 4 个成员变量，表示由 Student 类生成的对象必须有这 4 个变量。成员变量和成员方法必须根据问题的实际情况来确定，在此只是给出一个简单的示例。定义类只是定义了一个模板，表示由该类生成的对象将来应该具有哪些成员。这就好像建房子，定义了类相当于有了设计图纸，但房子还没有开始建造。

3.2.2 对象的创建

有了设计图纸，就可以开始建造房子了。对象的创建就是依据类的描述来生成确定的对象，生成对象时必须给对象的每一个成员变量赋予确定的值。

对象的创建格式如下。

格式一：

```
1  类名 对象名;
2  对象名=new 类名();
```

格式二：

```
类名 对象名=new 类名();
```

格式一中先声明一个对象名，再通过 new 关键字生成对象。这样的方式相当于先给要创建的房子起名字，后面再来建房子。格式二表示给房子起名字和建房子同时进行。这两种方式适合不同的应用场景，并没有本质的差别。

【例 3-2】由 Student 类创建对象。

```
1  Student xiaoming,xiaoli=new Student();
2  xiaoming=new Student();
```

【例 3-2】中 xiaoming 和 xiaoli 是由 Student 类运用两种方式创建的两个对象。在声明了 xiaoming 这个对象名后，可以在任何需要的地方使用对象。

3.2.3 对象的内存模型

那么对象名和 new 关键字生成的对象到底有什么区别和联系呢？可以通过图 3-1 来对此进行理解。

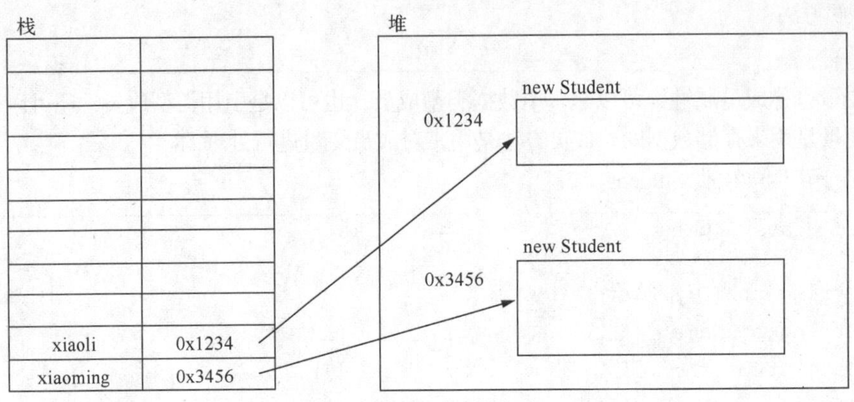

图 3-1 对象的内存存储方式

对象名被存储在一个叫作“栈”的存储区，而 new 生成的对象被存储在一个叫作“堆”的存储区。每一个栈中的对象名对应一个堆中的存储地址。如果还没有用 new 生成对象，则该名称对应的存储地址为空，否则记录由 new 生成对象空间的地址，每个由 new 生成的对象都会在堆中分配一个不同的存储空间。

3.2.4 成员变量的访问

创建类的对象之后，可以通过对象名访问成员变量。成员变量访问的一般形式如下：

```
对象名.成员变量
```

或者：

```
类名.成员变量
```

这两种访问形式将在后续的示例中具体说明。

3.3 成员方法的声明与访问

类中的成员除了成员变量之外，还有成员方法（也称为类的行为，在其他程序设计语言中也称为方法）。成员变量和成员方法都属于类中的元素，变量定义的是实际参数，方法定义的是程序逻辑。

成员方法的声明与访问

3.3.1 成员方法的声明

方法中可以定义变量，方法中的变量是局部变量，只能在方法内部使用。定义方法时，可以使用类中的成员变量和方法内部定义的局部变量编写功能逻辑。注意：方法中不能再包含其他方法，但是可以调用类中定义的其他方法。成员方法定义的格式如下：

```
1    [访问修饰符]  [返回值类型]   方法名([形式参数列表])
2   {
3   方法体;
4    [return 返回值]
5   }
```

具体含义如下。

（1）定义方法时如果不声明访问修饰符，则使用默认修饰符（即不写访问修饰符）。

（2）void 代表没有返回值，此时可以不使用 return，也可以使用 return。使用 return 之后，不能返回任何值，此时表示程序执行到 return 时，不再继续往下执行代码，本方法执行结束。当返回值类型不为 void 时，方法体里必须带 return 且后面必须有返回值，返回值的类型需要与定义方法时指定的返回值类型一致或兼容。

（3）方法名必须符合 Java 命名规范，首字母小写，有多个单词时可以使用驼峰命名法，例如 countStudent()，方法名要求见名知意。

（4）定义方法时在形式参数列表里定义的变量叫形式参数（可简称形参）。如果有多个形式参数，形式参数与形式参数之间使用逗号分隔，调用方法时传入的值叫实际参数（可简称实参），实际参数必须与形式参数一一对应，且类型需要一致或兼任，形式参数可以是任意类型的，个数不限。

3.3.2 成员方法的访问

成员方法的访问形式如下：

```
对象名.成员方法([实际参数列表])
```

或者：

```
类名.成员方法([实际参数列表])
```

成员方法的访问要求实际参数和形式参数的类型、个数、顺序必须一一对应。Java 成员方法包括构造方法和非构造方法两种类型。

3.4 构造方法

构造方法

在对象的创建中提到，由类生成对象时必须给每个对象的成员属性赋予具体的值，但在【例 3-2】中用 Student 类生成两个对象时并没有指定不同对象的成员属性值，这是不是意味着就没有给对象的所有成员属性赋予具体的值呢？答案是否定的。在介绍基本数据类型时已经提到，如果不给变量赋值，并不表示变量中没有值，而是由系统赋予默认的值。因此，同一个类创建的多个对象，对应的成员属性都赋予了系统默认的值。两个对象的值完全相同，显然这不符合现实生活中不同对象的成员属性值不尽相同的特点。构造方法（也称构造方法）的作用是在创建对象的时候，根据内部设定的逻辑为成员变量进行值的初始化。在一个类中，构造方法可以存在多个，可以理解为创建对象时，可以从多个构造方法中选择一个作为对象初始化的方案。

3.4.1 构造方法的一般格式

构造方法就是用来构造不同对象的，能够在类实例化对象时给对象的成员变量赋予不同的值。一般格式如下。

```
1    [访问修饰符] 类名 ([形式参数列表])
2   {
3   方法体;
4   }
```

Java 构造方法是 Java 中一种特殊的方法。构造方法和非构造（普通）方法的区别如下。

（1）构造方法在 new 实例化对象时由系统自动调用运行，作用是对对象成员变量的初始化。非构造方法是需要通过对象以代码的形式主动调用的，类似于成员变量的调用。

（2）实例化对象时，构造方法只执行一次（自动执行），而非构造方法可以被调用多次（主动调用）。

（3）构造方法的方法名必须与类名相同，不定义返回值类型或定义为 void，不可以写 return 语句。

【例 3-3】为 Student 类编写构造方法。

```
1   public class Student
2   {
3       String stuID;//学号
4       String stuName;//姓名
5       String stuBirth;//出生日期
6       String stuClass;//班级
7       //构造方法
8      public Student(String stuID,String stuName,String stuBirth,String stuClass)
9          {
10             this.stuID=stuID;
11             this.stuName=stuName;
12             this.stuBirth=stuBirth;
13             this.stuClass=stuClass;
14         }
15  }
```

【例 3-3】中的“this”表示类实例化后的对象，构造方法中的形式参数用来接收 new 实例化对象时的实际参数，然后将它们分别赋值给指定的成员变量。当定义了构造方法后，就可以在实例化对象时为每个对象指定初始化的成员属性值了。

【例 3-4】使用构造方法实例化对象。

```
1   class Student//定义类
2       {
3           String stuID;//学号
4           String stuName;//姓名
5           String stuBirth;//出生日期
6           String stuClass;//班级
7           //构造方法
8           public Student(String stuID, String stuName, String stuBirth, String
9       stuClass) {
10              this.stuID = stuID;
11              this.stuName = stuName;
12              this.stuBirth = stuBirth;
13              this.stuClass = stuClass;
14          }
15      }
16
```

```
17 public class Test2 {
18 public static void main(String[] args) {
19     Student s1=new Student("001", "Tom", "2020-1-2", "1班");
20     Student s2=new Student("002", "Jack", "2015-1-2", "1班");
21     System.out.println("学号: "+s1.stuID+",姓名: "+s1.stuName+","
22                 + "出生日期: "+s1.stuBirth+",班级: "+s1.stuClass);
23     System.out.println("学号: "+s2.stuID+",姓名: "+s2.stuName+","
24                 + "出生日期: "+s2.stuBirth+",班级: "+s2.stuClass);
25 }
26 }
```

运行结果如下：

```
1   学号: 001,姓名: Tom,出生日期: 2020-1-2,班级: 1班
2   学号: 002,姓名: Jack,出生日期: 2015-1-2,班级: 1班
```

【例 3-4】中利用 Student 类提供的构造方法，使用 new 实例化两个对象时实现了对各自对象的成员变量分别进行初始化操作，使得各个对象具有了不同的成员变量值，当然各个对象的成员变量值可以是相同的。

实际应用时很可能会遇到这样一种情况，可能并不知道各个对象的所有成员属性值，所以在构造时对于不知道的成员属性值可以不指定。【例 3-4】中所述方式不能满足这样的要求，因为在方法被调用、执行时，给定的实际参数必须与形式参数的类型、个数分别对应。Java 提供了多种办法来满足这样的需求。

3.4.2 构造方法重载

构造方法重载就是可以编写多个构造方法来应对不同的需求。每个构造方法的定义都和一般构造方法的格式定义相同，只是要保证不同构造方法的形式参数不同。需要注意的是，这里的不同指的是形式参数的个数不同或者类型不同，而不是指形式参数的名字不同。

【例 3-5】构造方法重载。

```
1  //构造方法1，全部成员变量都初始化
2  Student(String stuID, String stuName, String stuBirth, String stuClass) {
3      this.stuID = stuID;
4      this.stuName = stuName;
5      this.stuBirth = stuBirth;
6      this.stuClass = stuClass;
7  }
8  //构造方法2，1个成员变量初始化
9  Student(String stuID) {
10     this.stuID = stuID;
11 }
12 //构造方法3，2个成员变量初始化
13 Student(String stuID, String stuName) {
14     this.stuID = stuID;
15     this.stuName = stuName;
16 }
```

【例 3-5】中给出了 3 个构造方法，每个构造方法的形式参数决定了用 new 关键字实例化对象时的不同情况。程序执行时就根据给出的不同实际参数的情况来选择执行哪个构造方法。

【例 3-6】使用构造方法重载实例化不同对象。

```
1  Student s1 = new Student("001", "Tom", "2020-1-2", "1班");
2          Student s2 = new Student("002");
3          Student s3 = new Student("003", "Tom");
4          System.out.println("学号: "+s1.stuID+",姓名: "+s1.stuName+","
5        + "出生日期: "+s1.stuBirth+",班级: "+s1.stuClass);
6          System.out.println("学号: "+s2.stuID+",姓名: "+s2.stuName+","
7          + "出生日期: "+s2.stuBirth+",班级: "+s2.stuClass);
8          System.out.println("学号: "+s3.stuID+",姓名: "+s3.stuName+","
9          + "出生日期: "+s3.stuBirth+",班级: "+s3.stuClass);
```

运行结果如下：

```
1  学号: 001,姓名: Tom,出生日期: 2020-1-2,班级: 1班
2  学号: 002,姓名: null,出生日期: null,班级: null
3  学号: 003,姓名: Tom,出生日期: null,班级: null
```

【例 3-6】中通过给定不同的实际参数给不同的对象进行实例化操作，满足了某些变量可以不必赋初值的需求。没有初始化的成员变量值全部为默认值，如对象 s2 中仅学号成员变量被赋值，其他变量默认值为 null。当类中声明了构造方法，则在实例化对象时，必须满足其中一种构造方法的形式参数要求来提供实际参数，否则无法实例化对象。如果类中没有声明构造方法，还能创建对象吗？可以，类中没有显式地声明构造方法时，会提供一个空参数的构造方法，这个方法中没有对任何成员变量初始化，即创建的对象中所有的成员变量初始值为默认值。

非构造方法的重载

3.5 非构造方法

构造方法在 new 实例化对象时自动调用运行，用来初始化数据成员，而非构造方法不会自动调用运行，需要通过类或者对象进行主动访问。非构造方法即普通方法，和构造方法的区别是必须显式地写出返回值类型或者 void（无返回值）。

非构造方法的声明方式如下：

```
1   [访问修饰符] [返回值的类型或void]  方法名称 ([形式参数列表])
2  {
3  方法体;
4  }
```

【例 3-7】在 Student 类中添加显示成员数据信息的方法。

```
1  Public void printStuInfo() {
2  System.out.println(this.stuID + ", " + this.stuName + ", " + this.stuBirth + ",
3  " + this.stuClass);
4  }
```

方法中“this”用来表示类生成的对象，用以区分成员变量和方法中的形式参数变量或临时变量。该方法显示输出对象的各个变量值，一般可以通过创建的对象调用它，格式为：

```
对象名称.方法(形式参数)
```

【例 3-8】通过 Student 对象访问 printStuInfo()方法。

```
1  S1.printStuInfo();
2  S2.printStuInfo();
3  S3.printStuInfo();
```

非构造方法通过对象进行访问。虽然方法名都一样，但由于各个对象名称不同，所以输出的信息也不相同。非构造方法根据需要可以随时访问，构造方法只有在实例化对象时根据实际参数与形式参数的对应关系，选定一个构造方法执行一次。当然，如果声明多个对象，构造方法也会被执行多次。

非构造方法重载和构造方法重载一样，名称相同的成员方法可以有多个，但必须保证它们之间形式参数的类型或者个数不同。方法重载的目的是满足在逻辑含义上相同而处理的数据对象不同的应用需求。

【例 3-9】方法重载示例。

```
1  public class OverLoad {
2      int max(int a, int b) {
3          return a > b ? a : b;
4      }
5      float max(float a, float b) {
6          return a > b ? a : b;
7      }
8      float max(float a[]) {
9          float max;
10         int i;
11         max = a[0];
12         for (i = 1; i < a.length; i++) {
13             if (max < a[i])
14                 max = a[i];
15         }
16         return max;
17     }
18 }
```

【例 3-9】中定义了 3 个求最大值的重载方法，每个方法要么形式参数的类型不同，要么形式参数的个数不同，但逻辑含义都是求最大值。

【例 3-10】调用重载方法示例。

```
1  OverLoad ol = new OverLoad();
2  float[] a = new float[] { 1,2,3,4,5,6,7,8 };
3  System.out.println(ol.max(4,3));
4  System.out.println(ol.max(4.5f,3.8f));
5  System.out.println(ol.max(a));
```

由于 Java 中不同数据类型之间是不能任意进行类型转换的，所以针对不同类型的数据要完成同样的运算过程，就可以通过重载方式进行处理。系统根据调用方法时提供的实际参数可以确定具体执行哪个重载方法，如果实际参数对于所有的重载方法都不符合形式参数要求，则会出现编译错误。

3.6 包

包

一个大型系统的开发往往会涉及大量的程序代码，同时可能需要开发团队分工合作才能完成。如何分类存储、使用这些代码文件，使得它们之间不会发生访问冲突呢？为了解决这一问题，Java 引入了包（package）机制。

包实际上是一个方便管理组织 Java 文件的目录结构，类似于操作系统中文件管理系统的树形目录。把处理相似功能的类文件放到同一个包下，不同开发团队可以建立属于自己的包，将类文件放入其中，这样就避免了在系统集成过程中与其他开发团队发生冲突的情况。

包的作用主要有 3 个方面：区分名称相同的类，能够较好地分类管理大量的类，可以设置访问权限。

3.6.1 包的定义

Java 中使用 package 语句定义包。package 语句应该放在源文件的第一行，在每个源文件中只能有一个 package 语句，并且 package 语句适用于所有类型的文件。定义包的语法格式如下：

```
package 包名;
```

Java 包的命名规则如下。

（1）包名全部为小写字母（多个单词也全部采用小写字母）。

（2）如果包名包含多个层次，每个层次用“.”分隔。

（3）自定义包不能以 java 开头。

（4）如果在源文件中没有定义包，那么类文件将会被放进一个无名的包中，也被称为默认包。在实际系统开发中，通常不会把类定义在默认包下。

3.6.2 包的使用

Java 引入了 import 关键字来使用包。import 可以向某个 Java 文件中导入指定包层次下的某个类或全部类。import 语句位于 package 语句之后、类定义之前。一个 Java 源文件只能包含一个 package 语句，但可以包含多个 import 语句。

使用 import 语句导入单个类的语法格式如下：

```
import 包名.类名;
```

使用 import 语句导入指定包下全部类的用法如下：

```
import 包名.*;
```

【例 3-11】包的应用示例。

（1）放在 mypkg 包中的类 A 定义。

```
1  package mypkg;
2  public class A {
3      int a;
4      public A(int a)
5      {
6          this.a=a;
7      }
8      public void print()
9      {
10         System.out.println("mypkg:"+a);
11     }
12 }
```

（2）放在 yourpkg 包中的类 A 定义。

```
1  package yourpkg;
2  public class A {
3      int a;
4      public A(int a)
5      {
6          this.a=a;
7      }
8      public void print()
9      {
10         System.out.println("yourpkg:"+a);
11     }
12 }
```

（3）同时使用两个包中的类。

```
1  import mypkg.A;
2  import yourpkg.B;
3  public class Book {
4      public static void main(String[] args) {
5          A myA=new A(5);
6          myA.print();
7          yourpkg.A yourA=new yourpkg.A(8);
8          yourA.print();
9      }
10 }
```

通过【例 3-11】可以很容易地体会到，当多个类出现同名冲突时可以利用包名前的名字解决。但在实际的系统开发过程中，还有很多方法可以避免这种情况的发生。因为在设计系统角色功能时，一般不同的角色功能会被放到不同名称的包和类的定义中。

3.7 变量生存期和成员访问权限

变量生存期和成员访问权限

在其他程序设计语言中，变量分为局部变量和全局变量。在 Java 中也是如此，局部变量和全局变量使用之后会从内存中清除。在程序设计中，需要时刻注意变量的生存期。另外，Java 中的成员可以设定访问权限，访问权限的不同会决定程序运行过程中是否能使用到类中的成员。

3.7.1 变量生存期

变量生存期是指 Java 中申请的变量从什么时候分配空间，到什么时候空间被系统回收的这段时间。而成员访问权限指定成员方法和处在生存期的变量在哪里可以被访问。

Java 中有 3 种不同生存期的变量：静态成员变量、实例变量和局部变量。

1．静态成员变量

静态成员变量是指声明类时成员变量前加上 static 关键字限定的变量。它在第一次加载使用类时分配存储空间，直到整个程序结束，在整个所属的访问权限内随时都可以被访问。

2．实例变量

实例变量不用 static 关键字修饰，它只能通过对象调用。而通过同一个类创建多个对象（也就是实例）时，会在内存中划分不同的存储空间存储这些对象，这些对象的变量即实例变量，每个对象的实例变量是单独分配存储空间进行存储的。

3．局部变量

局部变量是在方法中定义的变量，包括形式参数变量和方法体内的临时变量。该变量在方法被调用时分配存储空间，到方法被调用结束时空间被回收。

【例 3-12】变量生存期应用示例。

```
1  public class lifeTime {
2      private int a;
3      private static int b;
4  
5      lifeTime(int a,int b)
6      {
7          this.a=a;
8          lifeTime.b=b;
9          //通过构造方法可以访问静态成员变量
10     }
11     void print()
12     {
13         System.out.println(a+", "+b);
14         //非静态方法可以访问静态成员变量
15     }
16     static void setB(int b)
17     {
18         //this.a=b;//访问错误，静态方法只能访问静态成员变量
19         lifeTime.b=b;
20     }
21     void setA(int a)
22     {
23         this.a=a;
24     }
25 }
26 public static void main(String[] args) {
27     lifeTime lfA=new lifeTime(6,8);
28     lfA.print();
29     lifeTime lfB=new lifeTime(8,10);
30     lfB.print();
31     lfA.print();
32     lfA.setA(20);
33     lfA.print();
34     lfB.setA(40);
35     lfB.print();
36     //lfA.setB(60);//访问错误，静态方法应该由类名访问
37     lifeTime.setB(60);
38     lfA.print();
39     lfB.print();
40 }
```

运行结果如下：

```
1  6, 8
2  8, 10
```

```
3  6, 10
4  20, 10
5  40, 10
6  20, 60
7  40, 60
```

从【例 3-12】中可以看出，静态成员变量以“类名.成员变量名”的形式进行访问。实例变量可以在本类的任何方法中进行访问，但局部变量只能在所属的方法体中被访问。静态成员变量在类文件被加载时就可以被类访问，无须创建该对象。而成员变量在实例化对象时才分配存储空间。局部变量只有在方法被调用时才分配存储空间。从示例中可以看出，静态成员变量为所有对象共享，访问到的值都是相同的，而实例变量属于各个对象自己的存储空间，各自修改的是对象本身的值，不会影响到其他对象的相同成员变量。但静态成员变量被修改后，各个对象访问到的都是最后一次修改的值。

3.7.2 类中的方法

在【例 3-12】中，类的成员方法前面出现“static”时，表示该方法为静态方法，和静态成员变量一样只能以“类名.成员方法名”的形式进行访问。如果没有“static“则对应方法为普通方法，只能由对象访问。值得注意的是，静态方法只能访问静态成员变量，而非静态方法既可访问静态成员变量也可访问非静态成员变量。

3.7.3 访问修饰符

对成员设置访问权限能够提高数据访问的安全性。在类的声明和成员方法的声明中都提到了“[访问修饰符]”，它就是用来对变量和方法进行访问权限管理的。Java 提供了 4 种访问修饰符，分别是 public、default、protected 和 private，其各自的访问权限定义如下。

（1）public：具有最大的访问权限，可以访问任意包中的类。

（2）default：修饰符的位置什么都不写，是针对本包访问而设计的，任何处于本包下的类，都可以相互访问。

（3）protected：主要的作用是保护子类。它的含义在于从子类、本类、同包类中可以访问它修饰的成员，而其他类不可以。

（4）private：访问权限仅限于类的内部，是一种封装的体现。大多数的成员变量都是 private 修饰的，它们不希望被其他任何外部的类访问。

在【例 3-11】中，由于 3 个类都存放在了不同的包中，因此 3 个类的访问修饰符都修改为“public”，默认的“default”，其修饰的成员只允许在本包中访问。

【例 3-13】私有成员访问示例。

（1）指定了访问修饰符的 Student 类的定义。

```
1  public class Student {
2      private String stuID;// 学号
3      protected String stuName;// 姓名
4      Date stuBirth;// 出生日期
5      public String stuClass;// 班级
6      Student(String stuID) {
7          this.stuID = stuID;
8      }
```

```
9       private void printStuInfo() {
10          System.out.println(this.stuID + ", " + this.stuName + ", "
11                  + this.stuBirth + ", " + this.stuClass);
12      }
13      public void print() {
14          printStuInfo();
15      }
16  }
```

第 2 行代码中 stuID 被声明为 private，它可以直接被本类的构造方法和 printStuInfo()方法访问。同样，第 9 行代码为 printStuInfo()方法定义了 private 访问权限，该方法也可以在 print()方法中直接调用。

（2）不同访问修饰符的访问情况。

```
1  public static void main(String[] args) {
2      Student stu=new Student("1001");
3      stu.print();
4      //stu.stuID="1002";//访问错误
5      stu.stuName="小李";
6      stu.stuBirth=new Date();
7      stu.stuClass="1 班";
8      //stu.printStuInfo();//访问错误
9      stu.print();
10 }
```

不能在 Student 类的外部访问 stuID 变量和 printStuInfo()方法。protected 访问权限将在类的继承中进一步讲解，它的访问范围为本类、子类、同包类。

3.8 方法调用与参数传递

静态方法和普通方法分别通过类名和对象名进行调用，但方法调用执行的具体流程还没有详细介绍。方法什么时候执行？什么时候结束执行？形式参数用来做什么？实际参数又是什么？实际参数与形式参数是怎么结合的？

方法调用与参数传递

3.8.1 调用方法执行流程

Java 程序从 main()方法中的第一条语句开始，按照顺序、分支、循环这 3 种结构依次执行。当遇到调用静态方法或者对象方法的语句时，程序暂停 main()方法中后续语句的执行，转而去执行调用方法中的语句；调用方法中的语句如果又遇到调用方法的语句，程序又按照相同的方式暂停当前方法后续未执行的语句，转去执行调用方法中的语句。依次类推，直到某一次方法调用中没有出现调用其他方法的语句，此时最后一次调用的方法语句就会全部执行完成，之后程序会自动返回到上一次调用方法的语句处继续执行后续未执行的语句。依次类推，直到每一次方法调用的所有语句都执行完成且退回到 main()方法，并完成 main()方法中所有语句的执行后整个程序才算结束。图 3-2 所示为方法调用执行流程。

由图 3-2 可知，程序的执行就是以方法的调用、返回、再调用、再返回的形式周而复始、依次进行的。图 3-2 所示的方法调用语句所在的方法称为主调方法，被调用的方法称为被调方法，两者是相对关系。被调方法中若出现了方法调用语句，则被调方法又变成了主调方法，主调方法中的后续语句暂停执行，转去执行被调方法中的语句。因此，被调方法在主调方法中被调用时开始执行，被调方法中的所有语句执行完成后该被调方法结束执行。

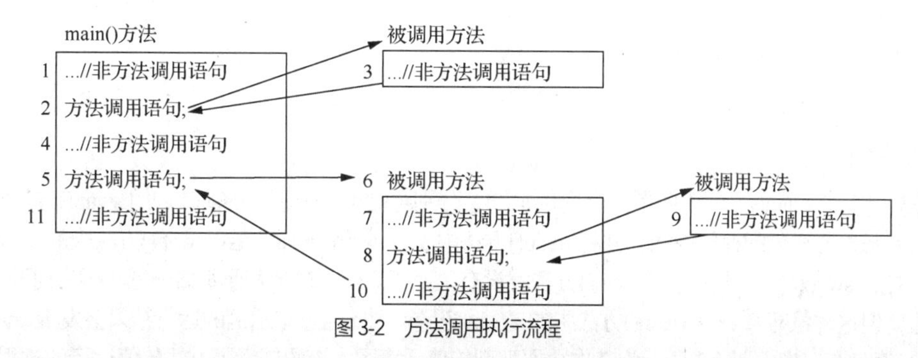

图 3-2 方法调用执行流程

在主调方法转去执行被调方法的过程中，往往伴随着数据的传递。主调方法提供的数据称为实际参数，被调方法的形式参数用来接收主调方法传过来的数据。当然可以存在不用传递数据的情况，此时主调方法不带实际参数，被调方法也无形式参数。

当被调方法执行完成后，程序自动返回到与之对应的主调方法。这个过程同样可能伴随数据的传递。被调方法使用 return 返回数据，如果没有数据返回，则不需要 return 语句。值得注意的是不管有没有 return，被调方法中的所有语句执行完成后都会自动返回到对应的主调方法处。如有返回值，主调方法可以利用返回值参与主调方法后续语句的执行，若没有返回值，主调方法依然执行后续未执行的语句。

因此实际参数与形式参数的结合，就是在主调方法调用被调方法时进行“赋值”来完成数据的传递，只不过参数传递在代码上看不见“=”运算符。当方法有多个参数时，实际参数与形式参数的结合按照从左至右的顺序依次将实际参数的值分别赋予形式参数。方法调用可以有参数传递，也可以无参数传递，可以有返回值，也可以无返回值，根据问题的需要灵活运用即可。

3.8.2 基本数据类型传值

用基本数据类型声明的变量，其中存放的是数据本身。因此在方法调用时传递的就是变量中的数据值。

【例 3-14】基本数据类型传值示例。

```
1  class funCall {
2      void swap(int a, int b) {
3          int temp;
4          temp = a;
5          a = b;
6          b = temp;
7          System.out.println("a=" + a + ", " + "b=" + b);
8      }
9  }
10 public class Book {
11     public static void main(String[] args) {
12         int a = 3, b = 4;
13         funCall fc = new funCall();
14         System.out.println("a=" + a + ", " + "b=" + b);
15         fc.swap(a, b);
16         System.out.println("a=" + a + ", " + "b=" + b);
```

```
17    }
18 }
```

运行结果如下：

```
1  a=3, b=4
2  a=4, b=3
3  a=3, b=4
```

【例 3-14】中 main()方法声明了两个变量 a、b，分别存储了两个不同的值，调用 swap()方法时，系统会临时为 swap()方法分配存储空间，并将 main()方法中 a、b 的值分别赋值给 swap()方法中的 a、b 形式参数变量。之后 swap()方法的执行和 main()方法就没有关系了。swap()方法通过 temp 变量交换了 a、b 两个变量的值，但这并没有影响到 main()方法中的 a、b 变量，因此通过本示例的运行结果会发现 main()方法中的 a、b 值没有交换。图 3-3 所示为基本数据类型传值示意图，该图展示了方法传值运行的过程。

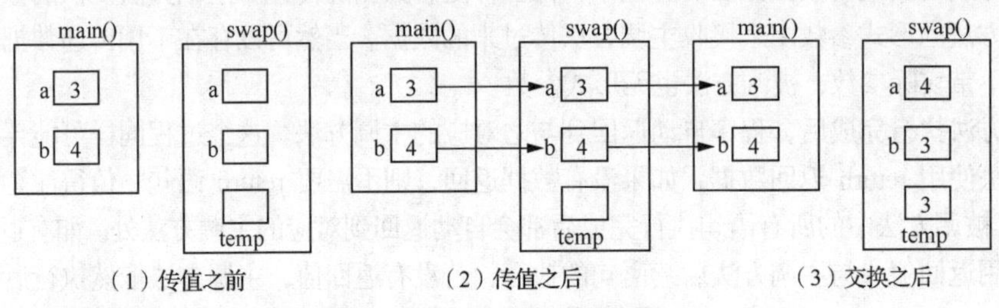

图 3-3 基本数据类型传值示意图

被调方法在被调用时系统才为其分配空间，方法调用执行结束后系统会自动回收方法占用的内存资源。

3.8.3 引用数据类型传值

用引用数据类型声明的变量，其中存放的是引用对象的地址值。因此在方法调用时传递的也是变量中的值。本质上，基本数据类型和引用数据类型都是传值，只不过引用对象的地址值是内存地址。不要把内存地址特殊化，它其实就是一个普通的整数数值。

【例 3-15】引用数据类型传值示例。

```
1  class Example {
2      int a, b;
3
4      Example(int a, int b) {
5          this.a = a;
6          this.b = b;
7      }
8  }
9
10 class funCall {
11     void swap(Example ep) {
12         int temp;
13         temp = ep.a;
14         ep.a = ep.b;
15         ep.b = temp;
16     }
17 }
18 public class Book {
```

```
19     public static void main(String[] args) {
20         ex = new Example(1, 2);
21         funCall fc = new funCall();
22         System.out.println("a=" + ex.a + ", " + "b=" + ex.b);
23         fc.swap(ex);
24         System.out.println("a=" + ex.a + ", " + "b=" + ex.b);
25     }
26 }
```

运行结果如下：

```
1  a=1, b=2
2  a=2, b=1
```

【例 3-15】中声明了一个 Example 类型的应用对象 ex，它具有两个成员变量 a 和 b，通过构造方法为成员变量赋予了初始值，然后通过引用数据类型传值的方式对对象中两个成员变量的值进行了交换。变量值的变化过程如图 3-4 所示。

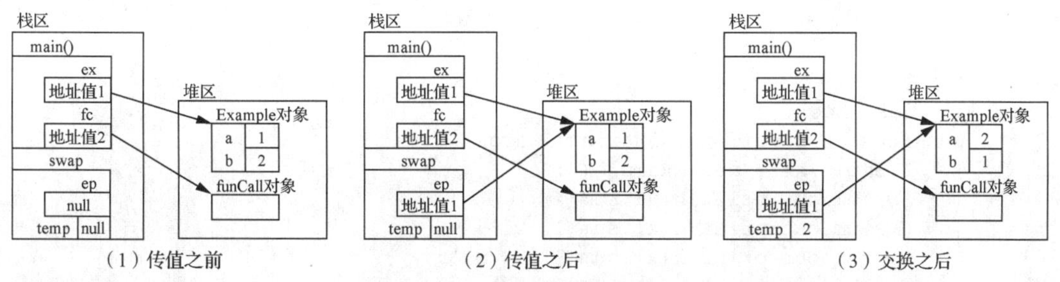

图 3-4　引用数据类型传值示意图

从图 3-4 中可知，方法分配的空间存在于栈区中，实例化对象存在于堆区中。引用数据类型变量实际上是一个存储了堆区内存地址值（就是一个整数）的普通变量。进行 swap()方法调用时，是将 main()方法中 ex 存储的内存地址值传递给了 swap()方法中的 ep 变量，这表示 ex 和 ep 两个变量同时指向了堆区中的同一个对象地址。在 swap()中通过 ep 交换对象中的两个变量值，通过 ex 访问对象中的两个变量值，实际上是同一个对象，所以在 main()方法中两次输出的值有了不同，实现两个变量值的交换。

通过【例 3-14】和【例 3-15】可以知道，实际参数与形式参数的结合就是简单地传值，只不过一个是数据值，一个是地址值。实际参数值传递给形式参数后，方法的执行过程就与实际参数没有联系了。但方法在执行过程中可以通过地址值处理堆区中引用对象的数据，而数据值不能用来访问堆区中的对象。因此两种方式的区别不在于传值的过程，而在于传给形式参数的值有不同的用处。

3.8.4 可变参数

有时候方法处理的数据量可能不同，而此前方法声明时的形式参数只能对应接收一个值，这样就无法应对处理数据量可能发生变化的情况。为了满足此种需求，Java 提供了可变参数。

可变参数声明方式如下。

```
[修饰符] [返回值类型] 方法名 (数据类型...变量名) { }
```

可变参数的声明也就是在数据类型和变量名之间多了“...”符号。可变参数实际上就是数组的应用，只不过如果一个方法有多个参数，且包含可变参数，可变参数要放在最后。

【例 3-16】可变参数应用示例。

```
1  class Example {
2      int sum(int... datas) {
3          int s = 0;
4          for (int i : datas) {
5              s += i;
6          }
7          return s;
8      }
9
10     float max(float a, float b, float... datas) {
11         float m = a;
12         if (m < b)
13             m = b;
14         for (float f : datas) {
15             if (m < f)
16                 m = f;
17         }
18         return m;
19     }
20 }
21 public class Book {
22     public static void main(String[] args) {
23         Example xl = new Example();
24         System.out.println(xl.sum());
25         System.out.println(xl.sum(1, 2));
26         System.out.println(xl.sum(1, 2, 3));
27         System.out.println(xl.max(1, 20));
28         System.out.println(xl.max(30, 20, 15));
29     }
30 }
```

运行结果如下：

```
1  0
2  3
3  6
4  20.0
5  30.0
```

从【例 3-16】可变参数应用示例中可以看出，可变参数可以一个实际参数值都不提供。但 max() 方法前有两个形式参数后才出现可变参数，因此该方法至少需要两个实际参数才能被调用。

3.9 装箱和拆箱

装箱和拆箱

基本数据类型的内存管理不是按照面向对象的方法来进行的，从方法实际参数到形式参数的传值过程中就可以体会到。而 Java 是基于面向对象的方法设计的，即实例化对象存放在堆区，通过栈区的地址来找寻堆区中的对象而后进行访问。如果每次创建对象时，类中的 int、float、double 等基本数据类型的变量都在堆区进行分配，这会使效率变得低下。所以基本数据类型直接将变量值存在栈区，这样可以提高数据访问速度。但是基本数据类型不具有对象性质，很多基于对象的操作不能直接处理基本数据类型，例如后文会提到的泛型应用，同时包装类有更多的成员方法来处理对象数据，为此 Java 提供了装箱和拆箱技术。

所谓装箱，就是 Java 编译器会自动将基本数据类型转换为与其相应的包装类对象。这些包装类将基本数据类型转换为类，这些类提供针对操作数据的基本方法。相应的拆箱就是 Java 编译器会自动将包装类对象转换为与其相应的基本数据类型，如表 3-1 所示。

表 3-1 基本数据类型与对应包装类

基本数据类型	包装类
int（4 字节）	Integer
byte（1 字节）	Byte
short（2 字节）	Short
long（8 字节）	Long
float（4 字节）	Float
double（8 字节）	Double
char（2 字节）	Character
boolean（未定）	Boolean

【例 3-17】拆、装箱示例。

```
1  public static void main(String[] args) {
2      int rel,  i;
3      Integer sum = 0;
4      rel = 0;
5      for (i = 1; i <= 100; i++)
6          rel += i;
7      /*
8        for (i = 1; i <= 100; i++) { sum += i; }
9        System.out.println(sum);
10       rel=sum;
11      */
12     System.out.println(rel);
13 }
```

在【例 3-17】中，第 3 行代码将整数 0 赋值给包装类对象 sum，就自动实现了从基本数据类型到对应包装类的转换，也就意味着值从栈区转到了堆区。第 5、6 行代码通过基本数据类型完成了求和操作，整个计算过程都在栈区中执行，效率较高。如果按照第 8 行代码的方式也可以进行求和计算，但是在 sum+=i;中，sum 是类对象，i 是基本数据类型变量。所以每进行一次循环，系统都自动进行一次装箱操作，这就大大降低了执行效率，而且耗费了大量的内存资源（因为每个包装类对象占的空间比对应基本数据类型变量的要大）。因此对于一些基本数据类型的数据处理不应该采用包装类。反过来，将包装类对象赋值给基本数据类型变量，如第 10 行代码，则系统自动进行拆箱。

3.10 递归

递归

方法的递归调用在程序设计中会经常用到。所谓递归，就是主调方法中出现了调用方法本身的情况。除此之外，方法递归调用和非递归调用的执行流程本质上完全相同，没有特别之处。如果善加利用，可以用递归的方式解决很多复杂的问题。

【例 3-18】递归的简单形式。

```
1  public class Book {
2      public static void main(String[] args) {
3          Example.A();
4      }
5  }
6  class Example{
7      static void A()
8      {
9          System.out.print("A");
10         A();
11     }
12 }
```

在【例 3-18】中，Example 类的方法 A()输出一个字符 A，然后又调用方法本身，出现方法调用语句。系统不管是不是调用方法本身，它都按照方法调用执行的流程，暂停当前主调方法中的代码执行，转去分配被调方法空间并执行里面的代码，以此类推，一直循环下去。理论上出现了“死循环”，程序不会一直执行下去，因为方法执行是要占用内存资源的，等到内存资源耗尽程序就会异常终止了。这样的情况，系统是无法预先知道的，所以递归应用不当，将会带来十分严重的影响，如图 3-5 所示。

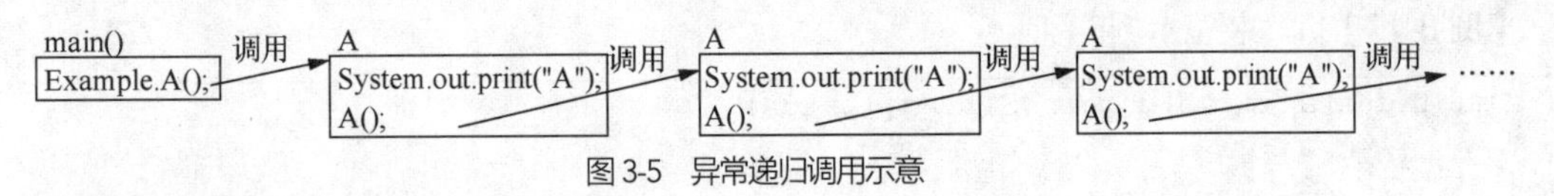

图 3-5　异常递归调用示意

可见方法递归调用必须有结束递归的条件，否则会出现“死递归”。

递归具有以下几方面的特点。

（1）递归的效率比较低，因为每递归调用一次就要分配一次存储空间，最后分配的空间又要陆续回收，这会产生时间开销。

（2）递归的算法比较耗费存储空间，栈区存储空间本身比较小，很容易将栈区存储空间耗尽，那么程序就无法继续执行下去，会出现异常。

（3）递归一定要有出口，否则就是死递归。

（4）递归的好处是算法设计比较简单，程序代码比较简洁。

（5）所有的递归算法，都有非递归的解决方式，只不过非递归的算法设计比较困难。

【例 3-19】利用递归求解 n!的值。

```
1  public class Book {
2      public static void main(String[] args) {
3          System.out.println(Example.fact(5));
4      }
5  }
6  class Example{
7      static long fact(long n)
8      {
9          if(n<=1)
10             return 1;
11         return n*fact(n-1);
12     }
13 }
```

从【例 3-19】中可以看出，当形式参数接收到的 n 值小于或等于 1 时，方法就不再进行递归调用了，而是返回 1。递归求 5!示意如图 3-6 所示。

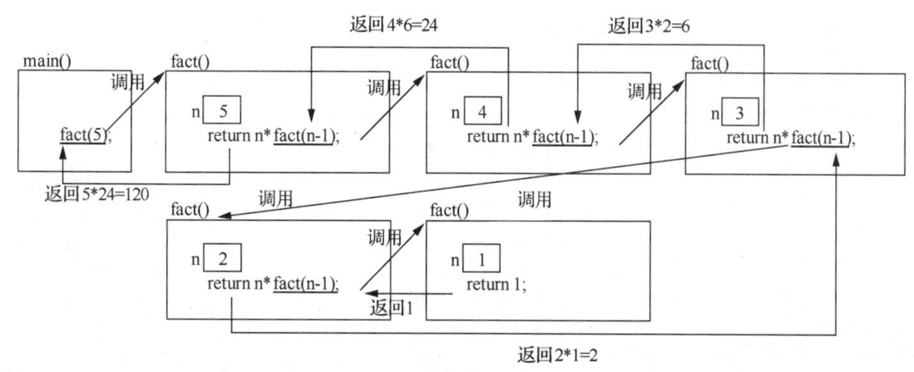

图 3-6 递归求 5!示意

从图 3-6 可以看出，方法递归调用就是遇到调用语句就严格按照方法执行流程分配空间，传递参数值，再从头执行方法内部的代码。只是每次传递的参数值越来越小，最后为 1 时，最后一次递归调用不再执行递归语句，而是返回 1，之后方法又按照原来方法调用的相反顺序依次完成每次方法调用语句之后的语句执行，最后完成计算。方法递归调用的特点就是先调用的方法后执行完成。

本章小结

本章是面向对象的 Java 程序设计基础的内容，读者需要掌握的主要内容包括类的声明、对象的构造、方法的声明和调用，以及访问权限的设置规则、方法调用时信息的传递规则等。要掌握面向对象的程序设计方法是一个长期实践的过程，只有循序渐进、持之以恒，用面向对象的方法解决各种实际的问题，才能真正领悟面向对象的程序设计技巧。

习题

一、单选题

1. 在如下所示的 Java 代码中，this 关键字是指（　　）。

```
1  public class Person {
2   private String name;
3   public void setName(String name) {
4           this.name = name;
5    }
6  }
```

A. Person 类　　B. Person 类自身对象的引用
C. setName()方法的参数 name　　D. setName()方法

2. 以下关于 Java 中的构造方法说法正确的是（　　）。
A. 构造方法的名字可以与类名不一致　　B. 构造方法不能被重载
C. 一个类必须包含至少一个构造方法　　D. 构造方法可以有返回值类型

3. 以下关于 Java 中的构造方法说法错误的是（　　）。
A. 构造方法的名字和类名相同
B. 构造方法不能被重载
C. 构造方法的作用主要是在创建对象时执行一些初始化操作
D. 构造方法没有返回值类型

4. 以下关于 Java 中的方法重载说法错误的是（　　）。

A. 重载的方法其方法名必须相同　　B. 重载的方法其参数个数或参数类型不同

C. 构造方法可以被重载　　D. 成员方法不可以被重载

5. 在如下 Sample 类中，共有（　　）个构造方法。

```
1  public class Sample {
2   private int x;
3   private Sample() {
4          x = 1;
5   }
6   public void Sample(double f) {
7          this.x = (int) f;
8   }
9   public Sample(String s) {
10  }
11 }
```

A. 4　　B. 3　　C. 2　　D. 1

6. 关于 Java 中的静态方法，以下说法中正确的是（　　）。

A. 静态方法不能直接调用非静态方法

B. 非静态方法不能直接调用静态方法

C. 静态方法可以用对象类名直接调用

D. 静态方法里可以使用 this

二、编程题

1. 编写一个类 Circle，该类拥有：①一个成员变量 Radius（私有，浮点型），存放圆的半径；②两个构造方法，Circle()将半径设为 0，Circle(double r)创建 Circle 对象时将半径初始化为 r；③3 个成员方法，double getArea()获取圆的面积，double getPerimeter()获取圆的周长，voidshow()将圆的半径、周长、面积输出到显示器。

2. 编写一个 Java 应用程序，从键盘读取用户输入的两个字符串，并重载 3 个方法，分别实现这两个字符串的拼接、整数相加和浮点数相加。

3. 定义一个表示学生信息的类 Student，要求如下。

（1）类 Student 的成员变量：sNO 表示学号；sName 表示姓名；sSex 表示性别；sAge 表示年龄；sJava 表示 Java 课程成绩。

（2）为类 Student 编写带参数的构造方法，在构造方法中通过形式参数完成对成员变量的赋值操作。

（3）类 Student 的成员方法有：getNo()获得学号；getName()获得姓名；getSex()获得性别；getAge()获得年龄；getJava()获得 Java 课程成绩。

（4）根据类 Student 的定义，创建 5 个该类的对象，输出每个学生的信息，计算并输出这 5 个学生 Java 课程成绩的平均值，以及计算并输出他们 Java 课程成绩的最大值和最小值。

4. 编写一个地址类 Address，地址信息包括国家、省份、城市、街道、邮编（6 个数字）。操作方法：输出地址的详细信息、修改属性。

5. 设计一个部门类 Dept，只读变量包括部门编号、部门名称、所在位置，方法包括输出部门信息。编写一个员工信息类 Emp，只读变量包括员工编号、员工姓名、工种、雇佣时间、工资、补助、部门，方法包括输出员工信息、计算员工的薪水、修改员工补助并输出修改之后的薪水。

6. 设计一个 Dog 类，有名字、颜色、年龄等变量，定义构造方法来初始化这些变量，定义方法输出 Dog 的信息。编写应用程序使用 Dog 类：使用数组来记录多条 Dog 信息，然后在数组中用名字来查询 Dog 信息，如果找到就输出 Dog 信息，没有找到就提示没有此 Dog 信息。

7. 设计一个用户类User，变量包括用户名称、用户密码、用户登录次数。然后设计一个用户管理类UserManager，有变量User类数组，用于记录多个用户。添加用户到数组中，从数组中可以删除用户。有验证用户是否存在于数组中方法 isExist(String uname)，验证用户登录方法 loginCheck(String uname,String pwd)。验证成功，输出登录成功，并且修改此用户的登录次数（增加1）；登录失败，输出失败信息。

8. 创建一个Point类，包含坐标x、y。然后创建一个MyPoint类，定义两个读写变量start和end，数据类型为Point。MyPoint()方法：计算start和end之间的距离并输出start和end坐标以及距离信息。

9. 创建一个加、减、乘、除四则运算类，使用重载实现int、double类型数据的四则运算。

上机实验

1. 学生信息管理系统。

假设每个学生有学号、姓名、性别、出生日期共4个变量，设计一个程序实现学生数据的存储，同时实现学生信息的增、删、改、查。请按照以下步骤设计程序。

（1）Student类的设计：类的成员变量一般都设置成private访问权限，即不允许外部类对它进行直接访问；设计公共的getter()和setter()方法提供给外部使用，用于获取和修改变量值。

（2）StudentManage类的设计：Student类描述了一个学生具有的属性，StudentManage类用于存储这些信息。存储学生信息时需要考虑存储空间的大小，并使用数组来存储学生对象。

（3）最后要声明一个mainManage（主控类）来实现学生信息管理的功能（增、删、改、查）。所有类的声明都放在同一个包中。值得注意的是，这只是一种设计方案，并不是说只能这样设计。

注意

由于目前所学习的Java知识还不能选用更好的方式来进行数据的存储和管理，因此学生成绩管理选用了特定容量的数组来存储数据，而且这些数据只存在于内存中，无法保存数据。每次运行这个程序，都是从0数据开始的。希望读者在后续的学习过程中可以对本程序进行升级、扩展。

2. 约瑟夫环。

在学生成绩管理中，存储数据的数组占内存中一块连续的存储空间，这样的空间不能太大，而且声明数组时必须事先指定空间的大小，这给程序进行数据处理带来了不少的限制。因此，用链表存储数据成为一种解决方案。它可以不必将数据存储在连续的存储区内，并且也不必事先申请上限空间。下面通过约瑟夫环的问题介绍这种存储处理数据的方式。

约瑟夫环是一个著名的问题：*N*个人围成一圈，第一个人从1开始报数，报到*M*的人出圈，下一个人接着从1开始报。如此反复，求出所有人出圈的顺序。

请参考如下运行示例，完成程序设计：

```
1  请输入参与游戏的人数:5
2  姓名:tom
3  姓名:jack
4  姓名:lily
5  姓名:aimi
6  姓名:timo
7  请输入出列的报数号:2
8  jack aimi tom timo lily
```

第4章 继承、抽象类和接口

本章介绍 Java 的 3 个重要特性：继承、封装和多态，这些特性是面向对象的程序设计语言的核心特征。伴随这些特性，设计出抽象类和接口，抽象类和接口的使用也能体现出 Java 的特性。掌握基础知识之后，从程序设计结构学习内部类、匿名类以及反射等高级应用，并简单学习 Java 8 新增的语言特性。

Java 的 3 个特性是面向对象的编程技术的精髓，本章的重点是熟练掌握抽象类和接口的使用，初步理解 Java 高级技术的基本原理。

4.1 继承

Java 的第一个重要特性是继承，这个特性是面向对象的程序设计语言独有的特性。继承是指两个类之间存在父类和子类，父类作为顶层类，子类作为底层类。在父类中按照常规类的结构定义成员变量和成员方法，子类继承父类之后将自动拥有父类中定义的成员变量和成员方法。子类可以根据需要新增变量和方法，也可以重新定义继承的方法。通过继承机制可以减少程序的代码量，也可以使得程序设计的结构变得更为灵活。

Java 特性-继承

继承的使用方式：首先需要定义一个父类和一个子类，子类使用关键字 extends 声明继承的父类即可。格式如下：

```
1  class 子类名 extends 父类名{
2  …
3  }
```

例如：

```
1  class Person{ //父类
2  …
3  }
4  class Student extends Person{//子类
5  …
6  }
```

上述例子中，类 Person 被定义为父类，子类 Student 继承了父类 Person，子类 Student 将拥有 Person 中所定义的成员变量和方法。需要注意的是，在 Java 中定义的所有类默认继承 Object 类，它来自 java.lang.Object，也就是说任何类都拥有这个父类。

4.1.1 继承的使用

使用继承之前，需要定义父类和子类，父类中的成员变量和成员方法将会继承到子类中。根据需要，子类可以新增属于自己的成员变量和成员方法。定义一个父类 Person 和一个子类 Teacher，包结构如图 4-1 所示，代码如【例 4-1】所示。

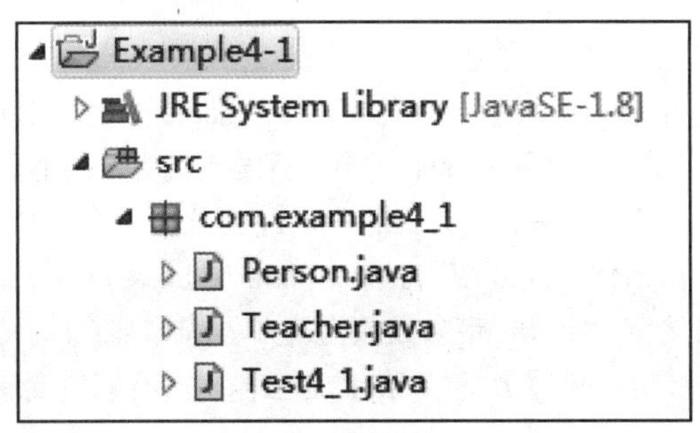

图 4-1 包结构

【例 4-1】父类和子类。

```
1  public class Person {//父类
2  private String name;
3  protected String address;
4  String sex;
5  public int age;
6  public Person(String name, String address, String sex, int age) {
7      super();
8  this.name = name;
9  this.address = address;
10 this.sex = sex;
11 this.age = age;
12 }
13 public void show() {
14 System.out.println("姓名"+name+",地址"+address+",性别"+sex+",年龄"+age);
15 }
16 }
17 public class Teacher extends Person {//子类
18 public String major;
19 public Teacher(String name, String address, String sex, int age,String major) {
20         super(name, address, sex, age);
21         this.major=major;
22       }
23     public void info() {
24 System.out.println("地址"+address+",性别"+sex+",年龄"+age+",专业"+major);
25       }
26 }
27 public class Test4_1 {
28 public static void main(String[] args) {
29     Person person=new Person("张三", "中国北京", "男", 24);
30     person.show();
31     Teacher teacher=new Teacher("李梅", "中国湖南", "女", 23,"计算机");
32     teacher.info();
33    teacher.show();
```

```
34 }
35 }
```

运行结果如下：

```
1  姓名张三,地址中国北京,性别男,年龄 24
2  地址中国湖南,性别女,年龄 23,专业计算机
3  姓名李梅,地址中国湖南,性别女,年龄 23
```

上述例子中，父类 Person 定义了 4 个成员变量，其中 name 变量使用 private 修饰，定义了一个构造方法初始化成员变量，定义了一个方法 show()输出所有的成员变量的值。子类 Teacher 中使用 extends 继承了父类 Person，子类中新定义了一个成员变量 major，定义了一个构造方法为继承过来的成员变量和自己定义的成员变量进行初始化（此处使用 super(name,address,sex,age)，调用父类的构造方法为 4 个成员变量赋值，注意：如果父类中定义了带参数的构造方法，子类必须定义构造方法，并且通过 super()方法调用父类构造方法为成员变量赋值），定义 info()方法输出所有成员变量的值。关于 super 关键字的使用，后文会进行介绍。

（1）父类中定义的 private String name，不能继承到子类使用。可以通过 super()方法调用父类的构造方法为 name 赋值，但是不能通过 Teacher 的对象调用 name 变量，例如 teacher.name="张三"是错误的。父类中使用 private 修饰的成员变量和成员方法，子类不能使用，只能通过 super 关键词调用父类的变量、方法和构造方法。

（2）通过继承，Teacher 类拥有了父类中除 private 修饰的所有成员变量和成员方法，Teacher 类的 info()方法直接使用了父类的成员变量，teacher.show()则使用了父类定义的 show()方法。Teacher 类中还定义了属于自己的 major 变量和 info()方法。

（3）通过继承机制，在程序设计过程中用户可以减少变量和方法的重复定义，也可以定义自己需要的变量和方法。继承机制提供了代码复用的机制，也提高了程序设计的灵活性。

（4）本示例中，所有的类都定义在包中，父类中除了 private 修饰的 name 变量，其他内容均被 Teacher 类继承。实际上如果父类和子类存放在不同包中时，继承性也会发生变化。

注意：Java 的类支持单继承，但是不支持多继承，也就是说一个子类只能拥有一个父类，也可以顺序继承多个父类，但是不能同时继承多个父类。如下代码片段所示：

```
1  class A{}
2  class B extends A{}//B 继承 A
3  class C extends B{}//C 继承 B, C 顺序继承 B 和 A
4  class D extends A,B{}//D 不能同时继承 A 和 B
```

4.1.2 父类和子类在不同包的继承性

在 4.1.1 小节中，父类和子类在同一个包中时，父类中使用 private 修饰的成员变量不能在子类中使用。对于不同包中的父类和子类，不同的修饰符为修饰的内容设置了访问权限。具体规则如下。

（1）如果父类和子类在同一个包中，父类中使用 private 修饰的成员变量和成员方法，子类不能使用，而 public，protected 和默认（即没有修饰符）修饰的成员变量和成员方法可以被继承到子类中使用。

（2）如果父类和子类不在同一个包中，父类中使用 private 和默认（即没有修饰符）修饰的成员变量和成员方法，子类不能使用，而 public、protected 所修饰的成员变量和成员方法可以被继承到子类中使用。

4.1.3 子类对象的构造过程

为了理解继承机制，有必要了解子类的构造过程。这里分两种情况来看。

（1）如果父类中没有写任何构造方法，此时父类中会存在一个隐藏的空参数构造方法。如果父类中没有定义任何构造方法，此时父类中会存在一个默认的空参数构造方法。当创建子类对象时，首先会调用父类的空参数构造方法并执行，内存会为父类的所有成员变量和成员方法分配空间，接着父类将除了 private 修饰的成员变量和成员方法继承给子类对象。子类对象的存储空间中会包含从父类继承的成员变量和成员方法，还有子类自己定义的新变量和新方法。

（2）如果父类中写了构造方法，子类创建对象时一样会首先调用父类的构造方法为继承过来的成员变量进行赋值，而且要求子类必须调用父类的构造方法进行成员变量的初始化。此时子类的构造方法中需要使用 super 关键词调用父类的构造方法，这个过程通过 4.1.5 小节中的例子理解。

```
1  public class Teacher extends Person {
2  public String major;
3  public Teacher(String name, String address, String sex, int age,String major)
4  {    //子类必须写这个构造方法，否则报错
5      super(name, address, sex, age);//使用 super()调用父类的构造方法初始化变量
6          this.major=major;//子类独有的变量，自己完成变量初始化
7      }
8      public void info() {
9      System.out.println("地址"+address+",性别"+sex+",年龄"+age+",专业"+major);
10 //输出中增加 name 变量将报错，子类没有继承这个变量
11     }
12 }
```

上面代码中父类要求子类必须调用父类的构造方法，子类继承的变量 name、address、sex 和 age 是通过父类的构造方法进行初始化的，子类新定义的变量 major 是在子类的构造方法中完成初始化的。父类中 private 修饰的变量 name 并没有继承到子类中，但是子类的构造方法可以通过调用父类的构造方法为 name 赋值，只是却不能继承和使用 name 变量。

4.1.4 方法的重写

方法的重写

方法的重写建立在父类和子类的基础上。子类使用继承自父类的方法时，子类可以修改这个方法的逻辑功能。但是要求方法名称、形式参数的个数和类型保持不变，返回值的类型保持不变或者返回值的类型是父类的子类（子类是指父类的方法的返回值是一个类对象，重写的方法返回值是这个父类的子类）。按照这个规则定义的子类的方法称为方法的重写，不属于新增方法。

子类重写父类的方法之后，父类和子类中存在两个名称相同的方法。子类对象调用这个重写的方法时将会执行子类中的重写方法，不会执行父类被重写的方法，此时父类的这个方法就被“隐藏”了。如果要使用父类被重写的方法，可以通过 super 关键字调用。方法重写的意义是当子类需要改变从父类继承过来的方法时，可以选择重构这个方法的逻辑功能，而不需要再为了这个功能新增一个方法。【例 4-2】中父类 Rectangle（长方形）的 getArea()方法计算的是长方形的面积，子类 Cuboid（长方体）继承了 getArea()方法，但是长方体的面积计算方式和长方形的不同，所以对父类的 getArea()方法进行重写，改变了程序逻辑。

【例 4-2】方法的重写。

```
1  class Rectangle{//长方形
```

```
2      int lengh=2;//长度
3      int width=3;//宽度
4      public void getArea() {//父类的方法
5          System.out.println("矩形的面积: "+this.lengh*this.width);
6      }
7  }
8  class Cuboid extends Rectangle{//长方体
9      int hight=5;//高度，子类新增变量
10     public void getArea() {//重写的方法
11         System.out.println("长方体的表面积: "+(this.lengh*this.width+
12         this.lengh*this.hight+this.width*this.hight)*2);
13     }
14 }
15 public class OverrideDemo {
16 public static void main(String[] args) {
17     Cuboid cuboid=new Cuboid();
18     cuboid.getArea();
19 }
20 }
21 }
```

运行结果如下：

```
长方体的表面积: 62
```

上述例子中 getArea()方法的返回值、方法名称、形式参数个数和类型与父类中 getArea()的相同，构成方法的重写。如果重写的方法定义为下面的形式，则不构成方法的重写：

```
1  public int getArea()//返回值类型不一致
2  public void XgetArea()//方法名称不一致
3  public void getArea(int a)//形参个数和类型不一致
```

注意

子类重写方法的修饰符权限不能低于父类中被重写方法的修饰符权限。例如父类被重写的方法是 protected void show()，子类重写为 void show()或者 private void show()（修饰符权限都降低了）会报错，而重写为 public void show()（修饰符权限提高了）是可以的。

4.1.5 super 关键字

super 关键字

子类的方法重写之后，子类不能直接调用父类中被重写的方法，父类中这个被重写的方法好像“隐藏”了一样，但它并没有消失。如果一定要调用父类被重写的方法可以使用 super 关键字。假如父类中存在这样的变量 public int number，子类中定义变量 public String number，子类使用变量 number 时使用的是 String 类型的，父类中 int 类型的变量 number 也将“隐藏”。如果要使用父类中的 int 类型的变量，可以通过 super 关键词来调用。

super 关键词可以调用父类中被隐藏的变量和方法，也可以调用父类中的构造方法。子类中使用 super 关键字的方式如下。

（1）调用父类构造方法：super(父类成员变量 1,父类成员变量 2…)，通过形式参数传入变量初始化值，这里的“父类成员变量”是在父类中定义的（即子类继承），即使这个变量使用 private 修饰也可

以为其赋值。如果写成 super()，表示调用父类的空参数构造方法。需要注意以下两点。

① 调用父类构造方法的代码只能在子类的构造方法中使用，并且要写在第一行。

② 如果父类没有任何构造方法，Java 默认提供一个空参数构造方法，子类调用父类的构造方法时只能调用这个空参数构造方法；如果父类提供多个构造方法，此时父类将不再拥有默认的空参数构造方法，子类只能调用父类显示定义的构造方法，不能调用父类的空参数构造方法，因为这个方法“隐藏”了。所以设计父类的构造方法时会设计一个空参数构造方法，以防子类调用父类的空参数构造方法时出现错误。

（2）调用父类的成员变量：父类成员变量“隐藏”时，可以在子类中通过 super.成员变量名的方式调用。

（3）调用父类的成员方法：父类成员方法“隐藏”时，意味着这个方法被子类重写了，可以在子类的方法中通过 super.方法名调用父类被重写的方法。

【例 4-3】super 关键字的使用。

```
1  class Rectangle{//长方形
2      String color="红色";
3      int lengh;
4      int width;
5      public Rectangle(int lengh, int width) {
6          this.lengh = lengh;
7          this.width = width;
8      }
9      public void getArea() {//父类的方法
10         System.out.println("矩形的颜色："+this.color);
11         System.out.println("矩形的面积："+this.lengh*this.width);
12     }
13 }
14 class Cuboid extends Rectangle{//长方体
15     int color;//这个变量定义为 int 类型，父类中 String 类型的 color 不使用了
16     int hight;//子类新增变量
17     public Cuboid(int lengh, int width,int hight,int color) {
18         super(lengh, width);//调用父类的构造方法为继承过来的变量 lengh 和 width 赋值
19         this.color=color;//为自己的 color 变量赋值，此时不再使用父类中的变量 color
20         this.hight=hight;//为新增的变量赋值
21     }
22     public void getArea() {//重写的方法
23         System.out.println("长方体的颜色："+this.color);
24         System.out.println("长方体的表面积："+(this.lengh*this.width+
25         this.lengh*this.hight+this.width*this.hight)*2);
26     }
27     public void show() {
28         super.getArea();//调用父类被重写的方法
29     System.out.println("父类的 color："+super.color);//调用父类被隐藏的变量
30     }
31 }
32 public class Exam_1 {
33 public static void main(String[] args) {
34     Cuboid cuboid=new Cuboid(2, 3, 5, 99);
35     cuboid.getArea();
```

```
36         cuboid.show();
37  }
38  }
```

运行结果如下：

```
1  长方体的颜色：99
2  长方体的表面积：62
3  矩形的颜色：红色
4  矩形的面积：6
5  父类的 color：红色
```

子类 Cuboid 的构造方法必须使用父类的构造方法，否则会报错；子类中 color 变量定义为 int 类型，覆盖了父类中 String 类型的 color；通过 super 关键字分别调用了父类被重写的方法 getArea()和被覆盖的变量 color。

方法重载和重写的区别如下。

（1）含义不同。

方法重载是在一个类中，可以声明多个同名的方法，只要方法的参数的数量、类型或者顺序不同即可使用。使用时依据传入方法的参数值，自动判断使用的是哪一个重载方法。方法重写是发生在父类和子类之间的，子类重写方法需要保证方法与父类中的方法同名，形式参数类型一致，返回值类型一致。子类也可以使用 super 关键词调用父类被重写的方法。

（2）作用不同。

重载使得类的一种方法能提供多种执行逻辑，提高了代码的可读性；重写是子类可根据需要修改从父类继承过来的方法的行为逻辑，同时还保留了调用父类的方法的权利，提高程序设计的灵活性。

4.2 封装

Java 的第二个特性是封装。在程序设计过程中，有时候出于对程序安全的考虑，设计者不想将类里面的某些成员变量和方法暴露给外部的使用者，仅希望使用者使用类中的方法而不是修改它们。此时可以使用 private 修饰类中的成员变量和成员方法，对外提供一些用 public 修饰的方法用于操作这些私有化的变量和方法。这种设计隐藏了类中的复杂性，对外提供公共的方法以使用内部成员的复杂设计，称为封装。封装提高了代码的复用性、安全性，降低了使用功能的复杂性。

Java 特性-封装

【例 4-4】封装特性的应用。

```
1  class Person{
2      private String name;//封装变量
3      private int age;
4      public Person() {
5
6      }
7      public Person(String name, int age) {
8          this.name = name;
9          this.age = age;
10     }
11     public String getName() {
```

```
12          return name;
13      }
14      public void setName(String name) {
15          this.name = name;
16      }
17      public int getAge() {
18          return age;
19      }
20      public void setAge(int age) {
21          this.age = age;
22      }
23      private void show() {//内部的复杂方法
24          System.out.println("姓名: "+this.name+"年龄: "+this.age);
25      }
26      public void info() {//对外提供的公共方法，用于调用内部封装的方法
27          show();
28      }
29  }
30  public class Exam_1 {
31  public static void main(String[] args) {
32      Person person1=new Person();
33      //person1.name="tom"; 不能使用封装的变量
34      //person1.age=22; 不能使用封装的变量
35      //person1.show();不能调用封装的方法
36      person1.setName("tom");//公共的 setName()方法，为私有的变量赋值
37      person1.setAge(24);//公共的 setAge()方法，为私有的变量赋值
38      //person1.show();封装的方法不能使用
39      person1.info();//公共方法调用 show()方法
40      Person person2=new Person("jack",22);//通过公共的构造方法为私有化的变量赋值
41      //person2.show();封装的方法不能使用
42      person2.info();
43  }
44  }
```

运行结果如下：

```
1  姓名: tom 年龄: 24
2  姓名: jack 年龄: 22
```

变量的封装：将类中变量私有化（使用 private 修饰），此时该类的对象将不能直接使用这些变量。外部使用者要想使用这些变量，可以通过公共的（使用 public 修饰）getXXX()方法获取变量的值，公共的 setXXX()方法修改变量的值。

方法的封装：将类中的方法私有化，此时该类的对象不能调用私有化的方法，可以理解为设计者将这些方法隐藏起来，不希望外部使用者了解方法的内部逻辑。如果需要向外提供这个方法的使用权限，可以提供一个公共的方法，再在该方法中调用私有化的方法即可。对于外部使用者而言，可以通过公共的方法调用私有化的方法但是并不知道其内部的逻辑。例如上述例子中公共的 info()方法可调用私有的 show()方法。

进行类的封装时，一般将重要的变量和方法进行私有化，对外根据设计的需要提供公共的方法用于操作这些变量和方法。需要注意的是，构造方法一般不能使用 private 进行私有化，这样做会导致创

建对象时无构造方法可以使用。

4.2.1 this 关键字

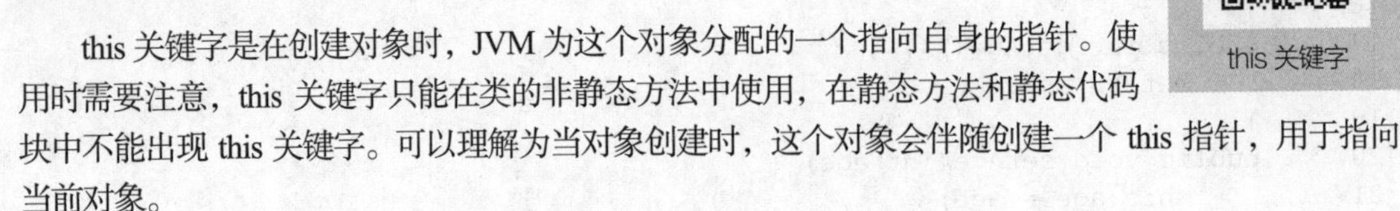

this 关键字

this 关键字是在创建对象时，JVM 为这个对象分配的一个指向自身的指针。使用时需要注意，this 关键字只能在类的非静态方法中使用，在静态方法和静态代码块中不能出现 this 关键字。可以理解为当对象创建时，这个对象会伴随创建一个 this 指针，用于指向当前对象。

this 关键字的用法如下。

（1）调用本类中的成员变量（this.成员变量）。

（2）调用本类中的方法（this.方法名称）。

（3）调用本类中的构造方法，格式：this(参数 1,参数 2…)，表示调用不同参数的重载构造方法，并且必须写在构造方法的第一行。

【例 4-5】this 关键字的使用。

```
1   class Person{
2        private String name;
3        private int age;
4        public Person() {
5             System.out.println("空参数构造方法! ");
6        }
7        public Person(String name) {
8             this();//调用空参数构造方法，写在构造方法第一行
9             System.out.println("一个参数的构造方法! ");
10            this.name = name;
11       }
12       public Person(String name, int age) {
13            this(name);//调用一个参数的构造方法，写在构造方法第一行
14            this.age = age;
15       }
16       public void setName(String newName) {
17       name=newName;
18      //形式参数 newName 赋值给变量 name，形式参数名称和变量名称不一致可以不使用 this
19       }
20       public void setAge(int age) {
21            //age = age;形式参数 age 赋值给变量 age，此时编译器无法分辨变量和形式参数
22            this.age=age;//通过 this.age 指明这是当前对象的 age 变量，而非形式参数 age
23       }
24       private void show() {
25            System.out.println("姓名: "+this.name+"年龄: "+this.age);
26       }
27       public void info() {//对外提供的公共方法，用于调用内部封装的方法
28            //show();可以不使用 this
29            this.show();//指向更清晰，表示当前对象中的 show()方法
30       }
31  }
32  public class Exam_1 {
33  public static void main(String[] args) {
34       //调用空参数构造方法
```

```
35        Person person1=new Person();
36        person1.setName("tom");
37        person1.setAge(23);
38        person1.info();
39        //调用 2 参数的构造方法
40        Person person2=new Person("jack",23);
41        person2.info();
42  }
43  }
```

运行结果如下：

```
1  空参数构造方法!
2  姓名：tom 年龄：23
3  空参数构造方法!
4  一个参数的构造方法!
5  姓名：jack 年龄：23
```

（1）使用 this 调用当前对象的成员变量，注意例子中的代码片段：

```
1  public void setName(String newName) {
2       name=newName;
3     //形式参数 newName 赋值给变量 name，形式参数名称和变量名称不一致可以不使用 this
4       }
5  public void setAge(int age) {
6           //age = age;形式参数 age 赋值给变量 age，此时编译器无法分辨变量和形式参数
7           this.age=age;//通过 this.age 指明这是当前对象的 age 变量，而非形式参数 age
8       }
```

上述片段中，方法 setName(String newName)的形式参数 newName 名称与当前类中的变量 name 名称不同，可以通过 name=newName;赋值；由于方法 setAge(int age)中形式参数与当前对象的变量名称相同，使用 age = age;方式赋值时，编译器会认为 age 都是形式参数，导致类中 age 变量未被赋值，此时使用 this.age=age;表示将形式参数 age 的值赋给当前对象的 age 变量，当形式参数与变量名称相同时必须使用 this 关键字，增强程序的可读性。

（2）使用 this 调用当前对象的构造方法。

```
1  public Person() {
2           System.out.println("空参数构造方法! ");
3       }
4       public Person(String name) {
5           this();//调用空参数构造方法
6           System.out.println("一个参数的构造方法! ");
7           this.name = name;
8       }
9       public Person(String name, int age) {
10          this(name);//调用一个参数的构造方法
11          this.age = age;
12      }
```

观察上述 3 个重载的构造方法，当执行以下代码时：

```
Person person2=new Person("jack",23);
```

首先调用两个参数的构造方法 Person(String name, int age)，执行 this(name);时，调用一个参数的构造方法 Person(String name)，将形式参数 name 的值传递给一个参数的构造方法执行，在一个参数的构造方法中执行 this();，表示调用空参数构造方法 Person()。最终 name 变量在 Person(String name)构造方法中完成赋值，age 变量在 Person(String name, int age)中完成赋值。执行过程中 this 调用构造方法的代码始终写在构造方法的第一行。

（3）使用 this 调用类中的方法。

```
1       private void show() {
2           System.out.println("姓名: "+this.name+"年龄: "+this.age);
3       }
4       public void info() {//对外提供的公共方法，用于调用内部封装的方法
5           //show();可以不使用 this
6           this.show();//指向更清晰，表示当前对象中的 show()方法
7       }
```

上述代码中，info()方法中调用了 show()方法，此时可以写成 this.show();，也可以直接写成 show();，不影响方法的调用。注意，用 this 调用方法只能写在类的方法中。

只要通过 new 创建对象，内存中就会自动产生一个指向该对象的指针 this，例如 Person person=new Person("jack",23)，此时的 this 指的就是 person 这个对象，this.name 指的就是 person 对象中的 name。也可以简单理解为对象 person 执行了带有 this 的代码，此时 this 就表示当前对象 person。后续学习中还会遇到这样的代码，例如 return this，其含义是返回当前的对象。对于初学者，this 指针是比较难理解的内容。

4.2.2 super 和 this 的比较

super 关键字和 this 关键字使用时有类似的语法格式，但它们的使用场景不同。

super 关键字是在父类和子类存在的情况下使用的，一般在子类中使用。通过 super()调用父类的构造方法，super.方法名称调用父类被重写的方法，super.成员变量调用父类中被隐藏的（子类定义了与父类相同名称的变量，父类中的同名变量被隐藏）成员变量。

this 关键字是在类中使用的，this 是一个指向当前对象的指针。例如同一个类创建 3 个对象时，JVM 会为这 3 个对象创建 3 个 this 指针。使用时通过 this(参数 1,参数 2…)调用类中的其他构造方法，通过 this.方法名称调用当前对象中的其他方法，通过 this.成员变量调用当前对象中的其他变量。

4.2.3 final 关键字

final 关键字

在程序设计中，若希望成员变量、成员方法或者类保持不变，也就是不能被修改，可以使用 final 关键字对其进行修饰。

final 关键字可以修饰成员变量（基本数据类型和引用数据类型）。修饰基本数据类型的变量时，一旦初始化，变量值就不能再修改；修饰引用数据类型时，一旦初始化，变量就不能再指向其他对象，也就是说这个引用数据类型的地址值不能被修改，但是这个引用数据类型对象的内部成员变量的值可以修改。用 final 修饰的成员变量必须显式地进行初始化，可以在变量声明时对其初始化赋值；也可以在变量声明时不赋值，但是这个变量要在构造方法中进行初始化赋值。

【例 4-6】final 关键字的使用。

```
1  class Circle{
2      String color;
```

```
3       final int radio;
4       final double pi=3.14;//声明变量时直接赋值
5       public Circle(int radio,String color) {
6           this.color=color;
7           this.radio = radio;
8           //如果没有这个构造方法为 radio 赋值，程序将报错
9       }
10      public void getArea(){
11          System.out.println("圆形的面积: "+pi*radio*radio+",颜色: "+color);
12      }
13  }
14  public class Exam {
15  public static void main(String[] args) {
16      Circle c1=new Circle(5,"红色");//在构造方法中完成 radio 的赋值
17      c1.getArea();
18      //c1.radio=4;不能再修改 radio 和 pi 的值
19      //c1.pi=6.5;
20      //此时 final 修饰引用数据类型，c2 对象的地址将不可改变
21      final Circle c2=new Circle(8,"蓝色");
22      //c2=new Circle(9, "绿色");不能为 c2 赋值一个新的对象地址
23      c2.color="黄色";//c2 对象中变量的值可以修改，但是不能修改 c2 的内存地址
24      c2.getArea();
25  }
26  }
```

运行结果如下：

```
1  圆形的面积：78.5,颜色：红色
2  圆形的面积：200.96,颜色：黄色
```

上述例子中，变量 pi 在声明时完成赋值，radio 在构造方法中完成赋值，一旦赋值其值将不能修改；c2 对象创建后，被赋值对象的内存地址，c2 被赋予的内存地址不能修改，但是其内部的成员变量 color 没有使用 final 修饰，可以修改它的值。

使用 final 修饰成员方法时，方法将不能被修改，方法成为最终的方法。父类中的成员方法使用 final 修饰之后，子类将不能修改这个方法，也就是不能重写这个方法。在程序设计中，如果成员方法不希望被子类继承并修改，可以使用 final 对其进行修饰。在如下代码片段中，子类无法再重写 show() 方法。

```
1  class Circle2{
2  public final void show(){
3      System.out.println("这是一个圆形！");
4  }
5  }
6  class AnotherCircle extends Circle1{
7      public void show(){//子类不能重写父类中使用 final 修饰的方法
8          System.out.println("这是一个圆形！");
9      }
10 }
```

用 final 修饰类时，表明类成为最终的类，即类不能被继承。当一个类不希望被任何类继承时，可以使用 final 修饰，此时类中的成员方法将被隐式地使用 final 进行修饰。在如下代码片段中，子类不能

继承 final 修饰的父类。

```
1  final class Person{//最终类
2  }
3  class Student extends Person{//不能继承 Person 类
4  }
```

设计类时可以同时使用 static 和 final 修饰成员变量和成员方法。被修饰的变量将成为静态常量，被修饰的方法将成为静态方法。使用 static 修饰，变量的值不能再被修改，方法也不能在子类中重写。

【例 4-7】static 和 final 关键字一起使用。

```
1  class Circle1{
2      static final double PI=3.14;
3      static final double RADIO=5;
4      static final void showArea(){
5          System.out.println("圆形面积："+PI*RADIO*RADIO);
6      }
7  }
8  public class Exam3{
9      public static void main(String[] args) {
10         //Circle1.PI=3.1415;不能修改
11         //Circle1.RADIO=3.1415;不能修改
12         //通过类名直接调用 static 修饰的成员变量和成员方法
13         System.out.println("圆形的半径："+Circle1.RADIO);
14         System.out.println("圆周率："+Circle1.PI);
15         Circle1.showArea();
16     }
17 }
```

上述例子中，变量 PI 和 RADIO 都不能被修改，show()方法不能在子类中重写，它们都可以通过类名直接调用。在程序设计中，对于值不会发生变化的变量或者功能不会变化的方法，并且它们都可能被重复使用时，可以用 static 和 final 同时修饰。如此通过类名即可直接调用它们，不需要再创建类的对象来调用。这样可以提高程序的复用性，简化程序设计。

4.2.4 向上和向下转型

向上和向下转型

向上和向下转型的使用是建立在父类和子类存在的前提下的。从使用逻辑上看，要先进行向上转型，再进行向下转型。如果两个类之间不存继承关系，使用向上和向下转型会发生类型转换异常。向上和向下转型的使用可以优化程序设计的结构，减少代码量，使用时要注意类型转换的风险。本节内容较难理解，请读者务必仔细分析示例。

向上转型是指：将子类对象（内存地址）赋值给父类对象。向上转型完成后，编译器会将赋予的子类对象理解为父类对象，也就是说此时的父类对象只能使用父类中声明的成员变量和成员方法，而不能使用子类中新增加的变量和方法。调用方法时执行的是子类中重写的方法而不是父类中被重写的方法。简言之，向上转型时，父类对象只能使用父类声明过的变量和方法，但是调用方法时执行的却是子类中重写的方法，子类新增的变量和方法不能调用。

向下转型是指：通过强制转换的方式，将父类对象转换为子类对象，或者理解为还原为子类对象。只有存在向上转型的变量时，才能将其进行向下转型。向下转型的本质其实是将向上转型的对象通过强制转换的方式，还原为子类对象。向下转型完成后，即可使用子类中的所有变量，重写的方法和新增的方法，就像使用子类对象一样。

特别注意：本小节讲述的转型是指将子类对象赋值给父类对象（向上转型），然后将向上转型对象强制转换为子类对象（向下转型）。不能将父类对象赋值给子类对象，否则会出现异常，请不要混淆转型的概念。

例如存在父类Circle，子类Cylinder时，使用格式如下：

```
1  //创建一个子类Cylinder的对象，将该对象的内存地址赋给父类对象circle，称为向上转型
2  Circle circle=new Cylinder();
3  //使用（Cylinder）将circle对象强制转换为Cylinder类对象，称为向下转型
4  Cylinder cylinder=(Cylinder)circle;
```

【例4-8】向上和向下转型示例1。

```
1  class Circle{
2      final double pi=3.14;
3      double radio;
4      public Circle(double radio) {
5          this.radio = radio;
6      }
7      public void getArea() {
8          System.out.println("圆形的面积："+pi*radio*radio);
9      }
10 }
11 class Cylinder extends Circle{//圆柱体
12     double hight;//新增变量
13     public Cylinder(double radio,double hight) {
14         super(radio);//调用父类的构造方法初始化radio
15         this.hight=hight;
16     }
17     //重写getArea()方法
18     public void getArea() {//圆柱体的表面积
19     System.out.println("圆柱体的表面积：   "+pi*radio*radio*2+2*pi*radio*hight);
20     }
21     //新增方法
22     public void getVolume() {//圆柱体的体积
23         System.out.println("圆柱体的体积："+pi*radio*radio*hight);
24     }
25 }
26 public class Exam {
27 public static void main(String[] args) {
28     Cylinder cylinder=new Cylinder(2, 10);
29     cylinder.getArea();
30     cylinder.getVolume();
31     System.out.println("-------向上转型-------");
32     Circle circle=cylinder;//向上转型（子类→父类），将子类对象赋给父类对象
33     circle.getArea();//调用的是子类重写的方法
34     //circle.getVolume()//getVolume()是子类的新增方法，父类没有，不可调用
35     System.out.println("-------向下转型-------");
36     Cylinder c1=(Cylinder)circle;
37     //向下转型（父类→子类），将circle强制转换为Cylinder类型
```

```
38      //向下转型之后，c1 还原为子类，可以调用子类中的所有变量和方法
39      c1.hight=5;
40      c1.getArea();
41      c1.getVolume();
42      //Cylinder cylinder=new Circle(3);//不能将子类对象赋值给父类对象
43  }
44  }
```

运行结果如下：

```
1  圆柱体的表面积：25.12125.60000000000001
2  圆柱体的体积：125.60000000000001
3  -------向上转型-------
4  圆柱体的表面积：25.12125.60000000000001
5  --------向下转型-------
6  圆柱体的表面积：25.1262.800000000000004
7  圆柱体的体积：62.800000000000004
```

上述示例中将子类 Cylinder 的对象赋值给了父类对象 circle，即向上转型。此时对象 circle 只能使用 Circle 类中声明的变量 pi 和 radio，重写方法 getArea()，不能使用 Cylinder 类新增加的变量 hight 和新增的方法 getVolume()。Cylinder c1=(Cylinder)circle;执行之后，c1 还原为子类 Cylinder 的对象，此时 c1 可以使用子类中所有的变量和方法，包括新增的变量和方法。

理解上述内容之后，请仔细分析下面的例子。

【例 4-9】向上和向下转型示例 2。

```
1  class Shap{
2      String color;
3      public void getArea() {
4          System.out.println("计算一个图形的面积！");
5      }
6  }
7  //继承父类 Shap
8  class Circle_A extends Shap{
9      final double pi=3.14;
10     double radio=4;
11     //重写方法
12     public void getArea() {
13         System.out.println("圆形的面积："+pi*radio*radio);
14     }
15 }
16 //继承父类 Shap
17 class Rectangle extends Shap{
18     int hight=3;
19     int width=4;
20     //重写方法
21     public void getArea() {
22         System.out.println("矩形的面积："+hight*width);
23     }
24 }
25 public class Exam1 {
26     public static void main(String[] args) {
```

```
27          Shap s1=new Circle_A();//向上转型
28          Shap s2=new Rectangle();//向上转型
29          showArea(s1);//形式参数传入向上转型的对象s1和s2
30          showArea(s2);
31      }
32      //静态方法
33  public static void showArea(Shap shap) {//父类对象作为形式参数
34      shap.getArea();
35  }
36  }
```

运行结果如下：

```
1  圆形的面积：50.24
2  矩形的面积：12
```

上述例子中，showArea(Shap shap)将父类对象作为形式参数使用。showArea(s1)将一个向上转型之后的 Circle_A 类对象 s1 传递到方法中，此时执行 shap.getArea();，执行的是子类 Circle_A 中的 getArea()方法，计算圆形的面积；showArea(s2)将一个向上转型之后的 Rectangle 类对象 s2 传递到方法中，执行 shap.getArea();时，执行的是子类 Rectangle 中的 getArea()方法，计算矩形的面积。程序使用面向对象的抽象思想，计算图形的面积时会根据传入参数的不同，选择使用不同的计算方法。读者可以思考，如果这个程序采用其他方式设计要怎么实现？代码量哪个更多？哪种方式更好呢？

4.3 抽象类

在程序设计中定义父类之后，如果希望父类中的方法继承给子类，但不确定这个方法应该如何定义，方法的具体功能应该由子类自己设计，此时可以将父类设计为抽象类，而这个不确定内容的方法称为抽象方法。

抽象类

4.3.1 抽象类的含义

抽象类的含义如下。

（1）抽象类都是作为父类使用的。抽象的含义是指从众多拥有相同性质的子类中，将共有成员变量和抽象的行为（抽象方法）提取出来，放到抽象类中来定义。抽象类变成程序结构的上层设计，抽象类的行为将约束子类的行为。

（2）抽象类声明的对象只能由子类对象进行赋值，即通过向上转换的方式进行赋值，不能直接创建抽象类的对象。这样做既可以通过“多态”的形式灵活实现程序设计，又可以使得程序结构更简洁。

通过图 4-2 理解抽象的意义：设计程序计算圆形和长方形的面积，并显示计算结果。可以将圆和长方形共有的变量（颜色和图形名称）抽取出来，定义在抽象类中。再将共有方法（计算面积和显示结果）抽取出来，计算面积 getArea()定义为抽象方法，因为两种图形计算的方式不同，上层类中无法确定，具体计算应该由下层的子类自己实现；显示结果的方法 showInfo()只需从计算面积的方法中获取计算结果并显示即可，因此方法的功能逻辑是清楚的，设计为普通方法。抽象类中的内容将被子类继承，将相同性质的内容提取出来，定义在抽象类中，子类就不需要重复定义。

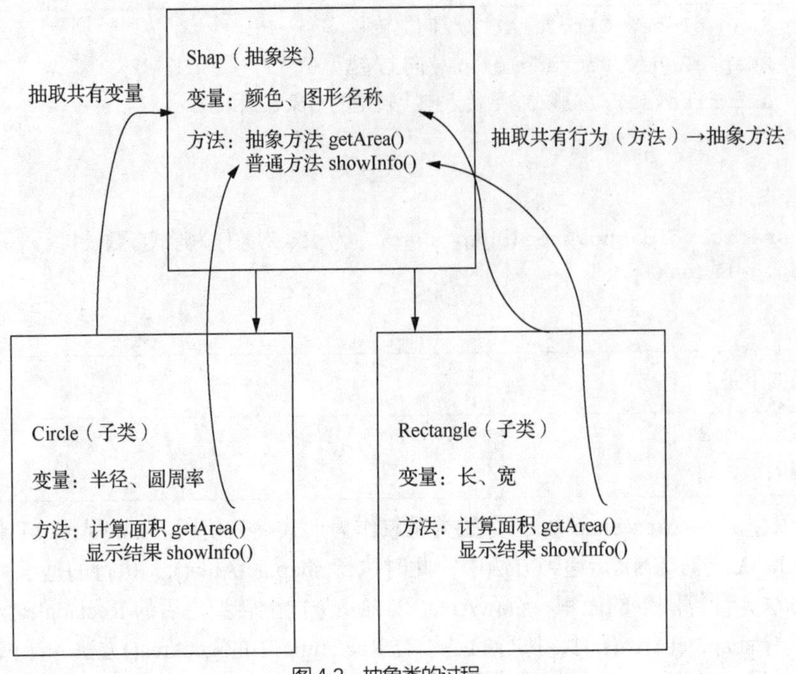

图 4-2　抽象类的过程

4.3.2 抽象类的使用

定义抽象类使用关键词 abstract，抽象类的格式如下：

```
1  abstract class A{
2  …
3  }
```

抽象类的使用规则如下。

（1）抽象类中可以定义抽象方法，即使用关键词 abstract 修饰方法，抽象方法没有方法体部分。抽象类中可以包含抽象方法和普通方法（不使用 abstract 修饰的方法），也可以没有抽象方法。

抽象方法的样例：

```
1  abstract class A{
2      abstract public void show();//注意没有“{}”，即没有方法体部分
3  }
```

（2）抽象类不能使用 new 创建对象，因为抽象方法缺少方法体，不完整。假如允许创建抽象类的对象，抽象方法不完整是不能执行的。使用抽象类时必须创建它的子类，子类中必须实现抽象类中的抽象方法，实现是指子类中要重写继承的抽象方法，将抽象方法的方法体补充完整，此时的方法不再使用 abstract 修饰，而成为普通方法。因此抽象类和抽象方法都不能使用 final 修饰。

（3）使用抽象类时，经常创建子类对象，然后将子类对象赋值给抽象类的对象来使用。例如 class 抽象类 A=new 子类()，这种赋值方式就是前文讲解的向上转型，使用时将按照向上转型对象的使用规则进行。

【例 4-10】抽象类的使用。

```
1  abstract class Shap{
2      String color;
```

```
3       String name;
4       public Shap(String color, String name) {
5           this.color = color;
6           this.name = name;
7       }
8       abstract public double getArea();//抽象方法
9       public void showShap() {//普通方法
10          System.out.println("图像:"+name+",颜色:"+color);
11          System.out.println("面积是: "+getArea());
12      }
13  }
14  class Circle extends Shap{
15      final double pi=3.14;
16      double radio;
17      public Circle(String color, String name,double radio) {
18          super(color, name);
19          this.radio=radio;
20      }
21      //实现的方法
22      public double getArea() {
23          return pi*radio*radio;
24      }
25  }
26  class Rectangle extends Shap{
27     int hight;
28     int width;
29      public Rectangle(String color, String name,int hight,int width) {
30          super(color, name);
31          this.hight=hight;
32          this.width=width;
33      }
34      //实现的方法
35      public double getArea() {
36          return hight*width;
37      }
38  }
39  public class Exam {
40  public static void main(String[] args) {
41     //Shap shap=new Shap();抽象类不能创建对象
42      Circle circle=new Circle("红色", "圆形", 3);
43      circle.showShap();//showShap()继承抽象父类 Shap 的方法
44      Rectangle rectangle=new Rectangle("绿色", "长方形", 2, 4);
45      rectangle.showShap();
46  }
47  }
```

运行结果如下:

```
1  图像:圆形,颜色:红色
2  面积是: 28.259999999999998
3  图像:长方形,颜色:绿色
4  面积是: 8.0
```

4.4 接口

抽象类中可以定义变量、普通方法和抽象方法。如果进一步简化，在抽象类中只定义常量和抽象方法，此时称该抽象类为接口。接口是更进一步对父类中变量和方法的抽象，也就是父类定义不完整的方法，仅做高层次的行为抽象，具体行为（方法）内容由它的子类去实现。另外之前介绍的继承特性是单继承的，而接口允许进行多继承，即实现类可以同时实现多个接口。

接口

4.4.1 接口的规则

接口是对抽象类进一步的抽象，接口中只能包含全局常量和抽象方法。JDK 8 对接口进行了重新定义，接口中除了抽象方法之外，还可以有默认方法和静态方法。默认方法使用 default 修饰，静态方法使用 static 修饰，且这两种方法都允许有方法体。

接口使用规则如下。

- 接口不能实例化对象，接口对象可以被赋值实现类对象（多态的应用）。
- 接口没有构造方法。
- 接口中的方法必须是抽象方法，并且隐式地指定被 public abstract 修饰。Java 8 之后，接口中可以使用 default 关键字定义默认方法（实现类可以继承使用或重写），使用 static 定义静态方法（静态方法只能被接口调用，不能被实现类调用）。
- 接口中定义的变量隐式地指定被 public static final 修饰，即定义的变量会被认为是常量。
- 接口使用时要定义它的实现类，实现类必须实现接口中的抽象方法，使用关键字 implements，实现类和接口的关系也可以理解为父类和子类的关系。
- 接口之间可以继承。

接口定义时使用 interface 修饰，Java 8 之后，接口中可定义常量、抽象方法、静态方法和默认方法，格式如下：

```
1  Interface 接口名称{
2  //即使不使用public static final 修饰变量，也会被默认指定使用其进行修饰
3  public static final 变量名=xxx;
4  //即使不使用public abstract 修饰方法，也会被默认指定使用其进行修饰
5  public abstract 返回值 方法名称(形式参数...);
6  //静态方法
7  public static 返回值 方法名称(形式参数...) {
8  方法内容
9  }
10 //默认方法
11 public default void 方法名称(形式参数...) {
12 方法内容
13 }
14 }
```

接口的多继承方式：

```
1  interface A{}
2  interface B{}
```

```
3  interface C extends A,B{
4  }
5  //接口 C 将继承接口 A 和接口 B 中的所有抽象方法
```

类实现接口的方式:

方式一（单实现）:

```
1  interface A{
2  }
3  class C implements A{
4  }
```

方式二（多实现）:

```
1  interface A{}
2  interface B{}
3  class C implements A,B{
4  }
5  //类 C 将实现接口 A 和接口 B 中的抽象方法
```

4.4.2 接口的使用

接口使用时要定义一个实现类，使用关键词 implements 实现接口。实现类可以实现多个接口，使用时通过创建实现类的对象调用相关的方法。

【例 4-11】接口的使用。

```
1  interface Person{
2      public static final String COUNTRY = "China";//常量
3      public abstract void show () ;//抽象方法
4      public static void method1() {//静态方法
5          System.out.println("静态方法");
6      }
7      public default void method2() {//默认方法
8          System.out.println("默认方法");
9      }
10 }
11 interface Human{
12     void study();//默认使用 public abstract 修饰
13 }
14 class Teacher implements Person,Human{
15     String name;
16      public Teacher(String name) {
17          this.name = name;
18      }
19      public void show() {//实现接口 Person 的方法
20          System.out.println("国籍: "+ COUNTRY +",名字: "+this.name);
21      }
22      public void study() {//实现接口 Human 的方法
23          System.out.println("人会学习");
24      }
25 }
26 public class Exam {
27 public static void main(String[] args) {
```

```
28      Person.method1();
29      //Teacher.method1();接口的静态方法只能由接口调用，实现类不能调用
30      Teacher teacher=new Teacher("李明");
31      teacher.method2();//实现类可以调用默认方法
32      teacher.show();
33      teacher.study();
34 }
35 }
```

运行结果如下：

```
1  静态方法
2  默认方法
3  国籍：China,名字：李明
4  人会学习
```

（1）上述例子中类 Teacher 实现了接口 Person 和 Human，强制要求必须实现接口 Person 中的抽象方法 show()和接口 Human 中的 study()方法。

（2）接口 Person 中定义的静态方法 method1()，此方法只能通过接口调用，调用方式为 Person.method1()，但是不能被实现类调用；还定义了默认方法 method2()，此方法只能被实现类的对象调用，当然也可以在实现类中重写这个方法。

（3）接口中定义的变量将默认使用 public static final 修饰，变成静态常量，如本例中的静态常量 COUNTRY。

使用接口时，首先要掌握接口的使用规则，更重要的是要理解接口的作用。接口是对一系列子类行为的最高抽象（行为变成抽象方法），它规定了子类的行为规范；接口只规定行为有哪些，具体的行为内容由实现类决定，这样就使得多个实现类在实现接口时可以体现不同的行为内容。基于接口的这些特性，可以灵活地设计程序结构。

4.4.3 接口回调

接口回调是指将实现类的对象赋值给接口对象。注意这里虽然称之为接口对象，实际并没有创建接口对象，也创建不了，这是 Java 多态特性的应用。这样接口对象就可以调用被实现类实现过的方法（或称为被重写的方法），以及接口中的默认方法。从底层看，实际上是接口对象通知实现类对象调用自己的方法。

【例 4-12】接口回调的用法。

```
1  interface Shap{
2      void getArea();
3      public default void show() {
4          System.out.println("这是个图形！");
5      }
6  }
7  class Rectangle implements Shap{
8      int hight,width;
9      public Rectangle(int hight, int width) {
10         super();
11         this.hight = hight;
12         this.width = width;
13     }
```

```
14      public void getArea() {//实现抽象方法
15          System.out.println("矩形面积："+this.hight*this.width);
16      }
17      public void show() {//重写接口中的 show()方法，不再使用 default 修饰
18          System.out.println("这是矩形！");
19      }
20 }
21 public class Exam1 {
22 public static void main(String[] args) {
23   Shap shap;
24   shap=new Rectangle(5, 2);
25   shap.getArea();
26   shap.show();
27 }
28 }
```

运行结果如下：

```
1  矩形面积：10
2  这是矩形！
```

上述例子中，接口 Shap 的对象 shap 被赋值实现类 Rectangle 的对象，代码中并未创建接口 Shap 的对象，也不能创建。执行 shap.getArea()时，实际上是 Rectangle 的对象执行了 getArea()方法。另外例子中重写了接口的默认方法 show()，需要注意重写默认方法不再使用 default 修饰，因为关键词 default 只能在接口中使用。

4.4.4 类、抽象类和接口的比较

类、抽象类和接口的比较如下。

（1）类可以创建对象，抽象类和接口都不能创建对象。

（2）接口没有构造方法，类和抽象类有构造方法。

（3）Java 8 之后，接口中只能拥有常量、抽象方法、静态方法和默认方法，抽象类中可以定义变量、常量、普通方法和抽象方法，类中可以定义常量、变量和普通方法。

（4）使用接口需要有实现类，使用抽象类需要子类，类处于最底层。

（5）接口可以多继承，类可以同时实现多个接口，抽象类和类都是单继承的。

4.5 多态

Java 的第三个特性是多态，是指同一个行为（方法）具有多个不同表现形式（不同执行功能）或形态的能力。这个特性建立在父子类、抽象类和子类以及接口和实现类之间，使用时需要结合向上转型和向下转型进行理解，有时还需要使用关键字 instanceof，判断子类对象是哪种父类。

多态的理解、多态和继承

4.5.1 多态的理解

多态在很多设计场景可以使用，是必须掌握的重要特性。例如，设计一个计算

图形面积的程序，由于每种图形的面积计算方法不同，如果采用传统的设计方式难免出现多分支的判断结构和复杂的方法调用。Java 中利用多态特性，在同一个方法调用时，可以根据传入对象的不同，自动判断需要执行的方法，即体现同一方法可以执行不同内容的多态特性。从编码的角度看，可以降低编码量，降低程序设计的复杂性。多态应用示例如图 4-3 所示。

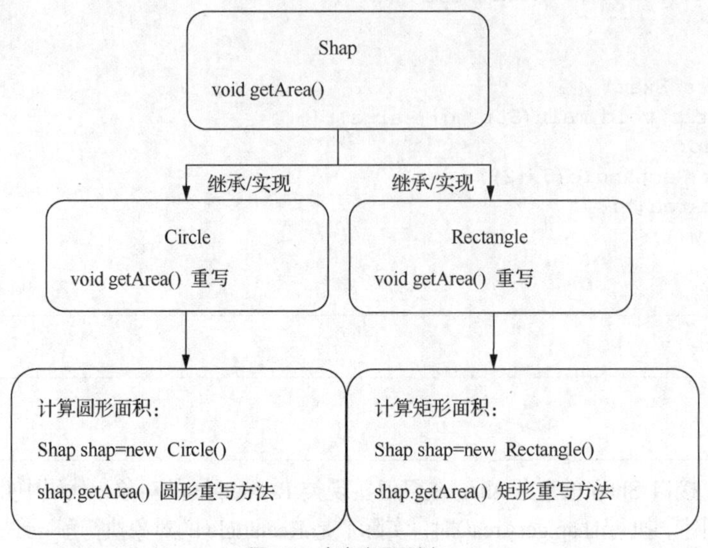

图 4-3 多态应用示例

上述设计中，上层 Shap 定义了计算图形的面积方法 getArea()，Shap 可以定义为父类，也可以定义为抽象类或者接口。下层的类 Circle 和 Rectangle 继承或者实现了 Shap，并对 getArea()方法进行重写或者实现，两个类根据自己的需要设计计算方法。注意，此时上层的 Shap 不论定义为父类、抽象类还是接口，它与其下层都可以理解为继承关系，也就是说可以通过向上转型的方式进行使用，如 Shap shap=new Circle()或者 Shap shap=new Rectangle()都可以。这便是向上转型，也是多态的使用方式。在执行 shap.getArea()方法时，如果 shap 被赋予 Circle 类对象，就执行 Circle 类中重写或实现的 getArea()方法。同理，如果 shap 被赋予 Rectangle 类对象，就执行 Rectangle 类中重写或实现的 getArea()方法。执行的是同一个 getArea()方法，但会根据 shap 被赋予对象的不同，执行不同的方法（行为），这称为多态特性。

多态使用的 3 个必要条件如下。

（1）具备继承或者实现关系：多态中必须存在继承关系（如父子类、子类和抽象类，以及接口和实现类），无论是哪种都可以理解为父子关系。

（2）存在方法的实现或者重写：父类和子类（包括接口和实现类）存在方法的重写或者实现。

（3）多态使用方式：父类类型 变量名=new 子类类型()，此处的父类可以是父类、抽象类或者接口，子类可以是普通子类或者实现类。

使用时，通过变量名.方法名()调用子类中重写或者实现的方法，具体调用哪个子类中的方法，取决于这个父类变量被赋予的是哪个子类的对象。下面分别讨论在继承、抽象类和接口中多态的使用情况。

4.5.2 多态和继承

在存在父类和子类的前提下，可以使用多态的特性。本质上是将子类的对象赋给父类的变量，在运行时执行子类中重写的方法。当拥有多个子类时，父类变量可以赋值所有的子类对象，运行时执行对应子类中重写的方法。从另外一个角度看，多态也是向上转型的应用。

【例 4-13】多态和继承的使用。

```
1  import com.sun.org.apache.bcel.internal.generic.INSTANCEOF;
2  class Shap{
3      String name="三角形";
4      public void show() {
5          System.out.println("这是一个图形: "+this.name);
6      }
7  }
8  class Circle extends Shap{
9      double radio;
10     static final double PI=3.14;
11     public Circle(double radio) {
12         this.name="圆形";
13         this.radio=radio;
14     }
15     public void show() {
16         System.out.println("这是一个图形: "+this.name);
17         System.out.println("面积: "+radio*radio*PI);
18     }
19     public void method() {
20         System.out.println("Circle 新增方法 method()!");
21     }
22 }
23 class Rectangle extends Shap{
24     int width,hight;
25     public Rectangle(int width,int hight) {
26         this.name="矩形";
27         this.width=width;
28         this.hight=hight;
29     }
30     public void show() {
31         System.out.println("这是一个图形: "+this.name);
32         System.out.println("面积: "+width*hight);
33     }
34 }
35 public class Exam {
36 public static void main(String[] args) {
37     Shap shap = new Shap();
38     showArea(shap);
39    Shap shap1=new Circle(5);
40    showArea(shap1);
41    //shap1.method(); method()方法是子类中的新增方法，父类中没有，不可调用
42    Circle circle=(Circle)shap1;//向下转型,才能调用
43    circle.method();
44    Shap shap2=new Rectangle(3,4);
45    showArea(shap2);
46 }
47 public static void showArea(Shap shap) {//参数为父类，可以接收子类变量
48     shap.show();
49 }
50 }
```

运行结果如下：

```
1  这是一个图形：三角形
2  这是一个图形：圆形
3  面积：78.5
4  Circle 新增方法 method()!
5  这是一个图形：矩形
6  面积：12
```

上述例子中，父类 Shap 拥有两个子类 Circle 和 Rectangle，两个子类分别重写了 show()方法，该方法中实现了不同的计算逻辑。测试类 Exam 中的静态方法 showArea(Shap shap)要求传入 Shap 类型的对象，当传入 Circle 类的对象时，shap.show()执行 Circle 中重写的 show()方法；当传入 Rectangle 类的对象时，shap.show()执行 Rectangle 中重写的 show()方法。shap.show()会根据传入对象的不同，执行不同子类中的 show()方法，这便是多态的应用。读者可以思考如果不采用这种设计结构，应该如何实现上述示例效果？哪种结构更好？

4.5.3 多态和抽象类

多态和抽象类

在抽象类的应用中，多态的使用与在继承的场景中的使用类似。抽象类和它的子类之间其实也是继承关系，依然可以将子类对象赋值给抽象父类，也可以使用向上转型的方式进行赋值。多态机制的运行原理是相同的。

【例 4-14】多态和抽象类的应用。

```
1  abstract class Shap{
2      String name="未知";
3      public void show() {
4          System.out.println("这是一个图形："+this.name);
5      }
6      public abstract void getArea() ;
7  }
8  class Circle extends Shap{
9      double radio;
10     static final double PI=3.14;
11     public Circle(double radio) {
12         this.name="圆形";
13         this.radio=radio;
14     }
15     public void show() {//重写方法
16         System.out.println("这是一个图形："+this.name);
17     }
18     public void method() {//新增方法
19         System.out.println("Circle 新增方法 method()!");
20     }
21     public void getArea() {//重写方法
22         System.out.println("面积："+radio*radio*PI);
23     }
24 }
25 class Rectangle extends Shap{
26     int width,hight;
```

```
27      public Rectangle(int width,int hight) {
28          this.name="矩形";
29          this.width=width;
30          this.hight=hight;
31      }
32      public void show() {//重写方法
33          System.out.println("这是一个图形: "+this.name);
34      }
35      public void getArea() {//重写方法
36          System.out.println("面积: "+width*hight);
37      }
38  }
39  public class Exam {
40  public static void main(String[] args) {
41      //Shap shap = new Shap();不能创建抽象类的对象
42      Shap shap1=new Circle(5);
43      showArea(shap1);
44      //shap1.method(); method()方法是子类中的新增方法，父类中没有，不可调用
45      Circle circle=(Circle)shap1;//向下转型，才能调用
46      circle.method();
47      Shap shap2=new Rectangle(3,4);
48      showArea(shap2);
49  }
50  public static void showArea(Shap shap) {
51      shap.show();
52      shap.getArea();
53  }
54  }
```

运行结果如下：

```
1  这是一个图形: 圆形
2  面积: 78.5
3  Circle 新增方法 method()!
4  这是一个图形: 矩形
5  面积: 12
```

上述例子中，抽象类和多态的应用与继承环境中的使用原理相同，此处不再说明。

4.5.4 多态和接口

多态和接口

接口与实现类之间的关系称为实现，使用关键词 implements 修饰。虽然没有使用 extends，但是接口和实现类之间依然存在父类和子类的继承关系。可以将接口理解为特殊的“父类”，实现类理解为“子类”，本质上实现类就是重写了接口中的抽象方法。既然它们之间可以理解为父类和子类，所以也存在继承的含义。因此可以将实现类对象赋值给接口对象，即“接口回调”。将上述例子中的父类或者抽象类 Shap 进一步抽象，即可转变为接口 Shap。

【例 4-15】多态和接口的应用。

```
1  interface Shap{
2      String name="未知";//常量，隐式地使用 public static final 修饰
```

```
3       public default void show() {//修改为默认方法
4           System.out.println("这是一个图形: "+this.name);
5       }
6       public void getArea() ;
7   }
8   class Circle implements Shap{
9       double radio;
10      static final double PI=3.14;
11      public Circle(double radio) {
12          //this.name="圆形"; name 称为常量，其值不可修改
13          this.radio=radio;
14      }
15      public void show() {//重写接口中的默认方法
16          System.out.println("这是一个图形: 圆形");
17      }
18      public void method() {//新增方法
19          System.out.println("Circle 新增方法method()!");
20      }
21      public void getArea() {//重写方法（实现方法）
22          System.out.println("面积: "+radio*radio*PI);
23      }
24  }
25  class Rectangle implements Shap{
26      int width,hight;
27      public Rectangle(int width,int hight) {
28          this.width=width;
29          this.hight=hight;
30      }
31      public void show() {//重写方法
32          System.out.println("这是一个图形: 矩形");
33      }
34      public void getArea() {//重写方法
35          System.out.println("面积: "+width*hight);
36      }
37  }
38  public class Exam {
39  public static void main(String[] args) {
40      //Shap shap = new Shap();不能创建抽象类的对象
41      Shap shap1=new Circle(5);
42      showArea(shap1);
43      //shap1.method(); method()方法是子类中的新增方法，父类中没有，不可调用
44      Circle circle=(Circle)shap1;//向下转型，才能调用
45      circle.method();
46      Shap shap2=new Rectangle(3,4);
47      showArea(shap2);
48  }
49  public static void showArea(Shap shap) {
50      shap.show();
51      shap.getArea();
52  }
53  }
```

运行结果如下：

```
1  这是一个图形：圆形
2  面积：78.5
3  Circle 新增方法 method()!
4  这是一个图形：矩形
5  面积：12
```

本例中，Shap shap1=new Circle(5);意为将 Circle 对象赋值给接口变量 shap1，此处是向上转型。在 showArea(Shap shap)方法中，参数类型为接口 Shap 的类型，传值时可以传入任意接口的实现类对象，shap.show()和 shap.getArea()会根据 shap 具体被赋值的实现类对象，调用它们各自重写的方法 show()和 getArea()，原理与继承和抽象类的多态应用相同。

4.5.5 instanceof 关键字

instanceof 关键字

多态意味着可以将多个子类对象赋值给父类对象。在程序设计中，有时无法判断这个对象是哪个类的对象，或者判断属于哪个继承家族的对象。可以使用 instanceof 关键字判断某个对象是否是某个类的对象，返回 boolean 类型的值。使用格式如下：

```
对象 instanceof 类名称
```

【例 4-16】 instanceof 关键字。

```
1  interface Shap{
2      void getArea() ;
3  }
4  class Circle implements Shap{
5      double radio;
6      static final double PI=3.14;
7      public Circle(double radio) {
8          this.radio=radio;
9      }
10     public void getArea() {//重写方法
11         System.out.println("面积："+radio*radio*PI);
12     }
13 }
14 class Rectangle implements Shap{
15     int width,hight;
16     public Rectangle(int width,int hight) {
17         this.width=width;
18         this.hight=hight;
19     }
20     public void getArea() {//重写方法
21         System.out.println("面积："+width*hight);
22     }
23 }
24 public class Exam {
25 public static void main(String[] args) {
26     Shap shap1=new Circle(5);
27     showArea(shap1);
28     Shap shap2=new Rectangle(3,4);
29     showArea(shap2);
```

```
30 }
31 public static void showArea(Shap shap) {
32    if(shap instanceof Circle) {//判断是否是Circle类的实例
33       System.out.println("这是圆形对象！");
34       shap.getArea();
35    }else if(shap instanceof Rectangle) {//判断是否是Rectangle类的实例
36       System.out.println("这是矩形对象！");
37       shap.getArea();
38    }else {
39       System.out.println("其他对象！！");
40    }
41 }
42 }
```

运行结果如下：

```
1  这是圆形对象!
2  面积：78.5
3  这是矩形对象!
4  面积：12
```

进行判断时，instanceof 右边是创建这个对象的类，或者是这个类的父类（包括抽象类），抑或是这个类的实现类，返回的结果均为 true；其他情况，返回 false。需要注意，这个判断对象的值不能为 null。在上述例子中，方法 showArea(Shap shap)传入的形式参数可以是接口 Shap 的任何实现类对象，方法中 if(shap instanceof Circle)用于判断传入对象是否是 Circle 类的对象，只要变量 shap 被赋值为 Circle 类的对象，则返回的结果为 true。

4.6 内部类

前文讲解了类由成员变量和成员方法组成，其实还可以在类中定义类。在类中定义的类称为内部类，内部类外层的类称为外部类，内部类可以理解为外部类的一个成员。设计内部类的好处在于可以方便地调用外部类中的成员变量和成员方法，缺点是破坏了程序的结构。内部类仅提供给外部类使用，其他类不能使用。设计程序结构时，将外部类和内部类设计为两个单独的类（不设计成嵌套的关系），也可以实现内部类的功能，但是结构会变得复杂，内部类结构会降低程序结构的复杂性。

内部类定义的结构如下：

```
1  class 外部类{
2  外部类的成员变量;
3  外部类的成员方法;
4  class 内部类{
5  内部类的成员变量;
6  内部类的成员方法;
7  }
8  }
```

【例 4-17】内部类的使用。

```
1  class Circle{
2      private float pi=3.14f;//外部类的成员变量
3      private void info(){
4          System.out.println("这是一个圆形！");
5      }
6      public void show(){//外部类的成员方法
7          System.out.println("圆周率："+pi);
8      }
9      class CalculateCircle{//内部类
10         private float radio=5;//内部类的成员变量
11         public void getArea(){//内部类的成员方法
12             info();//调用外部类中的私有方法
13               //内部类访问外部类的成员变量pi
14             System.out.println("圆形面积："+radio*radio*pi);
15         }
16     }
17 }
18 public class InnerClassDemo {
19     public static void main(String[] args) {
20     //创建内部类对象方式一
21     Circle circle=new Circle();//创建外部类对象
22     Circle.CalculateCircle c1=circle.new CalculateCircle();//创建内部类对象
23     circle.show();//执行外部类的成员方法
24     c1.getArea();//执行内部类的成员方法
25     //创建内部类对象方式二
26     Circle.CalculateCircle c2=new Circle().new CalculateCircle();
27     }
28 }
```

运行结果如下：

```
1  圆周率：3.14
2  这是一个圆形!
3  圆形面积：78.5
```

内部类使用规则如下。

（1）类中的内部类可以定义多个，可以将拥有一系列功能的类以内部类的形式组织在一起，由于其他类无法使用内部类，内部类得以“隐藏”。定义内部类时可以使用 private 修饰，此时内部类只能在外部类的内部使用；也可以使用 static 修饰，此时创建内部类对象可以直接使用外部类的类名，不需要创建外部类对象，再通过外部类对象创建内部类对象，注意此时内部类将不能使用外部类中的变量和方法，因为使用 static 修饰之后内部类中的变量和方法会早于外部类出现在内存中。

（2）创建内部类对象的方式。

方式一：

```
外部类对象.内部类 内部类对象=外部类对象.new 内部类();
```

方式二：

```
外部类.内部类 内部类对象=new 外部类().new 内部类();
```

创建内部类对象时，可以先创建外部类对象，然后通过外部类对象再创建内部类对象；也可以通过“外部类对象.内部类”直接创建内部类对象。读者可参考【例 4-17】中内部类对象的创建过程。当然，也可以在外部类的构造方法中创建内部类对象，创建外部类对象时就可以自动创建内部类对象。

（3）内部类可以调用外部类中任意访问权限的变量和方法，但是外部类不能调用内部类中的变量和方法，只有创建内部类对象，通过内部类对象才能使用内部类中的变量和方法。

4.7 匿名类

匿名类

通过对前文的学习，我们知道要创建一个类对象必须先定义一个完整的类，类中应该包含成员变量和成员方法。如果已经存在一个接口，就先创建一个实现类再创建对象；如果存在一个抽象类或者普通类，则可以在创建对应的子类继承父类后再创建对象，总之创建对象之前一定得存在一个具体的类。如果它们（接口、抽象类、普通类）没有显式地定义子类，能否创建对象呢？比如存在接口、抽象类和普通类，但是它们都没有定义实现类和子类，能否直接创建它们的子类对象呢？这是可以的，可以通过匿名类的方式创建，最后创建的对象称为匿名类对象。匿名类即没有名称的类，它在内存中被创建后，JVM 会为这个没有名称的类分配空间地址。匿名类既然没有名称就没办法多次引用，所以匿名类的使用场景是：定义一次，使用完就被内存回收，下次要使用就必须重新定义。比如，存在一个接口，使用场景中接口方法的逻辑并不唯一，实现某个接口时设计者可以根据需要，随时更改程序逻辑，不需要设计这个接口的实现类，因为一旦设计出来就意味着抽象方法的逻辑就确定了。此时可以通过匿名类的方式来使用接口，根据程序设计的实际需求每次重新定义实现类的逻辑，使用后就弃之不用，下次使用再重新定义即可。

匿名类的本质其实就是定义接口的实现类或者定义抽象类和普通类的子类，只是这个子类没有名字。匿名类使用时往往发生在一个类中，相当于在类中临时定义了一个内部类，因此也称为匿名内部类，由它创建的对象称为匿名内部类。匿名内部类对象的定义方式如下：

```
1  父类 对象名称=new 父类(){
2  实现或重写父类中的方法
3  }
```

上述结构中父类可以是接口、抽象类或者普通类，“{}”中用来重写父类中的方法，为子类重写父类的方法的部分。new 关键字表示创建类的对象，但是这个类没有名称，因此创建的对象称为匿名类对象，对象类型定义为父类是多态的使用方式。

【例 4-18】匿名类。

```
1  interface Shap1{
2      float PI=3.14f;
3      public int getRectangleArea(int width,int hight);
4      public float getCircleArea(float radio);
5  }
6  abstract class Shap2{
7      float PI=3.14f;
8      abstract public int getRectangleArea(int width,int hight);
9      abstract public float getCircleArea(float radio);
10 }
```

```
11 class shap3{
12     float PI=3.14f;
13     public int getRectangleArea(int width,int hight){
14         return width*hight;
15     };
16     public float getCircleArea(float radio){
17         return radio*radio*PI;
18     };
19 }
20 public class AnonymousClassDemo {
21 public static void main(String[] args) {
22     //接口的匿名类对象
23     Shap1 s1=new Shap1(){
24         public int getRectangleArea(int width,int hight) {
25             return width*hight;
26         }
27         public float getCircleArea(float radio) {
28             return radio*radio*PI;
29         }
30     };
31     System.out.println("Shap1 的匿名内部类对象计算矩形面积: "+s1.getRectangleArea(2,3));
32     //抽象类的匿名类对象
33     Shap2 s2=new Shap2(){
34         public int getRectangleArea(int width,int hight) {
35             return width*hight;
36         }
37         public float getCircleArea(float radio) {
38             return radio*radio*PI;
39         }
40     };
41     System.out.println("Shap2 的匿名内部类对象计算圆形面积: "+s2.getCircleArea(5));
42     //普通类的匿名类对象
43     shap3 s3=new shap3(){
44         public int getRectangleArea(int width,int hight){
45             return 0;
46         };
47         public float getCircleArea(float radio){
48             return 1;
49         };
50     };
51     System.out.println("Shap3 的匿名内部类对象计算圆形面积: "+s3.getCircleArea(5));
52 }
53 }
```

运行结果如下：

```
1  Shap1 的匿名内部类对象计算矩形面积: 6
2  Shap2 的匿名内部类对象计算圆形面积: 78.5
3  Shap3 的匿名内部类对象计算圆形面积: 1.0
```

上述示例中，s1、s2、s3 分别是接口、抽象类和普通类的匿名类对象，匿名类中重写的方法是在创建匿名内部类对象的过程中确定的。这些匿名类没有名称，使用一次之后就被回收，下次再使用必须重新定义。重写的方法逻辑可以随意改变，这种使用方式在后续 Java 开发中比较常见。

4.8 lambda 表达式

Lambda 表达式

Java 8 发布后推出了 lambda 表达式，lambda 表达式实际上是创建接口匿名类对象的简洁表示方法。lambda 表达式引入之后，代码变得更加简洁和优雅，但是代码的可读性不好，读者需要多练习适应。使用 lambda 表达式的前提条件，存在一个接口并且接口中只存在一个抽象方法，可以存在默认方法，此时这个接口也称为方法式接口。当要创建这个接口的匿名类对象时，就可以通过 lambda 表达式进行创建。lambda 表达式的语法格式如下：

```
1  //格式一
2  (参数)→表达式
3  //格式二
4   (参数)→{
5          实现方法的代码
6  }
```

上述格式中参数是指抽象方法的形式参数，不需要声明参数类型，只有一个参数时圆括号可以省略，有多个参数时圆括号不能省略。“→” 表示 lambda 表达式的符号，“→” 左侧表示重写方法的代码，如果代码只有一行可以省略花括号，如果是多行代码则不能省略花括号。重写的方法如果只有一行，且有返回值可以省略花括号以及关键词 return，如果有多行代码则不能省略。

传统接口定义匿名内部类对象的方式如下：

```
1  //接口
2  interface SubNumber {
3      int sub(int a, int b);// 多参数有返回值
4  }
5  //定义匿名内部类对象
6   SubNumber subNumber1 = new SubNumber() {
7              public int sub(int a, int b) {
8                  return a - b;
9              }
10 };
```

改写为 lambda 表达式：

```
1  //接口
2  interface SubNumber {
3      int sub(int a, int b);// 多参数有返回值
4  }
5  //lambda 表达式方式一
6   SubNumber subNumber1 = (a, b) →{
7      return a - b;
8  }
9  //lambda 表达式方式二
10  SubNumber subNumber1 = (a, b) → a - b;
```

上述例子中，创建接口 SubNumber 的匿名类对象使用 lambda 表达式时，重写的方法省略了方法名称，因为接口中只有一个待实现的抽象方法，圆括号内的参数类型不用声明。抽象方法已经声明

类参数的数据类型是 int，编译器通过自动推断确定重写的方法是哪一个，参数的数据类型是什么。之所以能够自动推断是因为接口中只有一个抽象方法。方法重写的代码写在花括号中，上述例子中重写的方法只有一行代码，因此可以省略花括号，同时省略关键词 return，a-b 的运算结果作为返回值返回。

【例 4-19】lambda 表达式。

```
1  interface ShowInfo {
2      void show();// 空参数无返回值
3  }
4  interface AddNumber {
5      void add(int a, int b);// 多参数无返回值
6  }
7  interface SubNumber {
8      int sub(int a, int b);// 多参数有返回值
9  }
10 public class Lambda {
11     public static void main(String[] args) {
12         // 匿名内部类对象的传统写法
13         ShowInfo showInfo1 = new ShowInfo() {
14             public void show() {
15                 System.out.println("传统匿名内部类对象！");
16             }
17         };
18         showInfo1.show();
19         // 匿名内部类对象的 lambda 表达式写法
20         ShowInfo showInfo2 = () → {
21             System.out.println("匿名内部类对象的 lambda 表达式！");
22         };
23         showInfo2.show();
24         // 匿名内部类对象的 lambda 表达式简写，当执行语句只有一条时可以省略花括号
25         ShowInfo showInfo3 = () → System.out.println("匿名内部类对象的 lambda 表达
26  式，简写方式！");
27         showInfo3.show();
28         // 多参数无返回值，匿名内部类对象的传统写法
29         AddNumber addNumber1 = new AddNumber() {
30             public void add(int a, int b) {
31                 int result = a + b;
32                 System.out.println("传统方式，整数相加：" + result);
33             }
34         };
35         addNumber1.add(2, 3);
36  // 多参数无返回值，匿名内部类对象的 lambda 表达式写法，执行语句多于一条时不能省略花括号
37         AddNumber addNumber2 = (a, b) → {
38             int result = a + b;
39             System.out.println("lambda 表达式，整数相加：" + result);
40         };
41         addNumber2.add(5, 5);
42         // 多参数有返回值，匿名内部类对象的传统写法
43         SubNumber subNumber1 = new SubNumber() {
44             public int sub(int a, int b) {
```

```
45                  return a - b;
46              }
47          };
48          System.out.println("传统方式，整数相减：" + subNumber1.sub(8, 3));
49          // 多参数有返回值，匿名内部类对象的 lambda 表达式写法，执行语句只有一条时省略花
50          // 括号和 return 关键字
51          SubNumber subNumber2 = (a, b) → a - b;
52          System.out.println("lambda 表达式，整数相减：" + subNumber2.sub(8, 3));
53      }
54  }
```

运行结果如下：

```
1  传统匿名内部类对象！
2  匿名内部类对象的 lambda 表达式！
3  匿名内部类对象的 lambda 表达式，简写方式！
4  传统方式，整数相加：5
5  lambda 表达式，整数相加：10
6  传统方式，整数相减：5
7  lambda 表达式，整数相减：5
```

从上述例子中可以看出，lambda 表达式可以简化匿名类对象的创建过程，但是可读性不如传统创建方法好。注意，如果需要创建抽象类或者普通类的匿名类对象，不能使用 lambda 表达式，只在创建接口的匿名类对象时可以使用 lambda 表达式。

4.9 反射

Java 反射机制是指在程序运行过程中，对于任意的一个类，能够获取到类中的所有成员变量和成员方法；对于任意的一个对象，能够调用它的任意成员变量和成员方法。反射是一种动态获取类和对象的成员变量和成员方法的功能。类对象的实例化过程与反射的过程可以理解为相反的过程。反射在框架式开发中运用得比较多。比如，当程序需要动态获取当前使用类中的变量和方法，或者获取某个对象中可使用的变量和方法时，就可以通过反射的方式获取。

Java 反射机制主要提供下面几种用途。

- 在运行时判断任意一个对象所属的类。
- 在运行时构造任意一个类的对象。
- 在运行时判断任意一个类所具有的成员变量和成员方法。
- 在运行时调用任意一个对象的方法。

4.9.1 Class 类

Class 类

反射需要使用 Java API 提供的 Class 类，程序中创建的任何类都有一个对应的 Class 类对象，这个对象知道所创建的类中所有的成员变量和成员方法。可以将 Class 类理解为管理任何类的类，也就是说 Class 类知道所有类中包含哪些成员变量和成员方法。可以通过 Class 类对象调用其管理的类中的任何成员方法和成员变量，也可以创建其管理的类的对象。一般可以

先通过类的构造方法创建对象，对象再使用成员变量和成员方法。反射的使用过程则相反，需先获取类的 Class 类对象，通过 Class 类提供的方法可以实例化其管理的类的对象，也可以使用其管理的类中的成员变量和成员方法。获取类的 Class 类对象的常用方式有 3 种：

```
1  Class clazz=类名.class;
2  Class clazz=类对象.getClass();
3  Class clazz=Class.forName(类的全路径);
```

【例 4-20】反射的使用。

```
1  import java.lang.reflect.Constructor;
2  class User {
3      private String name;
4      private int age;
5      public User() {
6
7      }
8      public User(String name, int age) {
9          super();
10         this.name = name;
11         this.age = age;
12     }
13     public String getName() {
14         return name;
15     }
16     public void setName(String name) {
17         this.name = name;
18     }
19     public int getAge() {
20         return age;
21     }
22     public void setAge(int age) {
23         this.age = age;
24     }
25     public void showInfo() {
26         System.out.println("用户名字：" + this.name + ",年龄：" + this.age);
27     }
28 }
29
30 public class ReflectionDemo {
31     public static void main(String[] args) throws ClassNotFoundException {
32         // 1.通过类的class属性获取User类的Class类对象
33         Class c1 = User.class;
34         // 2.通过类的全路径名称获取User类的Class类对象
35         Class c2 = Class.forName("com.example4_20.User");
36         // 3.通过User类的对象反射获取User类的Class类对象
37         User user=new User();
38         Class c3 = user.getClass();
39        //输出Class类对象
40         System.out.println(c1);
41         System.out.println(c2);
42         System.out.println(c3);
43     }
44 }
```

运行结果如下：

```
1  class com.example4_20.User
2  class com.example4_20.User
3  class com.example4_20.User
```

从上述示例中可以看出，无论使用哪种方法，获取的 User 类的 Class 类对象都是相同的。获取 Class 类对象之后即可通过 Class 类提供的方法使用管理类的成员变量和方法。需要重点掌握 Class 类的常用方法，如表 4-1 所示。

表 4-1　Class 类的常用方法

方法声明	功能描述
forName(String className)	使用参数 className 来指定具体的类，从而获取相关的类的 Class 类对象
String getName()	获取当前类的名称
Field[] getDeclaredFields()	返回类的成员变量数组，类型为 Filed
Method[] getDeclaredMethods()	返回类的成员方法数组，类型为 Method
Constructor<?>[] getDeclaredConstructors()	获取类的所有构造方法，类型为数组

【例 4-21】使用【例 4-20】中的 User 类，获取该类的相关信息。

```
1   public class ReflectionDemo {
2       public static void main(String[] args) throws Exception{
3           //获取User类的Class类对象
4           Class c1 = User.class;
5           //获取类的名称
6           String className = c1.getName();
7           System.out.println("类的名称："+className);
8           //获取User类的所有构造方法
9           Constructor[] constructors = c1.getDeclaredConstructors();
10          //获取形式参数为String类型和int类型的构造方法
11          Constructor constructor = c1.getDeclaredConstructor(String.class,
12      int.class);
13          //输出所有的构造方法
14          System.out.println("User类中的所有构造方法：");
15          for(Constructor<User> c:constructors) {
16              //输出所有的构造方法
17              System.out.println(c);
18          }
19          //输出两个参数的构造方法
20          System.out.println("两个参数的构造方法："+constructor);
21          //获取所有的成员变量
22          Field[] fields = c1.getDeclaredFields();
23          System.out.println("User类中的所有变量：");
24          for (Field field : fields) {
25              System.out.println(field.toString());
26          }
27          //获取所有的成员方法
28          Method[] methods = c1.getDeclaredMethods();
29          System.out.println("User类中的所有成员方法：");
```

```
30          for (Method method : methods) {
31              System.out.println(method.toString());
32          }
33      }
34  }
```

运行结果如下：

```
1  类的名称：com.example4_19.User
2  User 类中的所有构造方法：
3  public com.example4_19.User()
4  public com.example4_19.User(java.lang.String,int)
5  两个参数的构造方法：public com.example4_19.User(java.lang.String,int)
6  User 类中的所有变量：
7  private java.lang.String com.example4_19.User.name
8  private int com.example4_19.User.age
9  User 类中的所有成员方法：
10 public java.lang.String com.example4_19.User.getName()
11 public void com.example4_19.User.setName(java.lang.String)
12 public void com.example4_19.User.showInfo()
13 public int com.example4_19.User.getAge()
14 public void com.example4_19.User.setAge(int)
```

4.9.2 使用反射创建类的对象

使用反射创建类的对象

通过反射获得类的 Class 类对象之后，可以获取到类的构造方法。Class 类对象可以通过这些构造方法创建类的对象，使用 Class 类提供的 newInstance()方法实例化对象。当然也可以通过 Class 类对象调用类中的成员方法，使用其成员变量。

【例 4-22】通过反射创建类的对象。

```
1  public class ReflectionDemo {
2      public static void main(String[] args) throws Exception {
3          // 获得User类的Class类对象
4          Class c1 = User.class;
5          // 获得空参数构造方法
6          Constructor constructor1 = c1.getDeclaredConstructor();
7          // 获得两个参数的构造方法
8          Constructor constructor2 = c1.getDeclaredConstructor(String.
9          class,int.class);
10         // 通过空参数构造方法实例化对象
11         User user1 = (User)constructor1.newInstance();
12         user1.showInfo();
13         // 通过两个参数的构造方法实例化对象
14         User user2 = (User)constructor2.newInstance("tom",23);
15         user2.showInfo();
16     }
17 }
```

运行结果如下：

```
1  用户名字：null,年龄：0
2  用户名字：tom,年龄：23
```

【例 4-22】中，user1 是通过空参数构造方法创建的对象，成员变量的值为默认值；user2 是通过两个参数的构造方法创建的对象，成员变量已经进行类赋值。

本章小结

本章重点介绍了 Java 类的 3 个特性以及抽象类和接口的使用方法，同时介绍了新关键字的使用方式。这些知识点是 Java 的基础知识点，需要读者通过编程认真理解其中含义。内部类、匿名类、lambda 表达式以及反射属于 Java 的高级知识点，本章仅进行简单讲解，但这部分知识在后续的框架式程序开发中将大量使用，读者可以通过其他资料深入学习。

习题

一、单选题

1. 以下关于继承的叙述正确的是（　　）。
   A. 在 Java 中类只允许单一继承
   B. 在 Java 中一个类只能实现一个接口
   C. 在 Java 中一个类不能同时继承一个类和实现一个接口
   D. 在 Java 中接口只允许单一继承
2. 下面说法不正确的是（　　）。
   A. 一个子类的对象可以接收父类对象能接收的消息
   B. 当子类对象和父类对象能接收同样的消息时，它们针对消息产生的行为可能不同
   C. 父类比子类的方法更多
   D. 子类在构造方法中可以使用 super()来调用父类的构造方法
3. 在使用 super 和 this 关键字时，以下描述正确的是（　　）。
   A. 在子类构造方法中使用 super 显示调用父类的构造方法，super();必须写在子类构造方法的第一行，否则编译不通过
   B. this 和 super 可以同时出现在一个构造方法中
   C. super 和 this 不一定要放在构造方法内第一行
   D. this 和 super 可以在 static 环境中使用，包括 static 方法和 static 语句块
4. 以下对重载描述错误的是（　　）。
   A. 方法重载只能发生在一个类的内部
   B. 构造方法不能重载
   C. 重载要求方法名相同，参数列表不同
   D. 方法的返回值类型不是区分方法重载的条件
5. 下面程序的运行结果为（　　）。

```
1   class A {
2    double f(double x, double y) {
3     return x * y;
4    }
5   }
6   class B extends A {
7    double f(double x, double y) {
```

```
8      return x + y;
9     }
10   }
11   public class Test {
12    public static void main(String args[]) {
13     A obj = new B();
14     System.out.println(obj.f(4, 6));
15    }
16   }
```

A. 10.0　　B. 24.0　　C. 2.0　　D. 11.0

6. 下列关于抽象类的说法错误的是（　　）。

A. 含抽象方法的类为抽象类

B. 抽象类能创建 new 对象

C. 子类有未实现父类的抽象方法时仍为抽象类

D. 子类实现所有抽象方法时不再是抽象类

7. 在 Java 中，能实现多重继承效果的方式是（　　）。

A. 接口　　B. 继承　　C. 内部类　　D. 适配器

8. 下面程序的运行结果为（　　）。

```
1  interface A {
2  }
3  class C {
4  }
5  class D extends C {
6  }
7  class B extends D implements A {
8  }
9  public class Test {
10   public static void main(String[] args) {
11     B b = new B();
12     if (b instanceof A)
13       System.out.println("b is an instance of A");
14     if (b instanceof C)
15       System.out.println("b is an instance of C");
16   }
17 }
```

A. 没有输出

B. b is an instance of A

C. b is an instance of C

D. 输出 b is an instance of A，然后是 b is an instance of C

9. 下面不是对象多态性体现的是（　　）。

A. 方法的重载　　B. 方法的继承

C. 方法的覆盖　　D. 对象的向上、向下转型

10. 下面程序的运行结果为（　　）。

```
1  public class Test {
2    public static void main(String[] args) {
3      new Person().printPerson();
4      new Student().printPerson();
```

```
5     }
6   }
7   class Student extends Person {
8     private String getInfo() {
9       return "Student";
10    }
11  }
12  class Person {
13    private String getInfo() {
14      return "Person";
15    }
16    public void printPerson() {
17      System.out.println(getInfo());
18    }
19  }
```

A. Person Person　　B. Person Student　　C. Stduent Student　　D. Student Person

二、编程题

1. 编写一个 Java 程序，用于计算圆形的面积和周长、圆柱的表面积和体积。定义父类 Circle 和子类 Cylinder，具体要求如下。

编写类 Circle 表示圆形，包含成员变量半径、圆周率，设计一个空参数构造方法和一个为半径赋值的构造方法，为成员变量提供对应的 getter()和 setter()方法，一个用于计算圆形面积，一个用于计算圆形周长，重写默认的 toString()方法用于输出圆形的面积和周长。编写类 Cylinder 继承类 Circle，成员变量为圆柱的高度，提供为半径和高度赋值的构造方法，为成员变量提供对应的 getter()和 setter()方法，设计方法用于计算圆柱的体积，重写父类中计算面积的方法以实现圆柱表面积的计算，重写父类的 toString()方法用于输出圆柱的表面积和体积。

2. 定义 3 个类，抽象父类 GeometricObject 代表几何形状，子类 Circle 代表圆形，子类 Rectangle 代表矩形。父类 GeometricObject 的成员变量（颜色和名称）设置为私有类型，提供公共的 getter()和 setter()方法，即提供为成员变量赋值的构造方法，设计一个抽象方法 findArea()用于计算几何形状的面积；子类 Circle 的成员变量（半径）设置为私有类型，提供公共的 getter()和 setter()方法，即提供构造方法为成员变量赋值，实现父类的 findArea()方法用于计算圆形面积；子类 Rectangle 的成员变量（高度和宽度）设置为私有类型，提供公共的 getter()和 setter()方法，即提供构造方法为成员变量赋值，实现父类的 findArea()方法用于计算矩形面积。程序设计完成，采用多态的方式为父类 GeometricObject 分别赋值圆形和矩形对象，调用 findArea()方法分别计算两种图形的面积。

3. 定义接口 Shape，定义一个用于计算图形周长的方法 length()。设计 3 个类：三角形类 Triangle、长方形类 Rectangle、圆形类 Circle，实现接口的 Shape()方法。定义测试类 ShapeTest，利用多态特性将各种图形对象赋值给 Shape 类型变量，输出各种图形的周长，并为其他的 Shape 接口实现类提供良好的可扩展性。为程序提供输入功能，输入的数据存入数组中，当输入数据为 1 个、2 个、3 个时分别表示计算圆形、长方形和三角形的周长。

4. 定义一个接口 Shap，抽象方法 calculateArea()用于计算图形的面积，showArea()用于输出图形面积信息。定义圆形类 Circle 实现 Shap 接口，成员变量有半径 radio 和名称 name，提供必要的构造方法并实现接口方法；定义矩形类 Rectangle 实现 Shape 接口，成员变量有长 length、高度 hight 和名称 name，提供必要的构造方法并实现接口方法。定义类 UserShape 用于计算圆形和矩形的面积，类中方法 public void getShapeArea(Class clazz)可以根据传入的 Class 类通过反射的方式，创建 Circle 对象或者 Rectangle 对象，显示计算结果。

上机实验

1. 设计一个学生类Student和它的子类本科生类Undergraduate。要求如下。

（1）Student类有姓名name和年龄age两个成员变量，两者的访问权限为protected；一个包含两个参数的构造方法，用于给name和age赋值；一个show()方法用于输出Student类对象的信息，输出格式为Student[name=XXX,age=XX]。

（2）Undergraduate类增加一个专业major变量，该变量的访问权限为private；有一个包含3个参数的构造方法，前两个参数用于给继承的年龄和姓名变量赋值，第三个参数用于给专业变量赋值；一个show()方法用于输出Undergraduate类对象的信息，输出格式为Undergraduate[name=XXX,age=XXX,major=XXX]。

2. 利用接口参数，写个计算器程序，能完成加减乘除运算。

（1）定义一个接口ICompute，含有一个方法int compute(int n, int m)。

（2）定义Add类实现接口ICompute，实现compute()方法，求m、n之和。

（3）定义Sub类实现接口ICompute，实现compute()方法，求n、m之差。

（4）定义Main类，在里面输入两个整数a、b，利用Add类和Sub类的compute()方法，求第一个数a和第二个数b之和，输出和，第一个数a和第二个数b之差，输出差。

3. 编写一个简易的快递计价程序。

（1）抽象快递类Express，其包含一个变量weight（类型的int）表示快递质量（单位为kg），一个方法getWeight()用于返回快递重量，一个抽象方法getTotal()用于计算快递运费。

（2）两个类继承Express，分别是：顺路快递SLExpress，计价规则为首重（1kg）12元，每增加1kg费用加2元；地地快递DDExpress，计价规则为首重（1kg）5元，每增加1kg费用加1元。

（3）定义Main类，接收用户输入的多行信息，自动计算所有快递的运费总和。

第5章 异常

异常（exception）指的是在程序代码运行的过程中，中断程序继续运行的错误信息。异常也可以理解为在程序代码运行的过程中的一个错误。在程序设计的过程中，从思考、设计到编写，再进行编译、运行，这整个流程不可避免地会因为考虑不周而产生一些错误。通常情况下，在没有异常处理机制的程序设计语言中，需要进行手动检查和处理错误，但是这种处理方法效率极低，同时有些错误则是程序设计者无法预料的，这就需要一种智能的方法来处理这些错误。Java 中提供的异常处理机制避免了这个问题，而且在处理过程中，把运行时错误的管理带到了面向对象的“世界”。本章介绍 Java 的异常处理机制，并介绍如何实现自定义的异常处理。

5.1 异常的含义和分类

异常的含义和分类

异常是 Java 中的一个重要概念，在 Java 中，“异常”一词常指系统发生故障或程序运行出现错误时产生的错误。在系统发生故障时，计算机系统需要对程序进行调试、检查和维护。这种在程序运行期间所产生的错误被称为异常。可以将异常分为两种：静态异常和动态异常。静态异常通常是程序在运行期间发现的错误，这种情况下往往并不需要进行调试就能发现，但如果程序需要在某一段时间内对某个部分进行测试、修改或者重新编写，则可能会遇到动态异常。动态异常则是由于用户或系统操作引起的故障，这种情况下可能不需要进行调试就能发现，但它可能会导致系统不能正常运行。因此在 Java 中，使用“自动”或“手动”来定义和分析这些异常是很有必要的。

异常是描述在代码段中出错情况的对象，例如程序运算的错误、程序语法的错误、文件不存在等。当异常发生时，一个代表该异常的对象被创建并且在导致该异常的方法中被引发（throw）。该方法可以选择自己处理或传递该异常。在以下两种情况下，该异常被捕获（caught）并处理：异常可能是 Java 运行时系统产生的，或者是由代码产生的。被 Java 引发的异常与违反语言规范或超出 Java 执行环境限制的基本错误有关。代码产生的异常基本上用于报告方法调用程序的出错状况。常见的错误情形有：运行“打开文件”程序时文件找不到或不存在；数学运算中除数为 0；获取用户输入的数字时用户输入的并非数字；存取数组时数组的索引值超出范围或者索引值是负数等。

Java 中的异常有 5 个关键字：try、catch、throw、throws 和 finally。在 Java 程序中可以通过声明一个 try 块来达到监控异常的目的。当在 try 块中出现异常时，异常会被抛出。Java 代码可以捕获这个异常，并且用某种合理的方法处理该异常。系统产生的异常被 Java 运行时系统自动引发。若要手动引发一个异常，则需要使用关键字 throw。所有被引发方法的异常都必须通过 throws 子句定义。在方法返回之前，所有的代码都会被放在 finally 块中。异常处理块的基本语法格式如下：

```
1  try {
2  // 监视有可能出现异常的代码块
3   }
4  catch (异常类型 1 异常类型 1 的对象) {
5  // 捕获异常类型 1 时处理异常的代码块
6   }
7  catch (异常类型 2 异常类型 2 的对象) {
8  // 捕获异常类型 2 时处理异常的代码块
9  }
10 // ……
11 finally {
12 //try 块结束之前，必须执行的代码块
13  }
```

如图 5-1 所示，Java 所有的异常类都属于 Throwable 类，Throwable 类的子类分别是 Error 和 Exception。

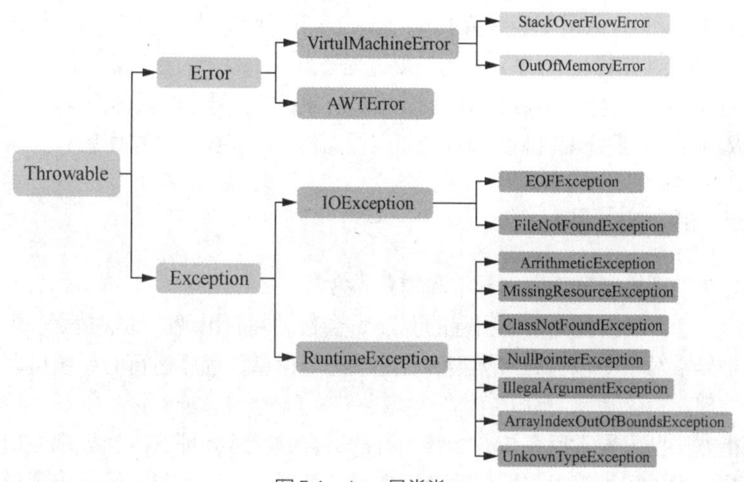

图 5-1 Java 异常类

5.1.1 Error 类

Throwable 类的 Error 子类用于描述 Java 运行时系统中的内部错误和资源耗尽错误，这两种错误是程序自身无法处理的严重错误。这两种错误大多与程序员编写的代码执行操作无关，例如执行代码时的 JVM 问题。类似的错误在应用程序的控制和处理之外，是不可查的。然而对于合理的 Java 应用程序来说，即便发生了错误也不能试图去处理它所引起的异常状况，因为错误往往是硬件或者系统的问题，这些问题是不能通过修改代码逻辑来解决的。

5.1.2 Exception 类

Java 中定义类很多 Exception（异常）类，每个 Exception 类表示一种运行错误，包含执行程序发生错误的信息和处理错误的方法等内容。也就是说，Java 将程序运行时发生的常见错误抽象地定义为类，当发生某种错误时就对应地创建这种错误的异常对象，对象中包含错误的信息和处理错误的方法。这是 Java 特有的错误处理机制。有了 Exception 类，程序可以自动报出错误的内容，方便开发人员纠正代码错误。

异常分为运行时异常（RuntimeException）和编译异常（运行时异常之外的异常）。

运行时异常，编译器无法检查出来，一般指的是编程中的逻辑错误，是编程人员要避免的异常，一般只有程序运行时才能发现错误。例如，程序中将除数赋值为 0，只有程序运行时才会发现错误，代码编译时是无法检查出来的。RuntimeException 类及其子类都属于运行时异常，例如算数异常、数组索引越界、类型转换异常等。只要在程序运行过程中才能发现的错误，都属于运行时异常。对于运行时异常，可以不做处理。这类异常比较常见，都处理会影响代码的可读性和执行效率。

编译异常，运行时异常以外的异常都称为编译异常，这种异常是必须处理的，例如使用 IDEA 编写代码时，编码工具会以红色标记提示开发人员存在编译异常，要求必须处理此类异常。编译异常，一般是外部错误，发生在编译阶段。比如在程序中试图打开某个文件，进行数据库连接时，可能访问的文件不存在、访问的数据库连接错误等。此时要求必须处理这些编译异常。

5.2 异常处理机制

代码逻辑错误可能是设计人员不经意留下的，Java 专门设计多种异常类帮助设计人员发现程序中存在的常见错误。程序异常的发现过程是由 Java 的底层逻辑设定好的。发现异常后，Java 编译器会创建某个对应的异常类对象，并将异常的具体内容显示到开发环境的控制台。异常处理机制的设计，可以提高程序员查找问题的效率。

异常处理机制

5.2.1 异常处理的过程

Java 程序中异常处理机制分为抛出异常和捕获异常。

抛出异常是由一个方法出现异常而引起的。Java 会自动判断出现的异常是哪一个，并自动创建这个异常对象，这个异常对象中包含异常类型和程序状态等信息。程序运行时系统可以寻找处理异常的对应代码并进行处理。

捕获异常是指方法抛出异常后系统开始转为寻找适合的异常处理器。当异常处理器能处理的异常类型与方法抛出的异常类型相符时，即称为合适的异常处理器。运行时系统从出现异常的方法开始回查调用栈中的方法，直至找到含有合适异常处理器的方法并执行。当运行时系统遍历调用栈，未找到合适的异常处理器时，运行时系统终止，同时 Java 程序执行终止。

Java 对各类异常处理的方式有所不同，鉴于运行时异常的不可查特性，Java 规定运行时异常由系统自动抛出，同时允许程序忽略运行时异常；对于 Error，当运行方法不捕捉时，Java 允许该方法不抛出任何声明。之所以这样，是因为多数 Error 属于永远能被允许发生的状况，也属于合理的程序不该捕捉的异常。可查异常必须捕捉或声明抛出方法之外。当一个方法选择不捕捉可查异常时，它必须声明将可查异常抛出。

能捕获异常的方法需要提供符合类型的异常处理器。一个方法能捕捉的异常一定在 Java 代码某处被抛出。总而言之，异常总是先抛出后捕捉。任何 Java 代码都可以抛出异常，可以是程序员自己编写的代码，也可以是来自 Java 开发环境包中的代码。Java 利用 throw 语句抛出异常。异常捕获是通过 try-catch 语句或者 try-catch-finally 语句完成的。

抛出异常的两种方法分别是使用 throws 语句或 throw 语句。throws 语句被用在声明方法时，用于指定方法可能抛出的异常，多个异常可使用逗号分隔。throws 语句将异常抛给上一级。如果不想处理该异常，可以继续向上抛出，但最终要有能够处理该异常的代码。throw 语句用在方法体中或者用来抛出用户自定义的异常，并且抛出一个异常对象，程序在执行到 throw 语句时立即停止。要捕获 throw 抛出的异常必须使用 try-catch 语句或者 try-catch-finally 语句。

5.2.2 try-catch 语句

Java 中异常通过 try-catch 语句捕获。其一般语法形式为：

```
1  try {
2      // 可能会出现异常的程序代码
3  } catch (Type1 id1){
4      // 捕获并处置 try 抛出的异常类型 Type1
5  }
6  catch (Type2 id2){
7      //捕获并处置 try 抛出的异常类型 Type2
8  }
```

try 后的花括号将可能出现异常的一块代码“包”起来，“包”起来的区域被称为监控区域。Java 方法在运行过程中出现异常则创建异常对象，并将异常抛出监控区域，由 Java 运行时系统寻找匹配的 catch 块以捕获异常。如果有匹配的 catch 块，则运行其异常处理代码，try-catch 语句结束。匹配原则是，如果抛出的异常对象属于 catch 块的异常类，或者属于该异常类的子类，则认为生成的异常对象与 catch 块捕获的异常类型相匹配。注意 try 块中定义的变量是局部变量，即在 try 块之外无法使用在其内部定义的变量。

【例 5-1】捕捉 throw 语句抛出的“除数为 0”的异常。

```
1  class ExceptionTest {
2      public static void main(String[] args) {
3          int a = 886;
4          int b = 0;
5          try { // 异常 try 监控区域
6              if (b == 0)
7              throw new ArithmeticException(); // 通过 throw 语句抛出异常
8              System.out.println("a/b= " + a / b);
9          }
10         catch (ArithmeticException e) { // 通过 catch 块捕获异常
11             System.out.println("Java 程序出现异常，变量 b 不能为 0，除数不能为 0");
12         }
13         System.out.println("Java 程序正常结束！ ");
14     }
15 }
```

运行结果如下：

```
1  Java 程序出现异常，变量 b 不能为 0，除数不能为 0
2  Java 程序正常结束！
```

在上面的程序中，当“除数为 0”的条件成立时便会引发 ArithmeticException 并创建 ArithmeticException 对象，然后由 throw 语句将异常抛给 Java 运行时系统，系统寻找匹配的 catch 块并运行相应异常处理代码，输出异常提示信息。

【例 5-2】程序可能存在除数为 0 异常或数组索引越界异常。

```
1  class ExceptionTest1 {
2      public static void main(String[] args) {
3          int[] Array1 = new int[4];
4          try {
5              for (int i = 0; i <= Array1.length; i++) {
```

```
6                    Array1[i] = i;
7                    System.out.println("Array1[" + i + "] = " + Array1[i]);
8                    System.out.println(" Array1[" + i + "] " + (i - 2) + "的值为: "+
9   Array1[i] % (i - 2));
10              }
11          } catch (ArrayIndexOutOfBoundsException e) {
12              System.out.println(" Array1 的数组索引越界异常。");
13          } catch (ArithmeticException e) {
14              System.out.println("除数为 0 异常。");
15          }
16          System.out.println("程序正常结束! ");
17      }
18  }
```

运行结果如下：

```
1   Array1[0]= 0
2   Array1[0]-2 的值为: 0
3   Array1[1]= 1
4   Array1[1]-1 的值为: 0
5   Array1[2]= 2
6   除数为 0 异常。
7   程序正常结束!
```

需要注意的是，当 catch 捕获到匹配的异常类型，将进入异常处理代码。一旦处理结束，就意味着整个 try-catch 语句结束，其他的 catch 块不再有匹配和捕获异常类型的机会。

5.2.3 try-catch-finally 语句

try-catch 语句还可以包括 finally 块，finally 块表示无论是否出现异常都应执行内容。在 finally 块中，代码是无论如何都会执行的，即使在之前的代码中出现 return 关键字 finally 块中的也是会执行的。当程序中某些代码无论如何都要执行时，可以将相关代码写在 finally 块中，例如输入流和输出流使用完成之后必须关闭，可以将代码写在 finally 块中。

try-catch-finally 语句的一般语法形式为：

```
1   try {
2       // 可能会出现异常的程序代码
3   } catch (Type1 id1) {
4       // 捕获并处理 try 抛出的异常类型 Type1
5   } catch (Type2 id2) {
6       // 捕获并处理 try 抛出的异常类型 Type2
7   } finally {
8       // 无论是否出现异常，都将执行的语句
9   }
```

【例 5-3】带 finally 块的异常处理程序。

```
1   class ExceptionTest3 {
2       public static void main(String args[]) {
3           int i = 0;
4           String greetings[] = { " Hello Tom !", " Hello Jack !! "," HELLO Lily !!!" };
5           while (i < 4) {
```

```
6              try {
7                  // 特别注意循环控制变量 i 的设计，避免造成无限循环
8                  System.out.println(greetings[i++]);
9              } catch (ArrayIndexOutOfBoundsException e) {
10                 System.out.println("数组索引越界异常");
11             } finally {
12                 System.out.println("--------------------------");
13             }
14         }
15     }
16 }
```

运行结果如下：

```
1  Hello Tom !
2  ------------------------
3  Hello Jack !!
4  ------------------------
5  HELLO Lily !!!
6  ------------------------
7  数组索引越界异常
```

try 块用于捕获异常，它后面可以接零个或多个 catch 块。若没有 catch 块，则须接一个 finally 块。catch 块用于处理 try 捕获到的异常。无论是否捕获或处理异常，finally 块中的语句都会执行。需要强调的是，当 try 块或 catch 块中遇到 return 语句时，finally 块中的语句将在方法返回之前被执行。在以下 4 种情况下 finally 块中的语句不会被执行。

- 在 finally 块中发生了异常。
- 在前面的代码中使用 System.exit();退出程序。
- 程序所在的线程“死亡”。
- 关闭 CPU。

try-catch-finally 语句的语法规则主要包括以下 6 点。

- try 块后面必须添加 catch 块或 finally 块，它也可以同时添加 catch 块和 finally 块，但是至少得有一个块。
- 异常处理必须遵循块顺序，如果同时使用 catch 块和 finally 块，那么必须将 catch 块放在 try 块之后。
- catch 块要注明捕获的异常类型。
- 一个 try 块可能有多个 catch 块。
- 可嵌套 try-catch-finally 结构。
- 在 try-catch-finally 结构中，可重新抛出异常。

try 块、catch 块、finally 块的执行顺序的相关介绍如下。

- 当 try 没有捕获到异常时：try 块中的语句被依次执行，程序将跳过 catch 块，执行 finally 块和其后的语句。
- 当 try 捕获到异常，而 catch 块里没有处理此异常的情况：此异常将会被抛给 JVM 处理，finally 块里的语句还是会执行，但 finally 块后的语句不会执行。
- 当 try 捕获到异常，catch 块里有处理此异常的情况：程序跳到 catch 块，并与 catch 块逐一匹配，找到对应的处理程序，其他 catch 块中的语句不会被执行，try 块中出现异常之后的语句也不会被执行；catch 块中的语句执行完后，执行 finally 块里的语句，最后执行 finally 块后的语句。

5.2.4 自定义异常

对于编程时出现的大部分异常情况，Java 内置的异常类可以处理；在其他特定情况下的异常情况、异常事件，Java 提供了自定义异常类。用户自定义的异常类只需要继承 Exception 类便可使用。自定义异常类主要包括创建自定义异常、抛出自定义异常、捕获自定义异常、处理自定义异常 4 个步骤。创建自定义异常类一般会选择继承 Exception 类和 RuntimeException 类，如果不要求调用者一定要处理抛出的异常，就继承 RuntimeException 类。抛出自定义异常通过 throw 语句抛出异常对象。如果在当前抛出异常的方法中处理异常，可以使用 try-catch 语句捕获异常并处理，也可以选择在方法的声明处通过 throws 语句指明要抛出的异常类型 ，此时，异常将由方法的调用者进行处理。

自定义异常类的创建方法如下所示：

```
1  class MyException extends Exception { // 创建自定义异常类
2      String message; // 定义 String 类型变量
3      public MyException(String ErrorMessagr) { // 父类的方法
4          message = ErrorMessagr;
5      }
6      public String getMessage() { // 覆盖 getMessage()方法
7          return message;
8      }
9  }
```

5.3 异常的抛出方式

程序出现异常除了可以在运行时抛出，也可以由程序员使用 throw 及 throws 语句手动抛出。Java 抛出异常可以是自定义异常，也可以是 Java 自带的异常。

异常的抛出方式

5.3.1 使用 throws 抛出异常

throws 子句用来抛出那些没有能力自己抛出的异常。例如汽车抛锚时，汽车自身没有修理故障的能力，那就必须由汽车驾驶员或维修员来处理。

throws 语句用在方法后面，声明该方法要抛出的异常。如果抛出的是 Exception，表示抛出 Exception 包含的所有子类异常，多个异常可使用逗号分隔。throws 语句的语法格式为：

```
1  methodname throws Exception1,Exception2,...,ExceptionN
2  {
3  }
```

方法名后的 throws Exception1,Exception2,...,Exception*N* 为声明要抛出的异常列表。

【例 5-4】 throws 抛出异常。

```
1  public class TestException6 {
2      static void pop() throws NegativeArraySizeException {
3          // 定义方法并抛出 NegativeArraySizeException
4          int[] arr = new int[-5]; // 创建数组，数组内部为-5 时会出现异常
5      }
6      public static void main(String[] args) {
7          try { // try-catch 语句捕获并处理异常
```

```
8              pop(); // 调用pop()方法
9          } catch (NegativeArraySizeException e) {
10     System.out.println("pop()方法抛出的异常，创建数组错误");// 输出异常信息
11         }
12     }
13 }
```

运行结果如下：

```
pop()方法抛出的异常，创建数组错误
```

使用 throws 将异常抛给调用者后，若调用者不想处理这个异常可继续向上抛出，但无论如何都要有能处理这个异常的调用者。throws 抛出异常的规则如下。

- 如果是不可查异常 Error、RuntimeException 或它们的子类，则可以不用 throws 来声明要抛出的异常。如此，程序编译能通过但在运行时异常会被系统抛出。
- 必须声明方法可抛出的任何可查异常。若一个方法可能出现可查异常，就需要利用 try-catch 语句捕获或用 throws 子句声明将异常抛出，否则会导致编译错误。
- 当抛出了异常，该方法的调用者必须处理或者向上抛出该异常。当方法的调用者无力处理该异常的时候，应该向上抛出。
- 调用方法必须遵循任何可查异常的处理和声明规则。若覆盖一个方法，则不能声明与覆盖方法不同的异常。声明的任何异常必须是被覆盖方法所声明异常的同类或子类。

5.3.2 使用 throw 抛出异常

throw 在方法中用于抛出 Throwable 异常，程序会在 throw 语句执行后立即终止，然后在包含它的所有 try 块中从里向外寻找含有与其匹配的 catch 块的 try 块。创建异常类的对象通过 throw 语句抛出，本质就是由设计者创建一个异常类对象，然后抛出这个对象，语法格式为：

```
throw new exceptionname();
```

需要强调的一点是：throw 抛出的只能是可抛出 Throwable 类或者其子类的对象。下面的操作是错误的：

```
throw new String("exception");
```

这是因为 String 不是 Throwable 类的子类。

若所有的方法都通过层层上抛获取异常，最终 JVM 会输出异常消息和堆栈信息。若抛出的是 Error 或 RuntimeException，则该方法的调用者可选择处理异常。

【例 5-5】使用 throw 抛出异常。

```
1  import java.lang.Exception;
2  public class TestExceptionThrow1 {
3  static int quotient(int x, int y) throws MyException { // 定义方法抛出异常
4          if (y < 0) { // 判断参数是否小于0
5              throw new MyException("注意除数不能是负数"); // 异常信息
6          }
7          return x / y; // 返回值
8      }
9      public static void main(String args[]) {
10         int a = 5;
11         int b = 0;
```

```
12          try { // try语句包含可能出现异常的语句
13              int result = quotient(a, b); // 调用方法quotient()
14          } catch (MyException e) { // 处理自定义异常
15              System.out.println(e.getMessage()); // 输出异常信息
16          } catch (ArithmeticException e) { // 处理ArithmeticException
17              System.out.println("除数不能为0! "); // 输出提示信息
18          } catch (Exception e) { // 处理其他异常
19              System.out.println("程序发生了其他的异常! "); // 输出提示信息
20          }
21      }
22  }
23
24  class MyException extends Exception { // 创建自定义异常类
25      String message; // 定义String类型变量
26      public MyException(String ErrorMessagr) { // 父类的方法
27          message = ErrorMessagr;
28      }
29      public String getMessage() { // 覆盖getMessage()方法
30          return message;
31      }
32  }
```

运行结果如下：

```
除数不能为0!
```

注意

throw 语句后面不能再跟其他代码块，否则编译不能通过。finally 块中如果有 return 语句，会覆盖 catch 块里的 throw 语句；同样，如果 finally 块中有 throw 语句，会覆盖 catch 块里的 return 语句。

5.4 常见异常

Java 提供了一些异常来描述经常发生的错误。对于这些异常，有的需要程序员进行捕获处理或声明抛出，有的由 JVM 自动进行捕获处理。

常见异常

RuntimeException 异常举例如下。

- java.lang.ArrayIndexOutOfBoundsException：数组索引越界异常，当数组的索引值为负数或大于等于数组大小时抛出。
- java.lang.ArithmeticException：算术条件异常，如除数为 0 等。
- java.lang.NullPointerException：空指针异常，当对象未通过 new 创建时，使用这个对象就会抛出该异常。譬如调用 null 对象的方法、访问 null 对象的变量、计算 null 对象的长度、使用 throw 语句抛出 null 等。
- java.lang.ClassNotFoundException：找不到类异常，当程序要使用的类不存在时，抛出该异常。

IOException 异常举例如下。

- IOException：操作输入流和输出流时可能出现的异常。

- EOFException：文件已结束异常。
- FileNotFoundException：文件未找到异常。

其他异常举例如下。

- ClassCastException：类型转换异常类。
- ArrayStoreException：数组中包含不兼容的值抛出的异常。
- SQLException：操作数据库异常类。
- NoSuchFieldException：字段未找到异常。
- NoSuchMethodException：方法未找到抛出的异常。
- NumberFormatException：字符串转换为数字抛出的异常。
- StringIndexOutOfBoundsException：字符串索引超出范围抛出的异常。
- IllegalAccessException：不允许访问某类异常。
- InstantiationException：当应用程序试图使用Class类中的newInstance()方法创建一个类的对象，而指定的类对象无法被实例化时，抛出该异常。

5.5 综合应用

Java支持的异常处理使它能在程序运行期间发生错误时自动抛出异常对象。Java异常处理可以有效解决程序运行期间可能发生的错误，这对程序设计者来说是必备的技能。

设计一个范例，允许用户重复输入数字，连续累加6个数字，每累加一次就将结果输出一次。若输入的数据不是数值型数据，则抛出异常；当输入的数字总数超过6，则交由finally块进行处理并终止程序。

【例5-6】异常综合应用。

```
1   import java.io.*;
2   public class ExceptionCase {
3       static int countN = 1;
4       static int sum1 = 0;
5       public static void main(String args[]) throws IOException {
6           while (true) {// 无限循环
7               int value;
8               try {
9   BufferedReader buf = new BufferedReader(newInputStreamReader(System.in));
10              System.out.println("请输入要进行求和的第" + countN + "个数字!");
11                  value = Integer.parseInt(buf.readLine());
12                  sum1 += value;
13                  System.out.println("目前的总数为: " + sum1);
14                  ++countN;
15              }
16              // 异常catch块
17              catch (NumberFormatException Object) {
18                  System.out.println("请输入整数，否则不进行计算! ! ");
19              }
20              // 异常：finally块
21              finally {
22                  // 循环中断控制
23                  if (countN > 6) {
```

```
24                  System.out.println("已累计计算了 6 个数字的和，程序正常结束！");
25                      break;
26                  }
27              }
28          }
29      }
30  }
```

运行结果如下：

```
1  请输入要进行求和的第 1 个数字！
2  1
3  目前的总数为：1
4  请输入要进行求和的第 2 个数字！
5  2
6  目前的总数为：3
7  请输入要进行求和的第 3 个数字！
8  3
9  目前的总数为：6
10 请输入要进行求和的第 4 个数字！
11 4
12 目前的总数为：10
13 请输入要进行求和的第 5 个数字！
14 5
15 目前的总数为：15
16 请输入要进行求和的第 6 个数字！
17 6
18 目前的总数为：21
19 已累计计算了 6 个数字的和，程序正常结束！
```

本章小结

本章重点介绍了异常处理的原理、异常的分类、异常的处理方式、异常的抛出方式和常见异常。在学习的过程中要理解异常处理的原理，掌握异常处理的代码结构，了解常见的几种异常，掌握自定义异常的方法。在程序设计的过程中，经常会遇到异常，要理解抛出的异常信息，通过异常找到代码中发生错误的位置，并修正代码逻辑。

习题

一、选择题

1. 在 Java 中，异常是通过什么机制来处理的？（　　）

   A. 条件语句　　B. 循环语句　　C. 异常处理语句　　D. 跳转语句

2. Java 中的异常处理语句使用什么关键字来定义？（　　）

   A. try　　B. catch　　C. finally　　D. throw

3. 在 Java 中，哪个关键字用于抛出一个异常？（　　）

   A. try　　B. catch　　C. finally　　D. throw

4. 在 Java 中，异常处理中的 catch 块有什么作用？（　　）
   A. 捕获并处理异常　B. 抛出异常　C. 执行一段代码　D. 终止程序的执行
5. Java 中的异常分为哪两种类型？（　　）
   A. 受检异常和非受检异常　B. 运行时异常和非运行时异常
   C. 编译时异常和运行时异常　D. 异常和错误
6. 在 Java 中，受检异常是指什么类型的异常？（　　）
   A. 运行时异常　B. 非运行时异常　C. 编译时异常　D. 错误
7. 在 Java 中，RuntimeException 属于哪种类型的异常？（　　）
   A. 运行时异常　B. 非运行时异常　C. 编译时异常　D. 错误
8. 在 Java 中，finally 块的作用是什么？（　　）
   A. 捕获并处理异常　B. 抛出异常
   C. 执行一段代码　D. 无论是否出现异常都会执行的代码块
9. 在 Java 中，异常类继承自哪个类？（　　）
   A. Object 类　B. Exception 类
   C. Throwable 类　D. RuntimeException 类
10. 在 Java 中，异常处理机制的目的是什么？（　　）
   A. 终止程序的执行　B. 提升程序的健壮性和容错性
   C. 加快程序的执行速度　D. 减少内存的占用

二、编程题

编写一个员工类，成员变量包括编号、姓名、年龄、工资、身份证号码、员工人数、员工工资总额。构造方法 1：设置编号、年龄、姓名，如果年龄小于 18，抛出年龄低的异常；如果年龄大于 60，抛出年龄高的异常；如果姓名为 null 或为空字符串，抛出空异常。构造方法 2：设置工资、身份证号码，如果工资低于 600，抛出工资低异常。成员方法如下。

（1）增加工资 addSalary(double addSalary)，抛出工资高异常。当增加后的工资大于员工工资总额时，抛出此异常。

（2）减少工资 minusSalary(double minusSalary)，抛出工资低异常。当减少后的工资低于政府要求的最低工资时，抛出此异常。

（3）显示员工工资总额 showTotalSalary()，抛出空异常。当工资总额为 0 时，抛出此异常。

（4）显示员工人数 void showTotalEmployee()，抛出空异常。当员工人数为 0 时，抛出此异常。

上机实验

实现学生成绩管理系统的异常处理。

编写一个简单的学生成绩管理系统，要求实现以下功能：学生信息包括学号、姓名和成绩，可以添加学生信息，每个学生只能添加一次，如果添加了重复的学生信息，抛出一个自定义异常；可以根据学号查询学生信息，并显示学生的姓名和成绩，如果查询的学号不存在，抛出另一个自定义异常。

具体要求：创建一个名为“Student”的类，包含学号、姓名和成绩成员变量，以及相应的访问方法；创建一个名为“StudentNotFoundException”的自定义异常类，继承自 Exception 类；创建一个名为“DuplicateStudentException”的自定义异常类，继承自 Exception 类；创建一个名为“StudentManagementSystem”的类，包含一个学生信息列表的私有变量，并实现添加学生信息和查询学生信息的方法。

第6章 常用类库

章节概述

Java 提供了许多已经封装好的类供程序员使用，Java 8 中包含 4 000 多个基础类，这些类被分别放在各个包中，随 JDK 一同发布，被称为 Java 类库或 Java API。熟练掌握这些常用类的用法可以降低开发难度，提高开发效率。本章主要介绍 Java 的类库结构及在 Java 程序开发中常用类的用法，例如 String、Math 等。

6.1 Java 类库结构

Java 类库中有许多类，在程序设计时会用到各种不同的类。这些类一部分来自 Java 的基础类库，一部分来自第三方库。这些类拥有众多功能，通过调用类中预先设定好的方法，可以获得不同的功能。利用这些类库，程序员就可高效地开发出功能丰富的程序。

Java 类库结构

6.1.1 Java 类包

Java 以基础类库（Java Foundation Class，JFC）的形式为程序员提供应用程序接口（Application Program Interface，API），类库中的类按照用途不同分别存储在不同的包中。表 6-1 展示了 Java 中常见包的作用。

表 6-1 Java 中常见包的作用

包名	作用	备注
java.lang	java.lang 包是 Java 的核心类库，里面包含运行 Java 程序必不可少的系统类，例如基本数据类型、基本数学方法、字符串处理、线程、异常处理类等	程序不必使用 import 导入此包，就可以直接使用此包中的类
java.io	该包的类提供了语言的标准输入输出类库，例如基本输入输出流、文件输入输入流等	
java.util	该包提供时间、日期、随机数，以及列表、集合、哈希表和堆栈等创建复杂数据结构的类	比较常见的类有 Date、Timer、Random 和 LinkedList 等
java.util.zip	该包提供实现文件压缩功能	
java.lang.reflect	该包提供用于反射对象的工具	
java.awt.image	该包是处理和操作来自网上的图片的 Java 工具类库	
java.wat.peer	该包很少在程序中直接用到，可使同一个 Java 程序在不同的软硬件平台上运行	
java.net	该包是实现网络功能的类库，有 Socket 类、ServerSocket 类	

续表

包名	作用	备注
java.awt	该包的类提供图形界面的创建方法，包括构建 GUI 的类库、低级绘图操作 Graphics 类、图形界面组件和布局管理	界面用户交互控制和事件响应，如 Event 类
java.sql	该包是实现 JDBC 的类库，提供基本的访问和处理数据库操作的 APIs	
javax.sql	可以认为该包是 java.sql 包的扩展包，提供 JDBC 3.0 功能	
java.swing	该包提供 Java 代码实现的图形界面创建类	

6.1.2 Java 包和类层次结构

为了便于对硬盘上的文件进行管理，用户通常会将文件分目录存放。同理，在程序开发中，也需要将编码的类在项目中分目录存放，以便于文件管理。为此，Java 引入了包机制，程序可以通过声明包的方式对 Java 类分目录管理。

Java 中的包是专门用来存放目录的，通常，功能相同的类存放在同一个包中。包通过 package 关键字声明，需要注意的是，包的声明只能位于 Java 源文件的第一行。

在开发时，一个项目中可能会使用很多包，当一个包中的类需要调用另一个包中的类时，需要使用 import 关键字引入需要的类。使用 import 关键字可以在程序中导入某个指定包下的类，这样就不必在每次用到该类时都输入完整的类名，简化了代码。

需要注意的是，import 通常出现在 package 语句之后，类定义之前。如果需要用到一个包中的多个类，可以使用“import 包名.*;”导入该包下所有的类。

6.2 System 类

Java 提供的 System 类为系统类，可以用来与程序的运行平台进行交互。System 类代表当前 Java 程序的运行平台，程序不能创建 System 类的对象。System 类位于 JDK 的 java.lang 包中，System 类提供了大量与系统相关的方法的集合。

System 类

6.2.1 System 类的常用方法

System 类内部的方法全部都是静态的，System 类提供的较为常用方法如下。

（1）exit(int status)：退出当前 JVM，status 为 0 表示正常退出，非 0 表示异常退出。正常退出当前系统的代码如【例 6-1】所示。

【例 6-1】exit(int status)使用示例。

```
1  public class Example_6_01 {
2    public static void main(String[] args) {
3      System.exit(0);//退出系统
4    }
5  }
```

（2）currentTimeMillis()：返回以 ms 为单位的当前系统时间。计算 for 循环输出数字 1～100 所需要的时间（单位为 ms）如【例 6-2】所示。

【例 6-2】currentTimeMillis()使用示例。

```
1  public class Example_6_02 {
2      public static void main(String[] args) {
3          System.out.println(System.currentTimeMillis());
4          long start = System.currentTimeMillis();
5          for(int i=1;i<=100;i++) {
6          System.out.println(i);
7          }
8          long end = System.currentTimeMillis();
9          System.out.println("耗时："+(end-start)+"毫秒");
10     }
11 }
```

（3）getProperties()：获取当前系统的全部属性。使用示例如【例 6-3】所示。

【例 6-3】getProperties()使用示例。

```
1  import java.util.Properties;
2  public class Example_6_03 {
3      public static void main(String[]  args) {
4          Properties properties = System.getProperties();
5          System.out.println(properties.getProperty("java.vm.version"));
6      }
7  }
```

（4）getProperty(String key)，根据参数获取当前系统的全部属性。其中 String key 若为 java.version，则获取到的是当前 Java 版本，如【例 6-4】所示。

【例 6-4】getProperty(String key)使用示例。

```
1  public class Example_6_04 {
2      public static void main(String[] args) {
3          System.out.println("Java 版本"+System.getProperty("java.version"));
4      }
5  }
```

（5）setProperty(String Key,String value)：设置指定的系统属性。获取系统当前用户账户名后进行重新设置，如【例 6-5】所示。

【例 6-5】setProperty(String Key,String value)示例。

```
1  import java.lang.*;
2  import java.util.*;
3  public class Example_6_05 {
4      public static void main(String[] args) {
5          System.out.print("Previous user name :" + " ");
6          System.out.print(System.getProperty("user.name"));
7          System.clearProperty("user.name");
8          System.setProperty("user.name", "amber");
9          System.out.println();
10         System.out.print("New user name :" + " ");
11         System.out.print(System.getProperty("user.name"));
12     }
13 }
```

（6）arraycopy(Object src, int srcPos, Object dest, int destPos, int length)：将数组中指定的数据复制到另外一个数组的指定位置。使用示例如【例 6-6】所示。

【例 6-6】arraycopy(Object src, int srcPos, Object dest, int destPos, int length)示例。

```
1  public class Example_6_06 {
2      public static void main(String[] args) {
3          int[] array1 = {0, 1, 2, 3};
4          int[] array2 = new int[5];
5          System.arraycopy(array1, 0,array2, 1, 4);
6          for (Object i : array2) {
7              System.out.println(i);
8          }
9      }
10 }
```

6.2.2 控制台输出字符

System 类提供了分别代表标准输入、标准输出和错误输出流的 in、out、err 这 3 个静态成员变量。下面重点介绍控制台输出字符串的两种方法。

（1）print()方法用于在控制台上显示文本，此方法输出后不换行，使用示例如【例 6-7】所示。

【例 6-7】System.out.print()方法使用示例。

```
System.out.print("爱我中华! ");
```

此方法输出“爱我中华!”文本，输出完毕后，光标会停留在“爱我中华!”文本末尾，不会自动换行，下一次输出就从这里开始。如果要改变 print()方法的输出方式，需要结合转义字符使用。

（2）println()方法内部调用了 print()方法，只是最后多调用了一个 newline()方法。因此，println()方法是在 print 后加了 line 的简写 ln。System.out.println()方法为换行输出，使用示例如【例 6-8】所示。

【例 6-8】System.out.println()方法使用示例。

```
System.out.println("我是中国人，我骄傲。");
```

此方法输出“我是中国人，我骄傲。”文本，行尾会自动换行，光标会停留在下一行的开头处，下一次输出就从这里开始。

6.3 String 类

String 类位于 JDK 的 java.lang 包中，其为 final 类，故用户无法扩展 String 类，所以 String 类不存在子类。下面通过介绍 String 类和字符串的关系、String 类常用方法、String 类和基本数据类型的转换、类中的 toString()方法进一步讲解 String 类的用法。

String 类

6.3.1 String 类和字符串的关系

Java 中没有字符串数据类型，在 Java 编程中字符串可以用 String 类的对象进行创建和操作。String 类中封装了大量方法，使得 Java 对字符串的处理变得简单。

6.3.2 String 类常用方法

String 类提供了很多用来处理字符串的方法，可实现构造字符串、返回字符串的长度、字符串的大小写转换、截取字符串等。下面介绍 String 类常用的一些方法。

1. 构造字符串

（1）String()方法

String()方法用于创建一个空字符串，如【例 6-9】所示。

【例 6-9】String()方法使用示例。

```
1  public class Example_6_09{
2          public static void main(String[] args) {
3          String y1 = new String();
4          System.out.println("创建了一个空字符串 y1:"+y1);
5      }
6  }
```

（2）String(String string)方法

String(String string)方法用于将字符串常量值转换成字符串，如【例 6-10】所示。

【例 6-10】String(String string)方法使用示例。

```
1  public class Example_6_10{
2      public static void main(String[] args) {
3          String y2 = new String("众志成城大爱无疆");
4          System.out.println("将字符串常量值转换成字符串:"+y2);
5      }
6  }
```

（3）String(byte[] bytes)方法

String(byte[] bytes)方法可以将字节数组转换成字符串，如【例 6-11】所示。

【例 6-11】String(byte[] bytes)方法使用示例。

```
1  public class Example_6_11{
2      public class Hello{
3      public static void main(String[] args) {
4          byte [] by = {101,100,99,98,97};
5          String y3 = new String(by);
6          System.out.println("将字节数组转换成字符串:"+y3);
7      }
8  }
```

（4）String(char value)方法

String(char value)方法可以将字符数组转换成字符串，如【例 6-12】所示。

【例 6-12】String(char value)方法使用示例。

```
1  public class Example_6_12{
2      public static void main(String[] args) {
3          char [] chr = {'美','丽','中','国'};
4          String y4 = new String(chr);
5          System.out.println("将字符数组转换成字符串:"+y4);
6      }
7  }
```

通过上面的例子知道构造字符串可以使用 new 关键字，同时也可直接进行赋值，但二者确有本质区别，请观察下面的代码：

```
1  String s1 = "abc";
```

```
2  String s2=new String("abc");
3  System.out.println(s1==s2);
```

代码的运行结果为：false。为什么会出现这个结果呢？因为通过赋值生成的字符串存储在栈区，而通过 new 关键字生成的字符串则存储在堆区，Java 在做“==”判断时，判断的是内存地址，由于堆区地址和栈区地址是不一致的，因此二者比较结果为 false。两者的存储形式如图 6-1 所示。

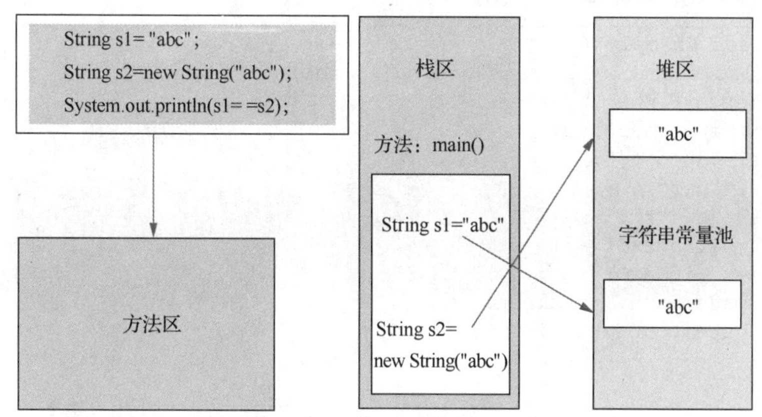

图 6-1　字符串的存储形式

2．length()方法

length()方法用于获取 String 对象的封装字符串序列的长度，如【例 6-13】所示。

【例 6-13】length()方法使用示例。

```
1  public class Example_6_13{
2      public static void main(String[] args) {
3          String together = "共筑中国梦";
4          int s1,s2;
5          s1 = together.length();
6          s2 = "携手向未来".length();
7          System.out.println(s1);
8          System.out.println(s2);
9      }
10 }
```

3．equals(String str)方法

equals(String str)方法用于判断 String 对象的字符串序列是否相等，如【例 6-14】所示。

【例 6-14】equals(String str)方法使用示例。

```
1  public class Example_6_14{
2      public static void main(String[] args) {
3          String we,are,together;
4          we = "共筑中国梦";
5          are = "就是中华民族近代以来最伟大梦想";
6          together = "共筑中国梦";
7          System.out.println(we.equals(are));
8          System.out.println(we.equals(together));
9      }
10 }
```

上述程序中，we.equals(are)的返回值是 false，we.equals(together)的返回值是 true。

4．indexOf(String str)方法

indexOf(String str)方法用于查找字符在字符串中的位置索引，如果找不到则返回-1，如【例 6-15】所示。

【例 6-15】indexOf(String str)方法使用示例。

```
1   public class Example_6_15{
2         public static void main(String[] args) {
3            int n=0,m=0;
4            String s1,s2,s3;
5            s1="abcdefg";
6            s2="def";
7            s3="hij";
8            n=s1.indexOf(s2);
9            m=s1.indexOf(s3);
10           System.out.println(n);
11           System.out.println(m);
12        }
13  }
```

上述程序中，s1.indexOf(s2)的返回值是 3，s1.indexOf(s3)的返回值是-1。

5．lastIndexOf(String str)方法

lastIndexOf(String str)方法用于查找字符最后一次在字符串中出现的位置索引，如果找不到则返回-1，如【例 6-16】所示。

【例 6-16】lastIndexOf(String str)方法使用示例。

```
1   public class Example_6_16 {
2         public static void main(String[] args) {
3            int n=0,m=0;
4            String s1,s2,s3;
5            s1="abcdefgdefj";
6            s2="def";
7            s3 = "hij";
8            n=s1.lastIndexOf(s2);
9            m=s1.lastIndexOf(s3);
10           System.out.println(n);
11           System.out.println(m);
12        }
13  }
```

上述程序中，s1.lastIndexOf(s2)的返回值是 7，s1.lastIndexOf(s3)的返回值是-1。

6．charAt(int i)方法

charAt(int i)方法用于返回字符串中指定索引位置的字符，返回值为 char 类型数据，如【例 6-17】所示。

【例 6-17】charAt(int i)方法使用示例。

```
1   public class Example_6_17{
2         public static void main(String[] args) {
3             String s1 = "China";
4             System.out.println(s1.charAt(1));
5         }
6   }
```

上述程序中，s1.charAt(1)的返回结果是 h。

7．toCharArray()方法

toCharArray()方法可以将字符串转换为数组，如【例 6-18】所示。

【例 6-18】toCharArray()方法使用示例。

```
1  public class Example_6_18{
2      public static void main(String[] args) {
3          String s1 = "航天梦";
4          char [] s2 = s1.toCharArray();
5          System.out.println(s2[2]);
6      }
7  }
```

上述程序的运行结果是：梦。

8．toUpperCase()方法

toUpperCase()方法可以将字符串全部转换为大写形式，如【例 6-19】所示。

【例 6-19】toUpperCase()方法使用示例。

```
1  public class Example_6_19{
2        public static void main(String[] args) {
3            String s1,s2;
4            s1 = "summer";
5            s2 = s1.toUpperCase();
6            System.out.println(s2);
7        }
8  }
```

上述程序的运行结果是：SUMMER。

9．toLowerCase()方法

toLowerCase()方法可以将字符串全部转换为小写形式，如【例 6-20】所示。

【例 6-20】toLowerCase()方法使用示例。

```
1  public class Example_6_20{
2        public static void main(String[] args) {
3            String s1 = "WINTER";
4            System.out.println(s1.toLowerCase());
5        }
6  }
```

上述程序的运行结果是：winter。

10．substring(int beginIndex,int ndIndex)方法

substring(int beginIndex,int ndIndex)方法可以截取字符串，如【例 6-21】所示。

【例 6-21】substring(int beginIndex,int ndIndex)方法使用示例。

```
1  public class Example_6_21{
2        public static void main(String[] args) {
3            String str,s1,s2,s3;
4            str = "yesorno";
5            s1 = str.substring(5);
6            s2 = str.substring(3,5);
7            s3 = str.substring(0,3);
```

```
8           System.out.println(s1);
9           System.out.println(s2);
10          System.out.println(s3);
11      }
12  }
```

上述程序中，str.substring(5)是从指定索引位置 5 开始截取字符串，直至字符串末尾。str.substring(3,5)则是从指定索引位置 3 开始截取字符串到指定索引位置 5（不包括）。

11．replace(char oldChar,char newChar)方法

replace(char oldChar,char newChar)方法为 String 类的替换方法，如【例 6-22】所示。

【例 6-22】replace(char oldChar,char newChar)方法使用示例。

```
1  public class Example_6_22{
2      public static void main(String[] args) {
3          String s1,s2;
4          s1 = "a bad day!";
5          s2 = s1.replace("bad", "nice");
6          System.out.println(s2);
7      }
8  }
```

上述程序的运行结果是：a nice day!。

6.3.3 String 类和基本数据类型的转换

Java 有基本数据类型（primitive data type）和对象（object）数据类型两种。基本数据类型包括 int、short、byte、double、float、long、boolean 等，其他都是对象数据类型，例如数组。

Java 基本数据类型都有一个对应的包装类，例如 int 对应 Integer，float 对应 Float。在开发工作中，时常需要将 String 类和基本数据类型进行转换。

String 类转换成基本数据类型，可以利用 parseXX(String)方法实现，这里的 XX 根据要转换成的数据类型有所区别，例如要转换为 int 是 parseInt(String)，如【例 6-23】所示。

【例 6-23】String 类转换成基本数据类型示例。

```
1  public class Example_6_23{
2      public static void main(String[] args) {
3          String s1 = "888";
4          int s2 = Integer.parseInt(s1);
5      }
6  }
```

为帮助读者进一步熟悉通过调用 parseXX(String)方法将 String 类转换成包装类对应的基本数据类型的方法，表 6-2 给出了 String 类向基本数据类型转换的语法。

表 6-2 String 类向基本数据类型转换的语法

语法	说明
Byte.parseByte(String)	String 类转换为 byte 类型
Integer.parseInt(String)	String 类转换为 int 类型
Double.parseDouble (String)	String 类转换为 double 类型
Float.parseFloat(String)	String 类转换为 float 类型
Long.parseLong(String)	String 类转换为 long 类型

续表

语法	说明
Boolean.parseBoolean(String)	String 类转换为 boolean 类型
Short.parseShort(String)	String 类转换为 short 类型

基本数据类型转换成 String 类的基本语法是：基本数据类型的值+""。如此便可以实现从基本数据类型到 String 类的转换，如【例 6-24】所示。

【例 6-24】基本数据类型转换成 String 类示例。

```
1  public class Example_6_24{
2        public static void main(String[] args) {
3            int s1 = 88;
4            float s2 = 3.2F;
5            double s3 = 8.2;
6            boolean s4 = true;
7            String y1 = s1 + "";
8            String y2 = s2 + "";
9            String y3 = s3 + "";
10           String y4 = s4 + "";
11           System.out.println(y1+""+y2+""+y3+""+y4+"");
12       }
13 }
```

6.3.4 类中的 toString()方法

toString()方法用于输出一个对象的字符串形式。String 类中 toString()方法包括 String toString()和 static String toString(int i)两种，其中，toString()返回 Integer 包装类对应值的 String 对象，toString(int i)则返回指定 int 类型的 i 的 String 对象，如【例 6-25】所示。

【例 6-25】toString ()方法使用示例。

```
1  public class Example_6_25{
2        public static void main(String args[]) {
3            Integer i = 6;
4            System.out.println(i.toString());
5            System.out.println(Integer.toString(9));
6        }
7  }
```

6.4 正则表达式

正则表达式是一种特殊的字符串，包含一些具有特殊意义字符的字符序列。

正则表达式

6.4.1 正则表达式的使用规则

正则表达式中特殊的字符称为“元字符”，而且正则表达式中的元字符前需要加“\”，例如“\\d 你好”中的\d 就是元字符，代表 0~9 中任意一个字符。字符序列“2 你好”“4 你好”“9 你好”等都是和正则表达式“\\d 你好”相匹配的字符序列。

正则表达式可以使用方括号将字符括起来，例如[abc]表示 a、b、c 中任意一个字符，[my]表示 m 和 y 中任意一个字符。正则表达式支持边界匹配符，例如在正则表达式前面加“^”，代表正则表达式行的开头；在正则表达式的结尾处加“$”，代表正则表达式行的结束。正则表达式还支持圆括号，用于将多个表达式组合成一个子表达式，圆括号中可以使用或运算符。

正则表达式可以由元字符组成，表 6-3 列出了正则表达式中常用的元字符。

表 6-3　正则表达式中常用的元字符

元字符	说明
.	可以代表任意一个字符
\d	用来代表 ASCII 值 0～9 的任意一个字符
\D	用来代表任意一个非数字字符
\s	用来代表所有空白字符，例如空格符、制表符、回车符、换行符、换页符等
\S	用来代表所有非空白字符
\w	用来代表任何单词字符
\W	用来代表所有非单词字符
\f	用来代表换页符
\n	用来代表换行符
\r	用来代表回车符
\t	用来代表制表符
\v	用来代表垂直制表符
\p{Lower}	用来代表小写字母 a～z
\p{Upper}	用来代表大写字母 A～Z
\p{ASCII}	用来代表 ASCII 字符
\p{Alpha}	用来代表字母
\p{Digit}	用来代表 ASCII 和 Unicode 编码中 0～9 的任意一个字符
\p{Alnum}	用来代表数字字符或字母字符
\p{Punct}	用来代表标点符号：=、-、+、#、&、<、>、%、^、？、!等
\p{Graph}	用来代表可视化字符：\p{Alnum}\p{Punct}
\p{Print}	用来代表可输出字符
\p{Blank}	用来代表空格符或制表符
\p{Cntrl}	用来代表控制字符：[\x00-\x1F1\x7F\]

正则表达式中元字符默认匹配一次，如果需要匹配多次，则需要用到表 6-4 中的限定符。

表 6-4　正则表达式的限定符

带限定符的模式	含义	示例
X?	X 出现 0 次或 1 次	[a-z]?：表示有 0 个或 1 个小写字母
X*	X 出现 0 次或多次	[a-z]*：表示有任意个小写字母
X+	X 出现 1 次或多次	[a-z]+：表示最少有 1 个小写字母
X{n}	X 出现 *n* 次	\\d{3}：表示有 3 位数字
X{n,}	X 至少出现 *n* 次	[a-z]{3,}：表示最少有 3 个小写字母，最多不限
X{n,m}	X 出现 *n*～*m* 次	\\d{1,3}：表示最少有 1 个数字，最多有 3 个数字

6.4.2 常用的正则表达式

下面通过几个常用的实际问题，进一步熟悉如何利用元字符和限定符给出具有一定意义的正则表达式。

1．只能输入数字的正则表达式

在程序设计中，如果规定用户只能输入数字，那么可以通过字符串的 matches()方法对正则表达式"^[0-9]*$"进行验证，匹配返回值为 true，不匹配返回值为 false，如【例 6-26】所示。

【例 6-26】只能输入数字的正则表达式示例。

```
1  public class Example_6_26{
2        public static void main(String[] args) {
3           String num = "12345";
4           String str = "abcd";
5           String regex = "^[0-9]*$";
6           System.out.println("只能输入数字格式验证: "+num.matches(regex));
7           System.out.println("只能输入数字格式验证: "+str.matches(regex));
8        }
9  }
```

运行结果如下：

```
1  只能输入数字格式验证: true
2  只能输入数字格式验证: false
```

2．只能输入 *n* 位数字的正则表达式

在程序设计中，如果规定用户只能输入 *n* 位数字，那么可以通过对正则表达式"^\\d{n}$"进行验证，判断输入的格式是否合法。例如规定只能输入 6 位数字，那么其正则表达式为"^\\d{6}$"，如【例 6-27】所示。

【例 6-27】只能输入 6 位数字的正则表达式示例。

```
1  public class Example_6_27{
2        public static void main(String[] args) {
3           String num1 = "123";
4           String num2 = "123456";
5           String regex = "^\\d{6}$";
6           System.out.println("只能输入 6 位数字格式验证: "+num1.matches(regex));
7           System.out.println("只能输入 6 位数字格式验证: "+num2.matches(regex));
8        }
9  }
```

运行结果如下：

```
1  只能输入 6 位数字格式验证: false
2  只能输入 6 位数字格式验证: true
```

3．验证 E-mail 地址的正则表达式

E-mail 地址的正则表达式为"\\w+@\\w+\\.[a-z]+(\\.[a-z]+)?"，通过字符串的 matches()方法对 E-mail 地址的格式进行验证，如【例 6-28】所示。

【例 6-28】验证 E-mail 地址的正则表达式示例。

```
1  public class Example_6_28{
2      public static void main(String[] args) {
3          String email1 = "104720437@qq.com";
4          String email2 = "yang@163.com";
5          String regex1 ="\\w+@\\w+\\.[a-z]+(\\.[a-z]+)?";
6          System.out.println("邮箱验证: "+email1.matches(regex1));
7          System.out.println("邮箱验证: "+email2.matches(regex1));
8      }
9  }
```

运行结果如下：

```
1  邮箱验证：true
2  邮箱验证：true
```

4．验证手机号码的正则表达式

目前手机号码为 11 位数字，假设手机号码以 1 开头，第二位数字可以是 3～9 的任意一个数字，剩下的 9 位数字可以是 0～9 的任意一位数字。通过字符串的 matches()方法进行手机号码格式验证，如【例 6-29】所示。

【例 6-29】验证手机号码的正则表达式示例。

```
1  public class Example_6_29{
2      public static void main(String[] args) {
3          String phone1 = "13671289120";
4          String regex2 ="^1[3-9]\\d{9}$";
5          System.out.println("手机号码验证: "+phone1.matches(regex2));
6      }
7  }
```

运行结果如下：

```
手机号码验证：true
```

5．验证身份证号码的正则表达式

我国的身份证号码为 18 位，其中最后一位可以是阿拉伯数字 0～9 也可以是罗马数字 X。身份证号码的正则表达式可以书写为"[1-9][0-9]{16}[a-zA-Z0-9]{1}"。进行身份证号码格式验证，如【例 6-30】所示。

【例 6-30】验证身份证号码的正则表达式示例。

```
1  public class Example_6_30{
2      public static void main(String[] args) {
3          String id = "53323119950128024X";
4          String id = "220242199812300431";
5          String regex ="[1-9][0-9]{16}[a-zA-Z0-9]{1}";
6          System.out.println("身份证号码验证: "+id.matches(regex));
7      }
8  }
```

运行结果如下：

```
1  身份证号码验证：true
2  身份证号码验证：true
```

6．验证日期的正则表达式

在不考虑 2 月的情况下，给出年限制为 4 位的日期正则表达式，并通过字符串的 matches()方法进行验证，如【例 6-31】所示。

【例 6-31】验证日期的正则表达式示例。

```
1  public class Example_6_31{
2    public static void main(String[] args) {
3      String year = "[1-9][0-9]{3}";
4      String month ="((0?[1-9])|(1[012]))";
5      String day = "((0?[1-9])|([12][0-9])|(3[01]?))";
6      String regex = year + "[-,.,/.]"+month +"[-,.,/]"+ day;
7      String today = "2022-02-04";
8      String yesterday = "2022.02.03";
9      String tomorrow = "2022/02/05";
10     System.out.println("日期格式验证："+today.matches(regex));
11     System.out.println("日期格式验证："+yesterday.matches(regex));
12     System.out.println("日期格式验证："+tomorrow.matches(regex));
13   }
14 }
```

运行结果如下：

```
1  日期格式验证：true
2  日期格式验证：true
3  日期格式验证：true
```

6.4.3 字符序列的替换和分解

1．字符序列的替换

Java 的 String 类提供的 repalceAll()方法和 repalceFirst()方法用于通过正则表达式实现字符串替换功能。

repalceFirst()方法只替换第一个匹配的字符。repalceAll()方法可以把所有与正则表达式匹配的字符串替换。

（1）repalceAll()方法

【例 6-32】repalceAll()方法使用示例。

```
1  public class Example_6_32{
2    public static void main(String[] args) {
3      String text = "为 41312 祖国的崛 ddd 起而读书。";
4      String str = text.replaceAll("\\w","");
5      System.out.println(str);
6    }
7  }
```

运行结果如下：

```
为祖国的崛起而读书。
```

（2）repalceFirst()方法

【例 6-33】repalceFirst()方法使用示例。

```
1  public class Example_6_33{
2    public static void main(String[] args) {
3      String text = "h 春眠不觉晓 2";
4      String str = text.replaceFirst("\\w","");
5      System.out.println(str);
6    }
7  }
```

运行结果如下：

```
春眠不觉晓 2
```

2．字符序列的分解

Java 的 String 类提供了 public String[] split(String regex)方法，可用于通过正则表达式实现分解字符串。当 String 对象调用 split()方法时，用指定的正则表达式 regex 作为分隔标记，分解出 String 对象的字符序列中的单词，分解完成的单词存放在 String 类的数组中，如【例 6-34】所示。

【例 6-34】split()方法使用示例。

```
1  public class Example_6_34{
2    public static void main(String[] args) {
3    String text = "jsdal 我们 121 爱我们的 uk 民族，111 这是我们 hhh 自信心 8sj9 的来源。1111";
4    String[] str = text.split("\\w+");
5      for (int i = 0;i < str.length;i++) {
6        System.out.println(str[i]);
7      }
8    }
9  }
```

运行结果如下：

```
1  我们
2  爱我们的
3  民族，
4  这是我们
5  自信心
6  的来源。
```

6.5 StringTokenizer 类

在 Java 中 StringTokenizer 类属于 java.util 包，用于分解 String 对象的字符序列。和 String 类中的 split()方法类似，不同之处在于 StringTokenizer 类不使用正则表达式作为分隔标记。

StringTokenizer 类

1．常用的构造方法

（1）StringTokenizer（String s）

为 String 对象 s 构造一个分析器。使用换行符、制表符、回车符、空格符、进制符等默认分隔标记分解出 s 的字符串序列中的单词。

（2）StringTokenizer（String s,String delim）

构造一个 StringTokenizer 对象，使用参数 delim 的字符序列中的字符的任意排列作为分隔标记分解出 s 的字符串序列中的单词，而这些分解出的单词则成为构造对象中的数据。

2．主要方法

（1）public String nextToken()方法

StringTokenizer 对象调用 String nextToken()方法逐个获取字符串中的单词（语言符号），每当获取一个单词，分析器中的计数变量值会自动减 1，而计算变量的初始值则等于字符串中的单词数目。

（2）public Boolean hasMoreTokens()方法

StringTokenizer 对象调用 Boolean hasMoreTokens()方法返回一个 boolean 值，只要字符串里面还有单词（语言符号），那么计数变量的值大于 0，该方法就返回 true，否则返回 false。

（3）public int countTokens()方法

StringTokenizer 对象调用 countTokens()方法可以得到计数变量的值，即当前字符串中的单词个数。

下面分别输出字符串中的单词，统计单词的剩余个数并输出，如【例 6-35】所示。

【例 6-35】 StringTokenizer 类使用示例。

```
1   import java.util.*;
2    public class Example_6_35{
3    public static void main(String args[]) {
4      String str = "The fir,st step i,s as go,od as hal,f over.";
5      StringTokenizer fenjie = new StringTokenizer(str," ,");
6      //使用空格与逗号作为分隔标记
7      int num = fenjie.countTokens();
8      while(fenjie.hasMoreTokens()) {
9          String i = fenjie.nextToken();
10         System.out.println(i);
11         System.out.println("字符串中还剩: "+fenjie.countTokens()+"个单词");
12       }
13     System.out.println("str 中一共有: "+num+"个");
14    }
15  }
```

运行结果如下：

```
1   The
2   字符串中还剩：12 个单词
3   fir
4   字符串中还剩：11 个单词
5   st
6   字符串中还剩：10 个单词
7   step
8   字符串中还剩：9 个单词
9   i
10  字符串中还剩：8 个单词
11  s
12  字符串中还剩：7 个单词
13  as
14  字符串中还剩：6 个单词
```

```
15 go
16 字符串中还剩：5个单词
17 od
18 字符串中还剩：4个单词
19 as
20 字符串中还剩：3个单词
21 hal
22 字符串中还剩：2个单词
23 f
24 字符串中还剩：1个单词
25 over.
26 字符串中还剩：0个单词
27 str 中一共有：13个
```

6.6 Scanner 类

Scanner 类

Scanner 类是 java.util 包中的一个类，可以很方便地获取从键盘输入的内容。Scanner 类是一个基于正则表达式的文本扫描器，它可以从文件、输入流、字符串中解析出字符串值和基本数据类型值。

（1）使用 Scanner 类的 next()方法可以直接获取从键盘输入的内容并加以处理，如【例 6-36】所示。

【例 6-36】使用 Scanner 类的 next()方法获取从键盘输入的内容并输出。

```
1  import java.util.Scanner;
2  public class Example_6_36{
3      public static void main(String[] args) {
4          Scanner scan = new Scanner(System.in);//从键盘接收数据
5          System.out.print("输入数据：");
6          String str = scan.next();
7          System.out.println("输入的数据为：" + str);
8      }
9  }
```

运行结果如下：

```
1  输入数据：我是中国人 我爱自己的祖国
2  输入的数据为：我是中国人
```

从运行结果可以看到，如果输入的内容带有空格，使用 next()方法空格后的内容会被截断，只有空格前的内容保留。这是因为 next()方法会将空格作为分隔符或者结束符，换句话讲，next()方法不能得到带空格的字符串。

（2）使用 Scanner 类的 nextLine()方法可以直接获取从键盘输入的内容并加以处理，如【例 6-37】所示。

【例 6-37】使用 Scanner 类的 nextLine()获取从键盘输入的内容并输出。

```
1  import java.util.Scanner;
2  public class Example_6_37{
```

```
3       public static void main(String[] args) {
4           Scanner scan = new Scanner(System.in);//从键盘接收数据
5           System.out.print("输入数据：");
6           String str = scan.nextLine();
7           System.out.println("输入的数据为：" + str);
8       }
9   }
```

运行结果如下：

```
1   输入数据：我是中国人 我爱自己的祖国
2   输入的数据为：我是中国人 我爱自己的祖国
```

【例 6-36】与【例 6-37】的实现逻辑相同，但使用的 Scanner 类的方法不同，输入相同的内容，却得到了不同的结果。由此可见，next()方法与 nextLine()方法在使用上存在巨大的差异。nextLine()方法以回车符作为分隔符或者结束符，可以完整地获取到从键盘输入的所有内容。在实际使用场景下，要根据实际需求选择相应的方法，避免产生错误的结果。

在日常的程序编写过程中，需要处理的数据除了通过手动输入获取之外，有时还可通过别的文件格式获取，如可以通过读取文本文件的方式获取数据。

【例 6-38】使用 Scanner 类的 hasNext()方法、nextLine()方法读取 test.txt 文档中的内容。（test.txt 文档中存放了学生的学号、姓名、英语成绩等信息，程序在读取完 test.txt 文档的内容后会计算出所有学生的英语平均成绩并输出。）

```
1   import java.util.Scanner;
2   import java.io.FileNotFoundException;
3   import java.io.File;
4   public class Example_6_38{
5       public static void main(String[] args) {
6           try {
7               File file = new File("test.txt");//文件路径为绝对路径
8               Scanner sc = new Scanner(file);
9               String temp="";
10              int rs=0;
11              double total=0;
12              while (sc.hasNext()) {
13                  temp =sc.nextLine();//循环获取文件中每一行的内容
14                  String [] arr=temp.split(" ");//将读取的内容转化为数组
15                  total=total+Double.valueOf(arr[2]);//循环计数英语成绩的总分
16                  rs++;//每读取 1 行人数加 1，即 1 行代表 1 个人
17              }
18              System.out.println("共计"+rs+"人，英语平均分是："+total/rs+"分");
19          } catch (FileNotFoundException e) {
20              e.printStackTrace();
21          }
22      }
23  }
```

运行结果如下：

```
共计 3 人，英语平均分是：74.0 分
```

6.7 Pattern 类和 Matcher 类

在 Java 的 java.util.regex 库中提供了专门用来进行模式匹配的 Pattern 类和 Matcher 类。Pattern 类是一个正则表达式经编译后的匹配模式，Matcher 类则提供了对正则表达式的分组支持，以及对正则表达式的匹配结果进行处理的功能。Pattern 类和 Matcher 类的使用示例如【例 6-39】所示。

【例 6-39】Pattern 类和 Matcher 类的使用示例。

```
1  import java.util.regex.*;
2  public class Pattern_Exa {
3      public static void main(String[] args) {
4  // 注意里面的换行符
5  String str = "hello world\r\n" + "hello java\r\n" + "hello java";
6  System.out.println("===========匹配字符串开头(非多行模式)===========");
7  Pattern p = Pattern.compile("^hello");
8  Matcher m = p.matcher(str);
9  while (m.find()) {
10 System.out.println(m.group() + "   位置: [" + m.start() + "," + m.end() + "]");
11 }
12 System.out.println("===========匹配字符串开头(多行模式)===========");
13 p = Pattern.compile("^hello", Pattern.MULTILINE);
14 m = p.matcher(str);
15 while (m.find()) {
16 System.out.println(m.group() + "   位置: [" + m.start() + "," + m.end() + "]");
17 }
18 System.out.println("===========匹配字符串结尾(非多行模式)===========");
19 p = Pattern.compile("java$");
20 m = p.matcher(str);
21 while (m.find()) {
22 System.out.println(m.group() + "   位置: [" + m.start() + "," + m.end() + "]");
23 }
24
25 System.out.println("===========匹配字符串结尾(多行模式)===========");
26 p = Pattern.compile("java$", Pattern.MULTILINE);
27 m = p.matcher(str);
28 while (m.find()) {
29 System.out.println(m.group() + "   位置: [" + m.start() + "," + m.end() + "]");
30         }
31     }
32 }
```

运行结果如下：

```
1  ===========匹配字符串开头(非多行模式)===========
2  hello   位置: [0,5]
3  ===========匹配字符串开头(多行模式)===========
4  hello   位置: [0,5]
5  hello   位置: [13,18]
6  hello   位置: [25,30]
7  ===========匹配字符串结尾(非多行模式)===========
8  java   位置: [31,35]
```

```
9  ===========匹配字符串结尾(多行模式)===========
10 java   位置: [19,23]
11 java   位置: [31,35]
```

6.8 StringBuffer 类

在 Java 中，除了可以通过 String 类创建和处理字符串，还可以使用 StringBuffer 类来处理字符串。StringBuffer 类可以比 String 类更高效地处理字符串。

StringBuffer 类

1．用 StringBuffer 类创建字符串

StringBuffer 类提供了 3 个构造方法来创建字符串，如下所示。

（1）StringBuffer()方法用于创建一个空的字符串缓冲区，并且初始化为 16 个字符的容量。

（2）StringBuffer(int length)方法用于创建一个空的字符串缓冲区，并且初始化为指定长度 length 的容量。

（3）StringBuffer(String str)创建一个空的字符串缓冲区，并将其内容初始化为指定的字符串内容 str，字符串缓冲区的初始容量为 16 加上字符串 str 的长度。

StringBuffer 类的 3 个构造方法创建的字符串缓冲区容量大小对比示例如【例 6-40】所示。

【例 6-40】StringBuffer 类的 3 个构造方法创建的字符缓冲区容量大小对比示例。

```
1  public class Example_6_40{
2      public static void main(String[] args) {
3          // 定义一个空的字符串缓冲区，含有 16 个字符的容量
4          StringBuffer str1 = new StringBuffer();
5          // 定义一个含有 10 个字符容量的字符串缓冲区
6          StringBuffer str2 = new StringBuffer(10);
7          // 定义一个含有(16+5)个字符容量的字符串缓冲区，“我爱你中国”为 5 个字符
8          StringBuffer str3 = new StringBuffer("我爱你中国");
9          /*
10         输出字符串的容量大小
11         capacity()方法返回字符串的容量大小
12         */
13         System.out.println(str1.capacity());
14         System.out.println(str2.capacity());
15         System.out.println(str3.capacity());
16     }
17 }
```

运行结果如下：

```
1  16
2  10
3  21
```

2．StringBuffer 类的主要方法

（1）append()方法

StringBuffer 类的 append()方法用于向原有 StringBuffer 对象追加字符串，该方法的语法格式如下：

```
StringBuffer 对象.append(String str)
```

该方法的作用是追加内容到当前 StringBuffer 对象的末尾，类似于字符串的连接。调用该方法以后，StringBuffer 对象的内容也会发生改变。

（2）setCharAt()方法

StringBuffer 类的 setCharAt()方法用于在字符串的指定索引位置替换一个字符，该方法的语法格式如下：

```
StringBuffer 对象.setCharAt(int index, char ch);
```

该方法的作用是修改对象中索引值为 index 的位置的字符为新的字符 ch。

（3）reverse()方法

StringBuffer 类中的 reverse()方法用于将字符串序列用其反转序列的形式取代，该方法的语法格式如下：

```
StringBuffer 对象.reverse();
```

（4）deleteCharAt()方法

deleteCharAt()方法用于删除序列中指定位置的字符，该方法的语法格式如下：

```
StringBuffer 对象.deleteCharAt(int index);
```

deleteCharAt()方法的作用是删除指定位置的字符，然后将剩余的内容组成一个新的字符串。

（5）delete()方法

delete()方法用于删除序列中字符串的字符，该方法的语法格式如下：

```
StringBuffer 对象.delete(int start,int end);
```

其中，start 表示要删除字符的起始索引值，end 表示要删除字符串的结束索引值。删除范围包括起始索引值对应的字符，不包括结束索引值所对应的字符。

6.9 日期和时间类

Java 中日期和时间使用专门的类进行定义，系统使用时输入的日期和时间格式往往和 Java 中的表现形式不一致，需要进行数据格式的转换。Java 提供的相关类用于处理系统使用时输入的日期和时间。

日期和时间类

6.9.1 日期、时间与日历

Java 中时间的处理类有 Date 类与 Calendar 类。目前 Java 不推荐使用 Date 类，因为其不利于国际化；而是推荐使用 Calendar 类，并使用 DateFormat 类做格式化处理。

1. Date 类

Date 表示特定的瞬间，精确到 ms。在 JDK 1.1 之前，Date 类有两个其他的方法。它允许把日期解释为年、月、日、时、分和秒。它也允许格式化和解析日期字符串。

不过，这些方法的 API 不易于实现国际化。从 JDK 1.1 开始，Java 推荐使用 Calendar 类实现日期和时间字段之间的转换，使用 DateFormat 类来格式化和解析日期字符串。

2. Calendar 类

Calendar 类是一个抽象类，它为特定瞬间与一组诸如 YEAR、MONTH、DAY_OF_MONTH、HOUR 等日历字段之间的转换提供了一些方法，并为操作日历字段（例如获得下星期的日期）提供了一些方法。

瞬间可用 ms 来表示，它是距历元（即格林尼治标准时间 1970 年 1 月 1 日的 00:00:00.000，格里高利历）的偏移量。

Calendar 类还为实现包范围外的具体日历系统提供了其他字段和方法，这些字段和方法被定义为 protected。

（1）getInstance()方法

与其他语言环境的敏感类一样，Calendar 类提供了一个方法 getInstance()，以获得此类的通用对象。Calendar 类的 getInstance()方法返回一个 Calendar 对象，其日历字段已由当前系统日期和时间初始化：

```
Calendar c = Calendar.getInstance();//获得当前时间
```

（2）Calendar 类的成员方法

Calendar 类的成员方法如表 6-5 所示。

表 6-5　Calendar 类的成员方法

方法	说明
static Calendar getInstance()	使用默认时区和区域设置获取日历，通过该方法生成 Calendar 对象
public void set(int year,int month,int date,int hourofday,int minute,int second)	设置日历的年、月、日、时、分、秒
public int get(int field)	返回给定日历字段的值，所谓字段就是年、月、日等
public void setTime(Date date)	使用给定的 Date 设置此日历的时间
public Date getTime()	返回一个 Date 表示此日历的时间
abstract void add(int field,int amount)	按照日历的规则，给指定字段添加或减少时间量
public long getTimeInMillies()	以 ms 为单位返回该日历的时间值

（3）日历字段

日历字段包含以下两种：一种是表示时间的单位，例如年、月、日等；另一种是具体的日期，例如一月、二月、三月、1 日、2 日、3 日、1 点、2 点等具体的时间。前者一般在获取的时候使用，后者一般在判断的时候使用。日历字段如表 6-6 所示。

表 6-6　日历字段

字段名	说明
YEAR	年
MONTH	月
DATE	日
HOUR_OF_DAY	时
MINUTE	分
SECOND/MILLISECOND	秒/毫秒
DAY_OF_MONTH	和 DATE 一样

续表

字段名	说明
DAY_OF_WEEK	周几
DAY_OF_WEEK_IN_MONTH	某月中的第几周
WEEK_OF_MONTH	日历式的第几周
DAY_OF_YEAR	一年中的第几天
WEEK_OF_YEAR	一年中的第几周

【例 6-41】使用 Date 类及 Calendar 类获取系统时间并输出。

```
1   import java.util.Calendar;
2   import java.util.Date;
3   public class Example_6_41{
4       public static void main(String[] args) {
5           long TimeNow = System.currentTimeMillis();
6   //获得系统时间，一般用 long 型得到此事件，currentTimeMillis()方法精确到 ms
7           System.out.println("此刻时间："+TimeNow);
8           //输出为 long 型，机器能读懂的语言
9           Date date=new Date(TimeNow);
10          //用 Date 类来转化这个时间
11          System.out.println("转化的时间："+date);
12          Calendar calendar=Calendar.getInstance();
13          //获得此刻的时间
14          System.out.println("Calendar 获得的时间："+calendar.getTime());
15      }
16  }
```

运行结果如下：

```
1   此刻时间：1664979022442
2   转化的时间：Wed Oct 05 22:10:22 CST 2022
3   Calendar 获得的时间：Wed Oct 05 22:10:22 CST 2022
```

从运行结果可以看出，Date 类获取的时间和 Calendar 类获取的时间格式是一样的，但这种格式不利于平时使用，需要将其格式化。

6.9.2 日期的格式化

在 Java 中怎么才能把日期转换成想要的格式呢？或者如何把字符串转换成一定格式的日期？例如，把数据库中的日期或时间转换成自己想要的格式。Java 提供的 SimpleDateFormat 类可以实现此功能。它允许进行格式化（日期→文本）、解析（文本→日期）和规范化。

通过 SimpleDateFormat 类可以选择任何用户定义的日期-时间格式的模式。但是，仍然建议通过 DateFormat 类中的 getTimeInstance()、getDateInstance()或 getDateTimeInstance ()来创建日期-时间格式器。每一个这样的方法都能够返回一个以默认格式模式初始化的日期-时间格式器。SimpleDateFormat 类的日期-时间格式模式参数如表 6-7 所示（注意字母大小写）。

表 6-7 SimpleDateFormat 类的日期-时间格式模式参数

字母	日期或时间元素	表示	示例
G	Era 标识符	Text	AD
y	年	Year	1996、96
M	年中的月份数	Month	July、Jul、07
w	年中的周数	Number	27
W	月份中的周数	Number	2
D	年中的天数	Number	189
d	月份中的天数	Number	10
F	月份中的星期	Number	2
E	星期中的天数	Text	Tuesday、Tue
a	am/pm 标记	Text	PM
H	一天中的小时数（0～23）	Number	0
k	一天中的小时数（1～24）	Number	24
K	am/pm 中的小时数（0～11）	Number	0
h	am/pm 中的小时数（1～12）	Number	12
m	小时中的分钟数	Number	30
s	分钟中的秒数	Number	55
S	毫秒数	Number	978
z	时区	General time zone	Pacfic Standard Time、PST、GMT-08:00
Z	时区	RFC 822 time zone	+0800

（1）format()方法将日期格式化为日期-时间字符串。

（2）parse()方法将字符串类型的日期解析成 Date 类型的日期。

【例 6-42】使用 SimpleDateFormat 类显示当前系统的时间，并将指定日期解析为日期格式。

```
1   import java.text.ParseException;
2   import java.text.SimpleDateFormat;
3   import java.util.Calendar;
4   import java.util.Date;
5   public class Example_6_42{
6       public static void main(String[] args) throws ParseException {
7           //格式化:从 Date 到 String
8           Date d1 = new Date();//获取当前系统的时间
9
10          SimpleDateFormat sdf = new SimpleDateFormat("yyyy-MM-dd HH:mm:ss");
11          String s = sdf.format(d1);
12          System.out.println("格式化后显示的系统时间是: "+s);
13
14          //解析: 从 String 到 Date
15          String ss = "2022-10-05 20:20:20";
16          SimpleDateFormat sdf2 = new SimpleDateFormat("yyyy-MM-dd HH:mm:ss");
17          Date d2 = sdf2.parse(ss);
18          System.out.println("将字符串转化为日期型后的时间是: "+d2);
```

```
19      }
20 }
```

运行结果如下：

```
1  格式化后显示的系统时间是：2022-10-05 22:24:19
2  将字符串转化为日期型后的时间是：Wed Oct 05 20:20:20 CST 2022
```

6.10 Math 类

Java 提供了基本的+、-、*、/、%等运算符，可以进行简单的数学运算。针对较为复杂的科学计算，java.lang 包中的 Math 类提供了许多方法以完成复杂计算。Math 类中包含的这些方法都被定义为 static 形式，可以通过直接调用类名使用这些方法。Math 类中的方法可以使用“Math.数学方法”的形式调用。

Math 类

此外，Math 类还提供了两个类数学常量 PI、E，它们的值分别等于π（约为 3.14159265358979323846）和 e（约为 2.7182828284590452354）。PI 和 E 作为 Math 类的数学常量，可以使用 Math.PI 和 Math.E 的形式调用。

Math 类中常用的数学运算方法有很多，表 6-8 中列出了一部分进行说明。

表 6-8　Math 类中常用的数学运算方法

方法	说明
public static double sin(double a)	返回角的三角正弦
public static double cos(double a)	返回角的三角余弦
public static double tan(double a)	返回角的三角正切
public static double exp(double a)	返回获取 e 的 a 次方，即取 e^a
public static double log(double a)	返回自然对数，即取 lna 的值
public static double sqrt(double a)	返回 a 的平方根，其中 a 的值不能为负数
public static double cbrt(double a)	返回 a 的立方根
public static double pow(double a, double b)	返回 a 的 b 次方
public static double ceil(double a)	返回大于或等于参数的最小整数
public static double floor(double a)	返回小于或等于参数的最大整数
public static double rint(double a)	返回与参数最接近的整数
public static double round(double a)	返回 a 四舍五入后的值
public static double max(double a, double b)	返回 a 与 b 之中的最大值
public static double min(double a, double b)	返回 a 与 b 之中的最小值
public static int abs(int a)	返回整型参数的绝对值

【例 6-43】程序展示了 Math 类的方法的调用形式。

【例 6-43】使用 Math 类中的方法，计算在-19.7 到 7.8 之间，绝对值大于 8 或者小于 3.5 的整数个数。

```
1  public class Example_6_43{
2      public static void main(String[] args) {
3          //变量 num 用于存放计算的个数
```

```
4          int num = 0;
5          //遍历-19.7～7.8 的整数，并进行统计
6          //这里要用到强制类型转换(double 的精度大于 int，不会自动转换，只能用强制类
7          //型转换)
8         for(int i = (int)Math.ceil(-19.7); i < Math.ceil(7.8); i++){
9            if(Math.abs(i) > 8 || Math.abs(i) <= Math.floor(3.5)){
10              System.out.println(i);
11              num++;
12           }
13        }
14         System.out.println("绝对值大于 8 或者小于 3.5 的整数个数为:"+num);
15     }
16 }
```

运行结果如下：

```
1  -3
2  -2
3  -1
4  0
5  1
6  2
7  3
8  绝对值大于 8 或者小于 3.5 的整数个数为:18
```

说明：由于运行结果行数较多，故此处只截取后半部分进行显示。

Random 类

6.11 Random 类

java.util 包提供了专门用于获得随机数的 Random 类。可以通过实例化一个 Random 对象创建一个随机数生成器，采用这种方法时，Java 编译器会以当前时间作为随机数生成器的种子，语法如下所示。

```
Random y = new Random();
```

用户也可以在实例化 Random 类对象的时候，设置随机数生成器的种子，语法如下所示。

```
Random y = new Random(seedValue);
```

在 Random 类中，获取各种数据类型随机数的常用方法如表 6-9 所示。

表 6-9　获取各种数据类型随机数的常用方法

方法	说明
public int nextInt()	返回一个随机整数
public int nextInt(int n)	返回小于 *n* 且大于或等于 0 的随机整数
public long nextLong()	返回一个长整型随机数
public boolean nextBoolean()	返回一个布尔型随机数
public float nextFloat()	返回一个单精度浮点型随机数
public double nextDouble()	返回一个双精度浮点型随机数
public double nextGaussian()	返回一个概率密度为高斯分布的双精度浮点型随机数

下面创建一个 Random 类的对象 y，使用 y 生成各种类型的随机数，如【例 6-44】所示。

【例 6-44】Random 类示例。

```
1  import java.util.Random;
2  public class Example_6_44{
3      public static void main(String[] args) {
4        Random y = new Random();
5        //产生一个随机整数
6        System.out.println("产生一个随机整数: "+y.nextInt());
7        //产生一个小于 100 且大于或等于 0 的随机整数
8        System.out.println("产生一个小于 100 且大于或等于 0 的随机整数:"+y.nextInt(100));
9        //产生一个长整型随机数
10       System.out.println("产生一个长整型随机数: "+y.nextLong());
11       //产生一个布尔型随机数
12       System.out.println("产生一个布尔型随机数: "+y.nextBoolean());
13       //产生一个单精度浮点型随机数
14       System.out.println("产生一个单精度浮点型随机数: "+y.nextFloat());
15       //产生一个双精度浮点型随机数
16       System.out.println("产生一个双精度浮点型随机数: "+y.nextDouble());
17       //产生一个概率密度为高斯分布的双精度浮点型随机数
18       System.out.println("产生一个概率密度为高斯分布的双精度浮点型随机数:
19 "+y.nextGaussian());
20    }
21 }
```

本章小结

本章对常见且常用的 Java 类进行详细介绍，并根据各类的特点及用法给出了具体的示例。这些常见的类及类的方法并非各自独立，在实际运用中需要互相交叉应用，故对于这些类的特性、字段属性等也需要重点掌握。

习题

一、单选题

1. 下列说法正确的是（　　）。

A. String 类不能有子类　　B. "xyz".equals("Xyz")的值是 true

C. "xyz"=="xyz"的值是 false　　D. String 类位于 JDK 的 java.util 包中

2. Math.round(11.5)的值等于（　　）。

A. 11　　B. 0.5　　C. 5　　D. 12

3. 下列代码的运行结果是（　　）。

```
1  public class Example {
2  public static void main(String[] args) {
3    String str = "123";
4    String str1 = new String("123");
```

```
5     String str2 = "123";
6     System.out.println(str == str1);
7     System.out.println(str == str2);
8   }
9 }
```

A. 输出 true true　　B. 输出 true false　　C. 输出 false false　　D. 输出 false true

4. 下列代码的运行结果是（　　）。

```
1 public class Hello {
2 public static void main(String[] args) {
3 String text1,text2;
4 text1 = "love";
5 text2 = text1.replace ("o" , "i");
6 System.out.println(text2);
7  }
8 }
```

A. love　　B. live　　C. iove　　D. i

5. 如果下列条件成立，则用到 java.lang.Math 类中的（　　）方法。

```
Method(-4.4)== -4;
```

A. round()　　B. min()　　C. abs()　　D. floor()

6. 正则表达式语法中\\d 匹配的是（　　）。

A. 数字　　B. 非数字　　C. 字母　　D. 空白字符

7. 下列代码的输出结果是（　　）。

```
1 public class Test {
2    public static void main(String args[]) {
3       String s = "祝你考出好成绩！";
4       System.out.println(s.length());
5    }
6 }
```

A. 24　　B. 16　　C. 15　　D. 8

8. 下列代码的输出结果是（　　）。

```
1 public class Test {
2    public static void main(String args[]) {
3       String s="abcdedcba”;
4       String str=s.substring(3,4)
5 System.out.println(str);
6    }
7 }
```

A. cd　　B. de　　C. d　　D. cb

9. 对于代码：

```
1 String str1="java";
2 String str2="java";
3 String str3=new String("java");
4 String str4=new String("java");
```

下列表达式值为 true 的是（　　）。

A. str1= =str2;　　B. str1= =str4;　　C. str2= =str3;　　D. str3= =str4;

10. 下列方法中，用于判断字符串是否相等的是（　　）。

A. boolean contains(CharSequence cs)　　B. String toLowerCase()

C. boolean equals(Object anObject)　　D. boolean isEmpty()

二、编程题

1. 设计一个程序，使用 Scanner 类解析出字符串“语文 90 分，数学 89 分，外语 82 分”中的成绩，并计算总成绩和平均成绩。

2. 设计一个程序，输入学生成绩，程序会自动判断出该成绩是优秀、良好、中等、及格或者不及格。成绩大于或等于 90 分属于优秀，在 80 分至 89 分之间属于良好，在 70 分至 79 分之间属于中等，在 60 分至 69 分之间属于及格，60 分以下属于不及格。

3. 设计一个程序，输入一行字符，分别统计出其中英文字母、空格、数字和其他字符的个数。

4. 编写程序实现将输入的小写字母自动转化为大写字母的功能，对于汉字、数字及其他符号不做处理，只改变小写字母。

5. 编写程序实现将输入的字符串加密，加密方法为：当内容是英文字母时用该英文字母的后一个字母代替，同时变换字母的大小写，如字母 a 替换为字母 B、字母 Z 替换为字母 a；当内容是数字时则把该数字加 1，如 0 替换为 1，1 替换为 2，9 替换为 0；其他字符不变。

上机实验

1. 编写一个类 MyInteger，类中包含一个 int 类型数据成员，用于保存这个对象表示的 int 值，还包含一个无参构造方法，一个有参构造方法，以及 isEven()、isOdd()和 isPrime()3 个成员方法，返回 boolean 值表示该整数是否是偶数、奇数或素数。

2. 定义方法：int count(String str,char a)，形式参数 str 是字符串，形式参数 a 是指定的字符。编写一个程序，提示用户输入一个字符串和一个要统计的字符，最后显示指定字符在字符串中出现的次数。

3. 一些网站设定了一些制定密码的规则。编写一个方法，检验一个字符串是否是合法的密码。假设制定密码的规则如下。

（1）密码必须至少有 8 个字符。

（2）密码只能包括字母和数字。

（3）密码必须至少有 2 个数字。

编写一个程序，提示用户输入密码，如果该密码符合规则就显示“Valid　Password”，否则显示“Invalid　Password”。

第7章 输入流和输出流

章节概述

本章着重介绍 Java 程序设计中输入流与输出流的概念。用户与计算机程序进行交互时需要通过一些设备来传输数据，比如通过键盘和鼠标来向计算机传递信息，而计算机则把相应的反馈数据通过显示器等设备传递出来。在 Java 中，各种 I/O 设备之间的数据传输被抽象为“流”，Java 程序通过流的方式与 I/O 设备进行数据传输。

7.1 流的概念

Java 将数据的输入输出当成“流”来处理。流是一种抽象的概念，它代表了数据的无结构化传递。按照流的方式进行输入和输出，数据被当成无结构的字节序列或字符序列。从流中取得数据的操作称为提取操作，而向流中添加数据的操作称为插入操作。用来进行输入和输出操作的流就称为 I/O 流（input/output stream）。I/O 流的过程如图 7-1 所示。

流的概念

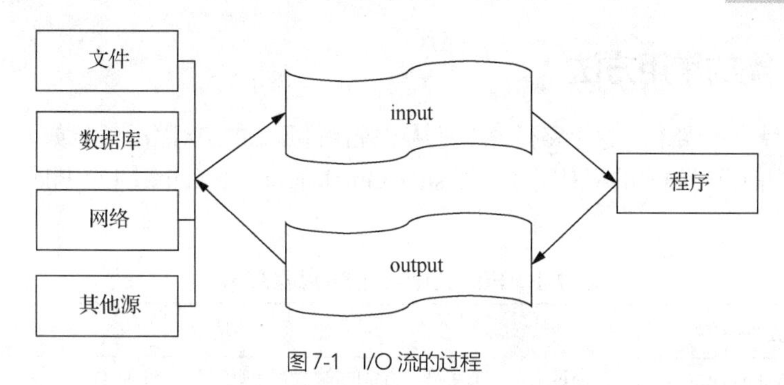

图 7-1　I/O 流的过程

7.2 流的结构体系

根据不同的特点和作用，I/O 流一般情况下分为 3 类：根据处理的数据内容不同分为字节流和字符流，根据数据的处理方向不同分为输入流和输出流，根据流的功能不同分为节点流和处理流。

流的体系结构

（1）字节流和字符流

字节流以字节为单位进行数据的读写，每次读写一个或多个字节数据；字符流以字符为单位进行数据的读写，每次读写一个或者多个字符数据。

（2）输入流和输出流

输入流表示从外部读取数据到程序中，输出流指的是将程序中的数据写入外部文件中。

（3）节点流和处理流

节点流也被称为低级流，是指可以从一个特定的 I/O 设备读写数据的流，它只能直接连接数据源，进行数据的读写操作；与之相对应的处理流也被称为高级流，它对一个已存在的节点流进行连接和封装，通过封装后的流来实现流的读写能力。当使用处理流时，程序不会直接连接到实际的数据源，而是连接在已存在的流之上。

Java 中的 I/O 流主要定义在 java.io 包中，该包下定义了很多类，其中有如下 4 个类为流的顶级类。

字节输入流：InputStream。

字节输出流：OutputStream。

字符输入流：Reader。

字符输出流：Writer。

这 4 个顶级类都是抽象类，是所有流的父类。

7.3 File 类

File 类是对当前系统中文件或文件夹的抽象表示，它是 java.io 包中的类。Java 把计算机中的文件和文件夹（目录）封装为一个 File 类，通过调用 File 类的相应方法，能够完成创建文件、删除文件以及对目录的一些操作。

File 类

7.3.1 File 类的常用方法

File 类用于封装一个路径，这个路径可以是从系统盘符开始的绝对路径，比如 D：\picture\sun.jpg，也可以是相对于当前目录而言的相对路径，如 src\Example.java。下面介绍几个 File 类中常用的构造方法，如表 7-1 所示。

表 7-1　File 类中常用的构造方法

方法	功能
File(String pathname)	通过指定一个字符串类型的文件路径来创建一个 File 对象
File(String parent,String child)	根据指定一个字符串类型的父路径和一个字符串类型的子路径（包括文件名称）创建一个 File 对象
File(File parent,String child)	根据指定的 File 类的父路径和字符串类型的子路径（包括文件名称）创建一个 File 对象

File 类中提供了一系列方法，用于操作其内部封装的路径指向的文件或者目录，例如进行文件或目录的增、删、改、查等，下面介绍一些 File 类中常用的方法，如表 7-2 所示。

表 7-2　File 类中常用的方法

方法	功能
boolean exists()	判断 File 对象对应的文件或目录是否存在
boolean delete()	删除 File 对象对应的文件或目录，若成功删除则返回 true，否则返回 false

续表

方法	功能
boolean createNewFile()	当 File 对象对应的文件不存在时，该方法将创建一个 File 对象所指定的新文件，若创建成功则返回 true，否则返回 false
String getName()	返回 File 对象表示的文件或文件夹的名称
String getPath()	返回 File 对象对应的路径
String getAbsolutePath()	返回 File 对象对应的绝对路径（在 UNIX/Linux 等系统上，绝对路径以正斜线“/”开始；在 Windows 等系统上，绝对路径是从盘符开始的）
String getParent()	返回 File 对象对应目录的父目录（返回目录不包含最后一级子目录）
boolean canRead()	判断 File 对象对应的文件或目录是否可读
boolean canWrite()	判断 File 对象对应的文件或目录是否可写
boolean isFile()	判断 File 对象对应的是否是文件
boolean isDirectory()	判断 File 对象对应的是否是目录
boolaean isAbsolute()	判断 File 对象对应的文件或目录是否是绝对路径
long lastModified()	返回 1970 年 1 月 1 日 0 时 0 分 0 秒到文件最后修改时间的毫秒值
long length()	返回文件内容的长度
String[ ] list()	列出指定目录的全部内容，只是列出名称
String[ ] list(FilenameFilter filter)	接收一个 FilenameFilter 参数，通过该参数可以只列出符合条件的文件
File[ ] listFiles()	返回一个包含 File 对象所有子文件和子目录的 File 数组

通过【例 7-1】来演示 File 类的常用方法，先在项目当前目录下创建一个测试文件“test.txt”，并在文件中输入内容“TestFile”，然后创建一个类。

【例 7-1】File 类常用方法。

```
1  import java.io.File;
2  public class Example01 {
3  public static void main(String[] args) {
4  //以相对路径创建 File 文件对象
5  File file = new File("test.txt");
6  System.out.println("文件名称："+file.getName());
7  System.out.println("文件的相对路径："+file.getPath());
8  System.out.println("文件的绝对路径："+file.getAbsolutePath());
9  System.out.println("文件的父路径："+file.getParent());
10 System.out.println(file.canRead()?"文件可读":"文件不可读");
11 System.out.println(file.canWrite()?"文件可写":"文件不可写");
12 System.out.println(file.isFile()?"是一个文件":"不是一个文件");
13 System.out.println(file.isDirectory()?"是一个目录":"不是一个目录");
14 System.out.println(file.isAbsolute()?"是绝对路径":"不是绝对路径");
15 System.out.println("最后的修改时间为:"+file.lastModified());
16 System.out.println("文件大小:"+file.length()+"bytes");
17 System.out.println("文件是否删除成功："+file.delete());
18 }
19 }
```

运行结果如下：

```
1  文件名称：test.txt
2  文件的相对路径：test.txt
3  文件的绝对路径：C:\Users\Administrator\workspace\YZQ\test.txt
4  文件的父路径：null
5  文件可读
6  文件可写
7  是一个文件
8  不是一个目录
9  不是绝对路径
10 最后的修改时间为:1664941542366
11 文件大小:55bytes
12 文件是否删除成功：true
```

【例 7-1】中首先创建了 File 文件对象，调用了相关方法获取文件的不同属性，最后将程序运行结果进行输出。

7.3.2 遍历目录下的文件

File 类中的 list()方法用于遍历某个指定目录下的所有文件。下面通过一个示例来演示 list()方法的使用。

【例 7-2】通过 list()方法遍历目录。

```
1  import java.io.File;
2  import java.util.Arrays;
3  public class Example02 {
4    public static void main(String[] args) {
5      //创建 File 对象，并指定文件路径
6      File file = new File("D:\\eclipseworkspace\\Chapter7");
7      //判断该 File 对象是否是目录
8      if(file.isDirectory()) {
9      //获取目录中的所有文件的名称
10     String[] fileNames = file.list();
11     //对该路径下的文件或目录进行遍历
12     Arrays.stream(fileNames).forEach(f → System.out.println(f));
13     }
14   }
15 }
```

运行结果如下：

```
1  bin
2  test.txt
```

【例 7-2】中创建了一个 File 对象，并指定了一个路径 D:\eclipseworkspace\Chapter7，通过调用 File 类的 isDirectory()方法判断路径指向是否为目录，如果是目录就调用 list()方法，获得一个 String 类型的数组 fileNames，数组中包含这个目录下所有文件的文件名（包括文件名称和文件夹名称）。接着通过数组工具类 Arrays 的 stream()方法将数组先转换为 Stream 流再进行遍历，依次输出每个文件的文件名。

一般在一个目录下，除了文件还有子目录，如果想要得到子目录下的 File 对象，就要使用 File 类

提供的另一个方法 listFiles()。listFiles()方法返回一个 File 对象数组，当对数组中的元素进行遍历时，如果元素中还有子目录需要遍历，则可以使用递归再次遍历子目录。

【例 7-3】通过 listFiles()方法获取指定目录下的所有文件。

```
1  import java.io.File;
2  public class Example03 {
3    public static void main(String[] args) {
4      File file = new File("D:\\eclipseworkspace\\Chapter7");
5      //调用 forFiles()方法遍历目录
6      forFiles(file);
7      }
8    public static void forFiles(File file) {
9      //获取目录下的所有文件
10     File[] files = file.listFiles();
11     //循环遍历数组
12     for(File f : files) {
13     //判断文件是否是目录，若遍历的是目录，则递归调用本方法
14       if(f.isDirectory()) {
15         forFiles(f);
16       }
17       //输出文件路径
18       System.out.println(f);
19     }
20   }
21 }
```

运行结果如下：

```
1  D:\eclipseworkspace\Chapter7\bin\a.txt
2  D:\eclipseworkspace\Chapter7\bin
3  D:\eclipseworkspace\Chapter7\test.txt
```

在【例 7-3】中，首先指定了需要遍历的目录路径，然后创建一个静态方法 forFiles()，用于遍历目标目录下的所有文件。在该方法中，首先通过 listFiles()方法把该目录下的所有目录和文件对象存到一个 File 类型的数组 files 中，然后遍历 files 数组，并对当前遍历的 File 对象进行判断。如果是目录，则递归调用 forFiles()方法继续对该 File 对象进行遍历；如果是文件，则直接输出文件的路径。

7.3.3 删除文件及目录

如果要删除一个目录下的某个文件或者是删除整个文件夹，可以使用 File 类的 delete()方法。在使用该方法时需要判断当前目录下是否存在文件，如果存在则需要先删除其内部的文件才能删除空文件夹。

【例 7-4】使用 delete()方法删除指定目录下的文件和文件夹。

```
1  import java.io.File;
2  public class Example04 {
3    public static void main(String[] args) {
4      //指定需要删除的文件路径
5      File files = new File("D:\\testFile\\新建文件夹");
6      //调用 deleteFile()方法
7      deleteFile(files);
8    }
9
```

```
10  public static void deleteFile(File files) {
11    //获取 File 对象中的所有文件
12    File[] listFiles = files.listFiles();
13    for(File file : listFiles) {
14      //如果遍历到的是目录，就递归调用本方法
15      if(file.isDirectory()) {
16        deleteFile(file);
17      }
18      //如果是文件，则可以直接删除
19      file.delete();
20    }
21    //如果是文件夹，则其内部的文件都已删除
22    //删除文件夹
23    files.delete();
24  }
25 }
```

执行后 testFile 文件夹下名称为“新建文件夹”的文件或文件夹已被删除。

需要注意的是，当删除完一个文件夹下的所有文件后，还需要执行删除当前这个文件夹的代码。在 Java 中的删除文件操作通过 JVM 直接进行，不会经过回收站，所以文件一旦删除就无法恢复。

7.4 字节流

计算机内，一切文件数据（文本、图片、视频等）都是以二进制数字的形式保存的，传输时也如此，因此字节流可以传输任意文件数据。在使用流的时候，要时刻明确，无论使用什么样的流对象，底层传输的始终为二进制数据，字节流是程序中最常使用的流，根据传输方向的不同，可以将其分为字节输入流和字节输出流。

字节流

JDK 提供了两个抽象类 InputStream 和 OutputStream。它们是字节流的顶级父类，所有的字节输入流都继承自 InputStream，所有的字节输出流都继承自 OutputStream。InputStream 和 OutPutStream 提供了一系列与读写数据相关的方法，InputStream 和 OutputStream 的常用方法如表 7-3 和表 7-4 所示。

表 7-3　InputStream 的常用方法

方法声明	功能描述
int read()	从输入流读取一个字节，把它转换为 0~255 的整数，并返回这个整数。当前没有可用字节时，将返回-1
int read(byte[ ] b)	从输入流读取若干个字节，把它们保存到参数 b 指定的字节数组中，返回的整数表示读取字节的数目
int read(byte[ ] b,int off,int len)	从输入流读取若干字节，把它们保存到参数 b 指定的字节数组中，off 指定字节数组开始保存数据的起始索引，len 表示读取的字节数目
void	关闭此输入流并释放与该流关联的所有系统资源

表 7-3 中前 3 个 read()方法都是用来读取数据的。第一个 read()方法是从输入流中逐个读取字节，第二个和第三个 read()方法则将若干字节以字节数组的形式一次性读入，从而提高读数据的效率。在进行 I/O 流操作时，当前 I/O 流会占用一定的内存。因此，在 I/O 操作结束后，应该调用 close()方法关闭流，从而释放资源。

表 7-4 OutputStream 的常用方法

方法声明	功能描述
void wirte(int b)	向输出流写入一个字节
void wirte(byte[ ] b)	把参数 b 指定的字节数组的所有字节写到输出流
void write(byte[ ] b,int off,int len)	将指定字节数组中从偏移量 off 开始的 len 个字节写入输出流
void fluse()	刷新此输出流并强制写出所有缓冲的输出字节
void close()	关闭此输出流并释放与此流相关的所有系统资源

表 7-4 列举了 OutputStream 类的 5 个常用方法。前 3 个是重载的 write()方法，都用于向输出流写入字节。其中，第一个方法逐个写入字节，后两个方法是将若干个字节以字节数组的形式一次性写入，从而提高写数据的效率。flush()方法用来将当前输出流缓冲区（通常是字节数组）中的数据强制写入目标设备。

InputStream 和 OutputStream 这两个类虽然提供了一系列和读写数据有关的方法，但是这两个类是抽象类，不能被实例化。针对不同的需要，InputStream 和 OutputStream 提供了不同的子类，这些子类形成了一个体系结构。

7.4.1 字节流读写文件

从一个文件中读取数据并将数据写入另一个文件，这一操作就是文件的读和写。针对文件的读写操作，JDK 专门提供了两个类，分别是 FileInputStream 和 FileOutputStream。

FileInputStream 是 InputStream 的子类，它可以从文件系统中的某个文件中获得输入字节，专门用于读取文件中的数据。下面通过【例 7-5】来演示字节流对文件数据的读取。这个示例需要在当前项目下创建一个测试文本文件 demo.txt，在文件中输入“test”并保存，然后创建一个类来实现读取操作。

【例 7-5】使用字节流实现文件读取操作。

```
1  import java.io.FileInputStream;
2  import java.io.IOException;
3  public class Example05 {
4    public static void main(String[] args) throws IOException {
5      //创建一个文件字节流来读取文件
6      FileInputStream in = new FileInputStream("demo.txt");
7      int b = 0;
8      //通过循环来读取文件，当返回值为-1 时结束循环
9      while((b=in.read())!=-1) {
10     System.out.println(b);
11     }
12     in.close();
13   }
14 }
```

运行结果如下：

```
1  116
2  101
3  115
4  116
```

【例 7-5】中创建的字节流对象 in 通过 read()方法将当前项目中的文件 demo.txt 中的数据读取并输出到结果。程序运行结果为 4 个数字，这是 demo.txt 文件中“test”这 4 个字母所对应的 ASCII 值。与

FileInputStream 对应的是 FileOutputStream，它可以从文件系统中的某个文件中获得输出字节，专门用于把数据写入文件。

【例 7-6】使用字节流实现文件写入操作。

```
1   import java.io.*;
2   public class Example06 {
3     public static void main(String[] args) throws IOException {
4       //创建文件输出流对象，并指定输出文件名称
5       FileOutputStream out = new FileOutputStream("out.txt");
6       String str = "outTest";
7       //将字符串转换为字节数组进行写入操作
8       out.write(str.getBytes());
9       out.close();
10    }
11  }
```

程序运行后，会在项目当前目录下生成一个新的文本文件 out.txt（该文件在运行后如果没有显示，可右击当前项目，在弹出的快捷菜单中选择“Refresh”，刷新后即可显示），打开此文件，可以看到向其中写入的内容“outTest”。

从【例 7-6】的运行结果可以看出，通过 FileOutputStream 写入数据时，会自动创建目标文件，如 out.txt。如果是向已存在的文件写入数据，那么默认 FileOutputStream 会先清空该文件中的数据，再写入新的数据。若希望在已存在的文件内容之后追加新的内容，则可使用 FileOutputStream 的构造方法 FileOutputStream(String fileNmae,boolean append)来创建文件输出流对象，并把 append 参数的值设置为 true。

【例 7-7】使用 FileOutputStream 以追加的方式写入数据。

```
1   import java.io.FileOutputStream;
2   import java.io.IOException;
3   public class Example07 {
4       public static void main(String[] args) throws IOException {
5           // 创建文件输出流对象，并指定输出文件名称
6           FileOutputStream out = new FileOutputStream("out.txt",true);
7           String str = "new data";
8           // 将字符串转换为字节数组进行写入操作
9           out.write(str.getBytes());
10          out.close();
11      }
12  }
```

程序运行后 out.txt 中的内容如下：

```
outTestnew data
```

【例 7-7】运行后，out.txt 文件中原先存在的内容并未被清空，新写入的内容“new data”增加到原内容的后面。

由于 I/O 流在进行数据读写时会出现各类异常，为了叙述简洁，在上面的代码中使用了 throws 语句将异常抛出。然而一旦遇到 I/O 异常，I/O 流的 close()方法可能无法执行，从而导致 I/O 资源无法释放。因此，为了保证 I/O 流的 close()方法一定执行，通常会将关闭流的操作写在 finally 代码块中，代码如下所示：

```
1     finally {
2       try {
```

```
3          if(in!=null) {
4              in.close()
5            }
6          }catch(Exception e) {
7             e.printStackTrace();
8          }
9       try {
10         if(out!=null) {
11             out.close()
12           }
13         }catch(Exception e) {
14            e.printStackTrace();
15         }
16    }
```

7.4.2 文件的复制

通常情况下，I/O 流都是同时使用的。例如文件的复制就需要通过输入流读取源文件的数据，并通过输出流将数据写入新文件。下面通过一个示例来演示文件的复制过程。

在当前项目目录下创建一个文件 source.txt（可以是文本，也可以是图片等格式的文件），在 source.txt 文件中输入"文件的复制演示"这 7 个字，然后通过代码将该文件复制到当前目录下，并将复制出来的新文件命名为"target.txt"，具体代码如【例 7-8】所示。

【例 7-8】文件的复制。

```
1  import java.io.*;
2  public class Example08 {
3    public static void main(String[] args) throws Exception {
4       //初始时间
5      long startTime = System.currentTimeMillis();
6      //创建文件输入流对象，读取指定目录下的文件
7      FileInputStream in = new FileInputStream("source.txt");
8      //创建文件输出流对象，将读取到的文件内容写入指定目录的文件中
9      FileOutputStream out = new FileOutputStream("target.txt");
10     int len = 0;
11     while((len=in.read())!=-1) {
12       out.write(len);
13     }
14     in.close();
15     out.close();
16      //结束时间
17     long endTime = System.currentTimeMillis();
18     //输出程序运行耗时
19     System.out.println("程序运行耗时：" + (endTime - startTime) + "ms");
20   }
21 }
```

运行结果如下：

```
程序运行耗时：2ms
```

【例 7-8】程序运行后，刷新可获得 target.txt 文件，文件的内容与 source.txt 的一致。在【例 7-8】中，通过 while 循环将字节逐个进行复制，每循环一次就通过 FileInputStream 的 read()方法读取一个字

节，并通过 FileOutputStream 的 write()方法将该字节写入指定的文件，直到读取的值为-1 时结束循环，完成文件的复制。程序运行耗时为 2ms。

上述的文件复制操作是逐个字节地读写，需要频繁操作文件，效率很低。为了提高传输效率，可以定义一个字节数组作为缓冲区，先一次性读取多个字节的数据，将数据保存在该字节数组中，再将字节数组中的数据一次性写入新文件中。

【例 7-9】使用字节数组方式实现文件复制。

```
1   import java.io.*;
2   public class Example09 {
3     public static void main(String[] args) throws Exception {
4       //初始时间
5       long startTime = System.currentTimeMillis();
6       //创建文件输入流对象，读取指定目录下的文件
7       FileInputStream in = new FileInputStream("source.txt");
8       //创建文件输出流对象，将读取到的文件内容写入指定目录的文件中
9       FileOutputStream out = new FileOutputStream("target.txt");
10      int len = 0;
11      //定义一个长度为 1024 的字节数组
12      byte[] buf = new byte[1024];
13      //通过循环将读取到的文件字节信息写入新文件
14      while((len=in.read(buf))!=-1) {
15        out.write(buf,0,len);
16      }
17      in.close();
18      out.close();
19      //结束时间
20      long endTime = System.currentTimeMillis();
21      //输出程序运行耗时
22      System.out.println("程序运行耗时: " + (endTime - startTime) + "ms");
23    }
24  }
```

运行结果如下：

```
程序运行耗时：1ms
```

在【例 7-9】中，使用 while 循环语句实现字节文件的复制。每循环一次，就从需要读取的文件读取若干字节填充到字节数组 buf 中，并通过变量 len 记录数组读取到的字节数，然后从数组索引 0 开始，将 len 个字节依次写入新文件。循环往复，当 len 值为-1 时，说明已经读取到文件的末尾，循环结束，整个复制过程也就结束了。通过比较【例 7-8】和【例 7-9】的运行结果可知，使用字节数组的方式读写文件比逐字节读写文件的效率更高。

7.4.3 字节缓冲流

除了自己添加用作缓冲的字节数组外，还可以使用 I/O 包提供的 BufferedInputStream 和 BufferedOutputStream。它们的构造方法中分别接收 InputStream 和 OutputStream 类型的参数作为对象，并在读写数据时提供缓冲功能。字节流和字节缓冲流的关系如图 7-2 所示。

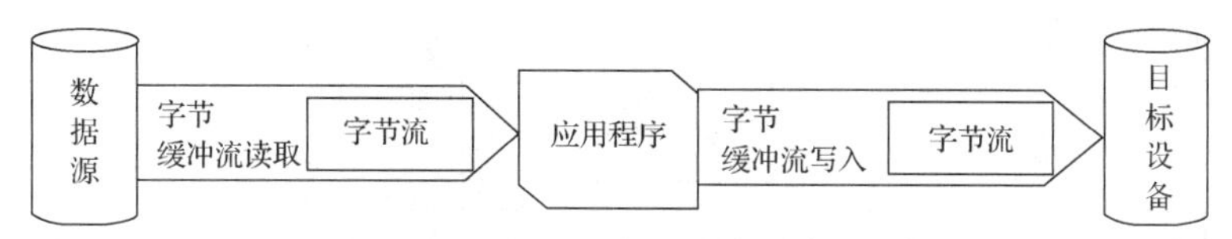

图7-2 字节流和字节缓冲流的关系

应用程序通过字节缓冲流从数据源读取数据，然后再通过字节缓冲流将数据写入目标设备，而字节缓冲流又是通过底层的字节流实现与数据源和目标设备之间的关联的。

【例7-10】BufferedInputStream和BufferedOutputStream两个缓冲流的使用。

```
1   import java.io.*;
2   public class Example10 {
3     public static void main(String[] args) throws Exception {
4       //初始时间
5       long startTime = System.currentTimeMillis();
6       //创建缓冲流，并同时创建字节流作为参数
7       BufferedInputStream bis = new BufferedInputStream(
8               new FileInputStream("source.txt"));
9       BufferedOutputStream bos = new BufferedOutputStream(
10              new FileOutputStream("target.txt"));
11      int len = 0;
12      while((len=bis.read())!=-1) {
13          bos.write(len);
14      }
15      bis.close();
16      bos.close();
17      //结束时间
18      long endTime = System.currentTimeMillis();
19      //输出程序运行耗时
20      System.out.println("程序运行耗时: " + (endTime - startTime) + "ms");
21    }
22  }
```

运行结果如下：

```
程序运行耗时: 1ms
```

【例7-10】中使用了BufferedInputStream和BufferedOutputStream两个缓冲流对象，这两个流的内部都定义了一个大小为8192的字节数组。当调用read()或write()方法读写数据时，首先将读写的数据存入定义好的字节数组，然后将字节数组的数据一次性写到文件中。从程序运行的效率来看，BufferedInputStream和BufferedOutputStream两个缓冲流对象的效率也是很高的。

7.5 字符流

当使用字节流读取文本文件中的数据时，会遇到一个问题，就是对于中文字符，可能不会显示正确的字符，因为一个中文字符占用多个字节的存储空间。对此Java提供了一些字符流类，以字符为单位读写数据，专门用于处理文本文件。字符流有两个顶级父类，分别是Reader和Writer，其中Reader是字符输入流，Writer是字符输出流。图7-3和图7-4分别列出了Reader和Writer的常用子类。

字符流

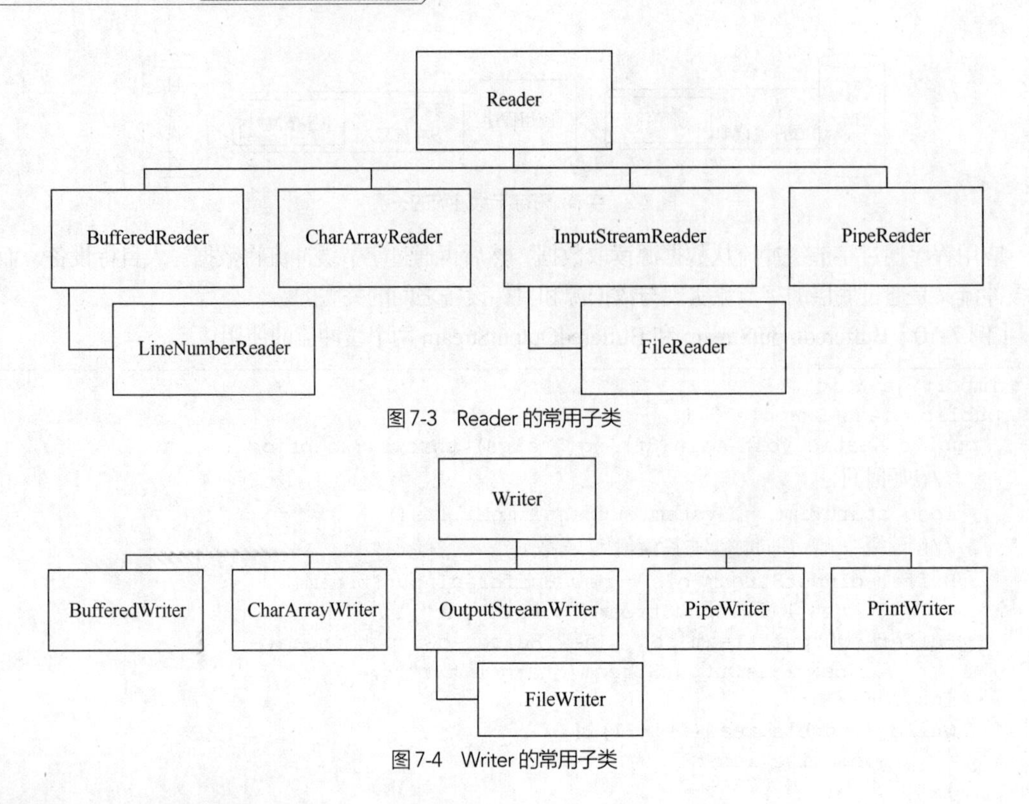

图 7-3　Reader 的常用子类

图 7-4　Writer 的常用子类

7.5.1 字符流操作文件

当需要对文件的字符进行读取时，可以使用字符输入流 FileReader，它可以从文件中读取一个或一组字符。下面通过一个示例来演示 FileReader 的使用。在项目的当前目录下新建一个文本文件 fileReader1.txt，在其中输入以下内容"字符输入流进行文件读取测试!"。

【例 7-11】FileReader 的使用。

```
1  import java.io.*;
2  public class Example11 {
3      public static void main(String[] args) throws IOException {
4          //初始时间
5              long startTime = System.currentTimeMillis();
6          FileReader fr = new FileReader("fileReader1.txt");
7          int len = 0;
8          while ((len = fr.read()) != -1) {
9              System.out.print((char) len);
10         }
11         fr.close();
12         //结束时间
13         long endTime = System.currentTimeMillis();
14         //输出程序运行耗时
15         System.out.println("程序运行耗时: " + (endTime - startTime) + "ms");
16     }
17 }
```

运行结果如下：

```
字符输入流进行文件读取测试! 程序运行耗时: 1ms
```

【例 7-11】中创建了一个 FileReader 对象来对指定的文件进行读取操作，其中使用 while 循环，每次从文件读取一个字符并输出。因为字符输入流的 read()方法返回的是该字符编码对应的 int 类型的值，所以进行了强制类型转换，将变量 len 强制转换成 char 类型。如果向文件中写入字符，则需要使用字符输出流 FileWriter。

【例 7-12】FileWriter 的使用。

```
1  import java.io.*;
2  public class Example12 {
3    public static void main(String[] args) throws Exception {
4        //初始时间
5       long startTime = System.currentTimeMillis();
6       FileWriter fw = new FileWriter("fileWriter1.txt");
7       fw.write("第一行输出内容，\r\n");
8       fw.write("这是第二行输出内容，\r\n");
9       fw.write("而这是第三行输出内容。\r\n");
10      fw.close();
11       //结束时间
12       long endTime = System.currentTimeMillis();
13       //输出程序运行耗时
14       System.out.println("程序运行耗时：" + (endTime - startTime) + "ms");
15    }
16 }
```

运行结果如下：

```
程序运行耗时：2ms
```

【例 7-12】运行结束后刷新项目，会在当前目录下生成一个名称为“fileWriter1.txt”的文件，打开此文件看到如下内容：

```
1  第一行输出内容，
2  这是第二行输出内容，
3  而这是第三行输出内容。
```

FileWriter 可用于向文件写入字符，如果指定的文件不存在，就先创建文件，再写入数据；如果指定的文件存在，则先清空文件中的内容再进行写入。如果想在文件末尾追加数据，需要使用重载的构造方法，如下代码所示：

```
FileWriter fw = new FileWriter("fileWriter1.txt",true)
```

7.5.2 字符缓冲流

针对字符的读写操作，JDK 还提供了字符缓冲流，分别是 BufferedReader 和 BufferedWriter。相对于前面所演示的字符流读取操作，字符缓冲流的读写效率会大大提升。

【例 7-13】使用字符缓冲流实现文件的复制。

```
1  import java.io.*;
2  public class Example13 {
3    public static void main(String[] args) throws IOException {
4        //初始时间
5      long startTime = System.currentTimeMillis();
```

```
6    //创建一个字符输入缓冲流对象
7    BufferedReader br = new BufferedReader(
8            new FileReader("fileReader1.txt"));
9    //创建一个字符输出缓冲流对象
10   BufferedWriter bw = new BufferedWriter(
11           new FileWriter("fileWriter2.txt"));
12   String str = null;
13   //readLine()读取一行文本，到文件末尾读取值为 null
14   while((str=br.readLine())!=null) {
15   //通过缓冲流对象写入文件
16   bw.write(str);
17   //写入一个换行符，此方法的特点在于会根据不同操作系统生成相应的换行符
18   bw.newLine();
19     }
20   br.close();
21   bw.close();
22     //结束时间
23     long endTime = System.currentTimeMillis();
24     //输出程序运行耗时
25     System.out.println("程序运行耗时：" + (endTime - startTime) + "ms");
26  }
27 }
```

运行结果如下：

```
程序运行耗时：1ms
```

在【例 7-13】中，每次循环使用 readLine()方法读取文件的一行，然后通过 write()方法将其写入目标文件，同时使用 newLine()方法进行换行写入，否则源文件的所有内容都会写入目标文件的一行之中。readLine()方法会逐个读取字符，当读到回车符或换行符时，它会将已经读到的字符作为一行的内容返回。程序运行结束后，会生成一个新的文件 fileWriter2.txt，该文件中的内容与 fileReader1.txt 中的内容一致。

需要注意的是，在字符缓冲流内部使用了缓冲区，在循环中调用 BufferedWriter 的 write()方法写入字符时，这些字符首先会被写入缓冲区。当缓冲区被写满或调用 close()方法时，缓冲区的字符才会被写入目标文件。因此在循环结束时需要调用 close()方法，否则很有可能会导致部分存储在缓冲区的数据没有写入目标文件。

7.6 转换流

在实际使用过程中，字节流和字符流之间有时也需要进行转换。JDK 提供了两个类用于实现字节流转换为字符流的操作，它们分别是 InputStreamReader 和 OutputStreamWriter。

转换流和对象序列化

InputStreamReader 是 Reader 的子类，它可以将一个字节输入流转换成字符输入流。OutputStreamWriter 是 Writer 的子类，它可以将一个字节输出流转换成字符输出流。

【例 7-14】字节流转化为字符流。

```
1  import java.io.*;
```

```
2  public class Example13 {
3    public static void main(String[] args) throws IOException {
4      FileInputStream in = new FileInputStream("Reader.txt");
5      //将字节输入流转换成字符输入流
6      InputStreamReader isr = new InputStreamReader(in);
7      FileOutputStream out = new FileOutputStream("Writer.txt");
8      //将字节输出流转换成字符输出流
9      OutputStreamWriter osw = new OutputStreamWriter(out);
10     int len = 0;
11     while((len=isr.read())!=-1) {
12       osw.write(len);
13     }
14     isr.close();
15     osw.close();
16     in.close();
17     out.close();
18   }
19 }
```

程序运行后将生成一个名称为“Writer.txt”的文件，文件内容为“测试转换流”。在【例7-14】中还可以加入BufferedReader和BufferedWriter来提高工作效率，读者可自行尝试。需要注意，如果字节流处理的是字节码文件，比如视频、图片等，则不能使用转换流将其转换为字符流，否则会造成数据丢失。

标准输入输出流

7.7 对象序列化与反序列化

在Java中，数据都是保存在对象中的，如果要将对象中的数据保存在硬盘上，就需要使用对象序列化。对象序列化与反序列化流程如图7-5所示。

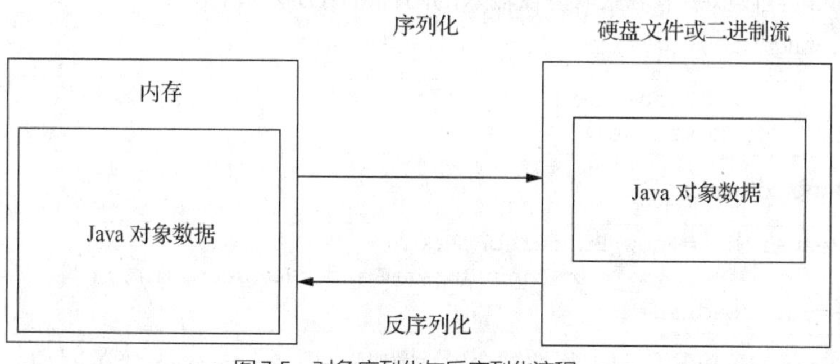

图7-5 对象序列化与反序列化流程

对象的序列化（serializable）是指将一个Java对象转换成一个I/O流中字节序列的过程，其目的是将对象保存在硬盘中，或者使得对象可以在网络中直接传输。对象序列化可以使内存中的Java对象转换成与平台无关的序列化流，既可以将这种二进制流持久地保存在硬盘上，又可以通过网络将这种二进制流传输到另一个网络节点。其他程序获得这种二进制流后，就可以将它恢复成原来的Java对象。这种将I/O流中的字节序列恢复为Java对象的过程称为反序列化（deserializable）。

如果想让某个对象支持序列化机制，那么这个对象所在的类必须是可序列化的。在Java中，可序列化的类必须实现Serializable或Externalizable接口。

使用 Serializable 接口实现序列化非常简单，只需要让目标类实现 Serializable 接口即可。例如创建一个 User 类实现序列化接口的代码如下：

```
1  import java.io.Serializable;
2  public class User implements Serializable{
3  //为该类指定一个 serialVersionUID 变量值
4  private static final long serialVersionUID = 1L;
5  //声明变量
6  private String username;
7  private int id;
8  }
```

在上述代码中，User 类实现了 Serializable 接口，并指定了一个 serialVersionUID 变量值，该变量值的作用是标识 Java 类的序列化版本。如果不定义 serialVersionUID 变量值，那么将由 JVM 根据类的相关信息计算出一个 serialVersionUID 变量值。

serialVersionUID 的作用是验证版本一致性。在进行反序列化时，JVM 会把传来的字节流中的 serialVersionUID 与本地相应实体类的 serialVersionUID 进行比较。如果相同，则认为版本是一致的，可以进行反序列化，否则就会出现序列化版本不一致的异常。

7.8 标准 I/O 流

计算机系统都有标准的 I/O 设备。对一般计算机系统而言，标准输入设备通常是键盘，而标准输出设备是显示器。Java 程序往往需要从键盘上读取数据，在显示器上输出数据，如果频繁地为此创建 I/O 流对象，会导致程序运行效率低下。因此，JDK 提供了两个对象，分别与系统的标准输入和标准输出相对应，它们是 System.in 和 System.out。

System.in 是标准输入流，本质上就是一个 InputStream，它是按照包装流的方式进行输入的，可以使用 read()方法从键盘读取字节。获取键盘输入的两种常用方法如下所示。

（1）通过 Scanner

```
1  Scanner sc = new Scanner(System.in);
2  String str = sc.nextLine();
```

（2）通过 BufferedReader

```
1  BufferedReader br = new BufferedReader(
2                        new InputStreamReader(System.in));
3  String s = br.readLine();
```

System.out 是标准输出流，用于往控制台输出数据，是 PrintStream 类的对象。System.out 作为 PrintStream 输出流类的对象，可实现标准输出，可以调用它的 print()、println()或 write()方法来输出各种类型的数据。另外，System.err 是标准错误输出流，System.exit()用于终止进程。

本章小结

本章主要介绍了 Java 中输入、输出的相关知识，包括通过 File 类访问本地文件系统、字节流与字符流的使用，最后补充介绍了转换流、对象序列化和反序列化、标准 I/O 流的相关知识。通过对本章的学习，读者应该掌握对文件的创建、删除、复制、读取和保存等操作。

习题

一、单选题

1. 使用 File 类中的哪个方法可以判断文件是否是可读的？（　　）

A. canRead()　　B. canWrite()　　C. isHidden()　　D. canHidden()

2. 下列哪项是 Java 中所定义的字节流？（　　）

A. Output　　B. Reader　　C. Writer　　D. InputStream

3. 在输入流的 read()方法返回哪个值的时候表示读取结束？（　　）

A. 0　　B. 1　　C. -1　　D. null

4. 为了从文本文件中逐行读取内容，应该使用哪个处理流对象？（　　）

A. BufferedReader　　B. BufferedWriter

C. BufferedInputStream　　D. BufferedOutputStream

5. 在 Java 中，下列关于读写文件的描述错误的是（　　）。

A. Reader 类的 read()方法用来从数据源中读取一个字符的数据

B. Reader 类的 read(int n)方法用来从数据源中读取一个字符的数据

C. Writer 类的 write(int n)方法用来向输出流中写入单个字符

D. Writer 类的 write(String str)方法用来向输出流中写入一个字符串

6. 分析如下 Java 代码，在有注释的 4 行代码中，有错误的是第（　　）处。

```
1  import java.io.FileWriter;
2  import java.io.IOException;
3  public class Test {
4    public static void main(String[ ] args) {
5      String str = "Hello World";
6      FileWriter fw = null;
7      try {
8        fw = new FileWriter("c:\\hello.txt"); // 1
9        fw.write(str);                     // 2
10     } catch (IOException e) {
11       e.printStackTrace();               // 3
12     } finally {
13       fw.close();                       // 4
14     }
15   }
16 }
```

A. 1　　B. 2　　C. 3　　D. 4

7. 下列不是 Java 的 I/O 流的是（　　）。

A. 文本流　　B. 字节流　　C. 字符流　　D. 文件流

8. 以下哪个 import 命令可以在程序中建立 I/O 流对象？（　　）

A. import java.sql.*;　　B. import java.util.*;　　C. import java.io.*;　　D. import java.net.*;

9. 以下哪个不属于字符流？（　　）

A. InputStreamReader　　B. BufferedReader　　C. FilterReader　　D. FileInputStream

10. 字符流与字节流的区别在于（　　）。

A. 前者带有缓冲，后者没有　　B. 前者是块读写，后者是字节读写

C. 二者没有区别，可以互换使用　　D. 每次读写的字节数不同

二、编程题

1. 在计算机 D 盘下创建一个文件名为“HelloWorld.txt”的文件，判断它是文件还是目录；再创建一个目录 IOTest 之后将 HelloWorld.txt 移动到 IOTest 目录下；最后遍历 IOTest 这个目录下的文件。

2. 示例描述：读取用户在控制台输入的内容，通过 BufferOutStream 将字符写到缓冲输出流中，并存储到指定路径的文件夹中。

（1）接收用户输入的内容。

（2）使用 I/O 流把内容写入指定文件。

3. 在文本文件 book.txt 中有很长篇幅的英语短文，编写程序要求实现统计文件所包含的英文字母“A”的个数，并显示统计出的所花费的时间。

4. 编写程序实现查看 D 盘中所有文件和文件夹的名称。

5. 编写程序实现将一个文本文件的内容按行读出，每读出一行就顺序添加行号，并写入另一个文件中。

上机实验

1. 分别使用 FileWriter 和 BufferedWriter 向文本文件 test.txt 中写入 1 万个随机数，比较两种方法的用时。

2. 模拟老师批改作业的程序。将指定目录中的.docx 文档找出来，并写到 score.txt 文件中，.docx 文档需要有文件名和路径，并用 Tab 键分隔。提示：遍历指定的文件夹，并对遍历出来的文件进行判断，文件扩展名是.docx 的，将其文件名和路径写入 score.txt 中，否则不执行任何操作。

3. score.txt 中保存了若干同学的成绩信息，按如下方式对信息进行排序再存回 score_sort.txt 中。

（1）计算每个同学的总分。

（2）按班号升序排列，班号相同按成绩降序排列，参考效果如下。

学号	姓名	班号	数学	语文	英语	总分
20220001	张三	1	100	80	76	256
20220002	李四	1	80	70	90	240
20220004	赵六	2	85	85	90	260
20220003	王五	2	74	70	80	224
20220006	孙八	3	100	90	98	288
20220005	钱七	3	100	70	90	260

第8章 集合

本章主要介绍 Java 集合框架及其常用类。Java 集合框架中的类提供对数据结构的抽象与封装，其定义了统一的数据操作接口规范。通过使用、扩展 Java 集合类可以很方便地定义和使用常见的数据结构，并能兼顾数据结构的数据安全。本章通过介绍 Java 的集合框架及其常用类，梳理 Java 集合类的关系主线，区分不同集合接口的使用场景，帮助读者掌握 Java 类的基本使用方法。

8.1 集合概述

与传统程序设计语言相比，为了实现类的抽象和数据的隐藏，面向对象的程序设计语言通常将数据以对象属性的形式封装到类中，这样兼顾了数据操作和数据安全。但是类的内部如何进行数据的组织，以方便地对数据进行检索、遍历、插入、删除和更新操作，同时屏蔽数据结构的底层差异，实现访问形式的统一呢？Java 定义了相应的集合框架，解决了面向对象的程序设计语言的数据组织与操作问题。集合框架遵循接口隔离原则和单一职责原则（程序设计原则），Java 采用接口隔离的方式实现数据集合的组织和访问的统一。数据访问操作通常面临简单集合和键-值对集合两种形式。因此，Java 定义了 Collection（简单集合）和 Map（键-值对集合）两类接口，并实现了具体的数据结构以方便程序员使用。Java 常用集合的基本框架如图 8-1 所示（图中实线表示继承关系，虚线表示实现关系）。

集合概述

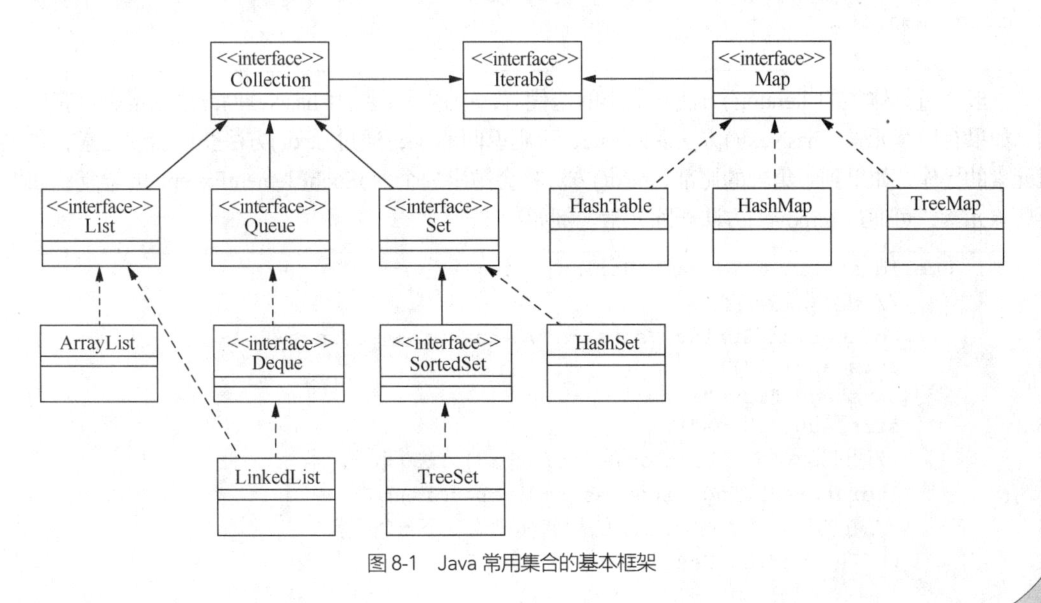

图 8-1 Java 常用集合的基本框架

其中 Iterable、Collection、List、Queue、Deque、Set、SortedSet、Map 为接口类，其他为具体实现类。其中 Collection 定义了一般集合操作接口，Map 定义了键-值对操作接口，实现了数据集合的组织与访问的统一，并屏蔽了具体的实现，遵循了开闭原则与接口隔离原则。Iterable 接口使用了单一职责原则，有利于框架的扩展。上述设计使得 Java 的集合框架具有良好的稳定性、可扩展性和易用性。

8.2 集合接口

与现代数据结构类库一样，为了让程序具有 C++的 STL（标准模板库）的泛型编程能力，同时降低使用和维护的复杂度，Java 采用接口隔离的理念设计集合类库。接口设计遵循单一职责原则，定义数据访问的通用方法，并且不限定数据访问的具体实现。这种设计屏蔽了数据结构的底层差异，实现了访问形式的统一，以方便用户理解和扩展。

集合接口

8.2.1 集合迭代器

一般的数据结构包括线性表、队列、堆栈、广义表、树和图等，都需要对其存储的数据进行遍历操作。为实现遍历操作的统一，集合定义了迭代器 Iterator 接口。其他数据结构通过实现迭代器 Iterator 接口，向调用者提供统一、透明的数据遍历过程。数据调用者通过具体的数据结构实现类的 iterator()方法获取迭代器，通过迭代器的 hasNext()方法判定数据集合是否存在下一个集合元素，再通过 next()方法获取下一个集合元素，以此逐次完成数据结构中元素的遍历。Iterator 接口同时采用泛型编程，通过定义泛型 E，保证了数据结构的集合类支持任意数据类型和类对象的访问。Iterator 接口具有下列定义形式：

```
1  public interface Iterator<E>
2  {
3  E next();
4  poolean hasNext();
5  void remove();
6  }
```

一般通过具体类的 iterator()方法获取类的迭代器，通过反复调用 hasNext()方法判定是否有后续元素，如果有后续元素，hasNext()方法返回 true，否则返回 false；通过 next()方法获取后续元素，并执行对元素的操作，如果到了集合的尾部，next()方法将会抛出一个 NoSuchElementException 异常；如果需要删除元素，可通过 remove()方法删除元素。例如：

```
1       public static void main(String[] args) {
2           // 初始化数据结构
3           Collection<String> strs =new ArrayList<String>();
4           strs.add("I");
5           strs.add("love");
6           strs.add("China");
7           //通过具体类 Collection 的 iterator()方法获取迭代器
8           Iterator<String> iter =strs.iterator();
9           //通过迭代器的 hasNext()方法判定是否存在下一个元素
10          while(iter.hasNext())
11          {
```

```
12              //通过 next()方法获取元素
13              String elem=iter.next();
14              System.out.println(elem);
15              //iter.remove();      如果需要移除元素，通过 remove()方法来实现
16          }
17      }
```

注意

移除元素前必须调用 next()方法，这是由于 next()方法与 remove()方法是互相依赖的，remove()方法并不更新指向对象的指针信息。只有 next()方法完成指向对象的指针信息更新后，才能执行元素移除操作，而不能连续调用 remove()方法移除相邻元素，否则会抛出 IllegalStateException 异常。

从 JDK 5.0 开始，这种循环可以通过加强 for 循环方式代替：

```
1     for (String  elem :strs)
2     {
3         System.out.println(elem);
4     }
```

上述方式也能实现元素遍历操作，但是不能执行元素删除操作。for 循环可以通过任何实现了 Iterable 接口的对象一起工作，Iterable 接口只有一个职责，其接口定义如下：

```
1  public interface Iterable(E)
2  {
3  interface<E> iterator();//此方法可以获取迭代器
4  }
```

由于集合类 Collection 与 Map 的接口均扩展于 Iterable 接口，所以在 Java 任何集合类的数据结构中均可以使用“for each”来简化遍历。

一般通过比较 hashCode()方法或者 equals()方法的返回值来进行集合元素的比较，也可以通过 Comparable 接口来完成相似操作。一般需要进行哈希运算的集合实现类，均使用 hashCode()方法的返回值完成元素比较，如 HashMap 类；其他则采用 equals()方法的返回值完成元素比较，Java 默认提供基础数据类型的比较，如数值、字符和日期，但不提供自定义类的对象比较。自定义类的对象如果需要进行比较操作，则必须在自定义类中重载 equals()方法；而其他集合的比较操作则需要调用元素的比较器，可以通过实现 Comparable 接口来定义比较器。

由于集合类的不同实现差异，Java 并没有规定数据集合的存储要求，一般线性结构的存储是有序的，如 ArrayList；非线性结构的存储是无序的，如 HashMap；部分结构的访问是有序的，如 TreeSet。

8.2.2 Collection 接口

Collection 接口定义了集合的常规需求，如数据的添加、删除、修改、比较和迭代，也定义了集合整体操作，如数据结构的清空与数据对象的迁移。Collection 接口定义的常见方法如表 8-1 所示。

表 8-1 Collection 接口定义的常见方法

返回值	方法	方法描述
Iterator<E>	iterator()	返回一个迭代器，用于访问集合中的各个元素
int	size()	返回集合中元素数量
boolean	isEmpty()	如果元素为空，则返回 true
boolean	contains(Object obj)	如果集合中包含一个与 obj 相等的元素，则返回 true

续表

返回值	方法	方法描述
boolean	add(Object obj)	添加元素 obj 到集合中，如果集合发生变化则返回 true
boolean	remove(Object obj)	移除集合中与 obj 相同的元素，如果有匹配的对象被成功移除，则返回 true
void	clear()	移除集合中的所有元素
void	retainAll(Collection<?> other)	仅保留与 other 相同的集合元素
Object [ ]	toArray()	返回集合的对象数组
boolean	equals(Object o)	比较 o 与集合的其他元素是否相同
int	hashCode()	返回集合的哈希值

Collection 接口各方法的功能依赖于集合元素的比较，集合元素是否相等依赖于 equals()方法。默认情况下，集合中的元素继承了 Object 类中的 equals()方法。如果集合元素是数字或者字符串要按照值的大小进行比较；如果集合元素是类的对象，进行比较时，需要自定义比较的逻辑。

【例 8-1】集合元素的比较。

```
1  public class Student {
2       private String stuName;
3       private int age;
4       private boolean sex;
5       public Student(String stuName, int age, boolean sex) {
6            super();
7            this.stuName = stuName;
8            this.age = age;
9            this.sex = sex;
10      }
11      public String getStuName() {
12           return stuName;
13      }
14      public void setStuName(String stuName) {
15           this.stuName = stuName;
16      }
17      public int getAge() {
18           return age;
19      }
20      public void setAge(int age) {
21           this.age = age;
22      }
23      public boolean isSex() {
24           return sex;
25      }
26      public void setSex(boolean sex) {
27           this.sex = sex;
28      }
29      @Override
30      public boolean equals(Object obj) {
31           if(this== obj) //判定元素地址是否相等
32                return true;
33           Student tmpStu=(Student)obj;
34 if(tmpStu.getAge()==this.getAge()&&tmpStu.getStuName().equals(this.getStuName
35 ())&&tmpStu.isSex()==this.isSex())//判定元素属性是否都相等
```

```
36                return true;
37            return false;          //如果上述两个条件都不满足，则返回 false
38        }
39  }
```

比较测试如下：

```
1       public static void main(String[] args) {
2           //初始化数据集合
3           Collection<Student> stuList=new LinkedList<Student>();
4           stuList.add(new Student("林涛",20,true));
5           stuList.add(new Student("韩梅梅",22,false));
6           stuList.add(new Student("lucy",19,true));
7   System.out.println(stuList.contains(new Student("韩梅梅",22,false)));
8   }
```

如果自定义的类没有重载 equals()方法，则上述程序返回 false，表明即使元素属性的数据相等，两个元素也不相等。只有程序员自定义 equals()方法，自定义元素属性相等的逻辑，程序才能有效区分元素是否相等。

8.2.3 List 接口

List 接口的实现类存储数据元素时，储存元素是有序的，可以重复的。List 接口的实现类和数组类似，可以动态增长，根据实际存储的数据的长度自动扩大集合。List 接口实现类查找与修改元素的效率高，定点插入与任意删除的效率低，因为定点插入和任意删除会引起其他元素位置发生改变。List 接口定义的常见方法如表 8-2 所示。

表 8-2　List 接口定义的常见方法

返回值	方法	方法描述
boolean	add(E e)	添加元素 e 到集合的末尾，返回是否添加成功
void	add(int index, E e)	在指定索引位置添加元素
boolean	remove(Object o)	删除元素 o
E	remove(int index)	删除指定索引位置的元素，返回被删除的元素
E	set(int index, E e)	修改指定索引位置的元素，返回修改之前的元素值
E	get(int index)	获取指定索引位置的元素
int	int size()	获取集合中元素的个数
boolean	contains(Object o)	判断集合中是否存在某个元素

可以看出 List 接口支持指定索引的定位、修改与删除操作，为使元素的添加更高效，一般建议在集合末尾添加，这样不需要移动其他元素的存储位置。当使用 add(int index, E e)方法在指定索引位置添加元素时，添加元素到索引 index 的位置，index 及其后续元素均需要往后移动以空出位置方便新元素添加，数据插入效率较低。

8.2.4 Set 接口

Set 接口定义存储的是无序的、不重复的数据；检索效率低下，删除和插入效率高，因为插入和删除不会引起元素位置发生改变。Set 接口定义的常见方法如表 8-3 所示。

表 8-3 Set 接口定义的常见方法

返回值	方法	方法描述
boolean	add(E e)	当元素 e 没有存在于集合中时添加元素 e
boolean	remove(Object o)	删除元素 o
int	size()	获取集合中元素的个数
boolean	contains(Object o)	判断集合中是否存在元素 o
boolean	equals(Object o)	比较元素 o 是否与集合中其他元素相同
int	hashCode()	返回集合的哈希值，哈希值用于区分不同集合是否相同

Set 接口的相关操作一般没有索引的概念，存放不同的元素时，可执行 add()方法。通过调用 e1.equals(e2)方法可以判定元素 e1 与元素 e2 是否相同。

8.3 Collection 接口的实现类

Collection 接口的实现类

Collection 接口的常用具体实现类有 ArrayList、LinkedList、HashSet、TreeSet，如表 8-4 所示。

表 8-4 Collection 接口的常用具体实现类

实现类	描述
ArrayList	定义可动态增加和缩减的带索引集合
LinkedList	可以在任意位置进行高效插入和移除的有序序列
HashSet	没有重复元素的无序集合
TreeSet	有序集合

一般元素数量变化不大，需要通过索引快速定位、随机访问、增加、修改与删除操作不频繁时建议采用 ArrayList；元素数量不确定，需要频繁地增加和删除元素，对元素位置不要求有序，建议采用 LinkedList。ArrayList 与 LinkedList 可以转换，配合使用效率更高。如果要求集合元素没有重复元素，则建议采用 HashSet 和 TreeSet。如果要求元素既不能重复，还必须有序，则建议采用 TreeSet。

8.3.1 ArrayList

ArrayList 类是可以动态修改的数组结构类，与普通数组相比，ArrayList 没有固定的大小。ArraList 类的源码中定义了 DEFAULT_CAPACITY 为 10，MAX_ARRAY_SIZE 为 2147483639，即 ArrayList 以 DEFAULT_CAPACITY 定义初始数组大小，并以 MAX_ARRAY_SIZE 限定数组支持的最大访问元素量。当默认分配空间不足时，ArrayList 计算当前已分配空间，并以 1.5 倍的当前容量进行空间重新分配，类似于 C 语言的 realloc()方法的内存增量申请。由于连续空间的再分配需要消耗系统内存和运算资源，使用 ArrayList 一般建议提前计划分配的空间数量。ArrayList 支持元素的随机定位、快速访问和动态修改，所以 ArrayList 查询和修改较快，增加和删除较慢。ArrayList 不是线程安全的结构。

ArrayList 实现了 List 接口，而 List 接口扩展了 Collection 接口，且定义了元素的索引操作和排序操作，并重载了集合元素操作，这样 Collection 接口和 List 接口的所有方法均可以在 ArrayList 中使用。ArrayList 的常用方法如表 8-5 所示。

表 8-5 ArrayList 的常用方法

返回值	方法	方法描述
boolean	add(E e)	添加元素 e
void	add(int index, E e)	在指定索引位置添加元素 e
boolean	addAll(int index, Collection<? extends E> c)	从指定索引位置添加一个集合
boolean	ensureCapacity(int minCapacity)	扩展集合
boolean	trimToSize()	将多余空间回收，使分配空间与元素个数匹配
E	get(int index)	快速定位并获取特定位置的元素
int	indexOf(Object o)	获取元素 o 的位置索引，不存在则返回-1
boolean	remove(int index)	移除集合中索引为 index 的元素
boolean	remove(Object o)	移除集合中第一次出现的 o 元素
boolean	removeIf(Predicate<? super E> filter)	移除 filter 为真的元素
boolean	removeRange(int fromIndex, int toIndex)	移除从 fromIndex 到 toIndex 之间的元素
E	set(int index, E e)	使用 e 修改索引为 index 的元素

注：ArrayList 类继承的其他方法参考 List 接口和 Collection 接口，此处不赘述。

【例 8-2】ArrayList 的使用。

```
1         public static void main(String[] args) {
2         List<Student> stuList=new ArrayList<Student>();
3         stuList.add(new Student("林涛",20,true));//在集合末尾添加新元素
4         stuList.add(new Student("韩梅梅",22,false));
5         stuList.add(1,new Student("lucy",19,true));//在指定索引 1 处添加元素
6         for(int i =0;i<stuList.size();i++)//使用 for 循环遍历 ArrayList
7             System.out.println(stuList.get(i));//通过 get()方法获取指定索引的元素
8         stuList.set(1, new Student("lily",19,true));//修改索引为 1 的元素
9         System.out.println("output the element after modify:");
10        for(Student stu :stuList)    //使用加强 for 循环遍历 ArrayList 集合
11            System.out.println(stu);
12        stuList.removeIf(e→(e.getAge()<21));//使用过滤器移除元素
13        System.out.println("output the element after removeIf:");
14        Iterator<Student> it = stuList.iterator();
15        while(it.hasNext())//使用迭代器遍历 ArrayList
16        {
17            System.out.println(it.next());
18        }
19    }
```

运行结果如下：

```
1  My name is :林涛
2  My name is :lucy
3  My name is :韩梅梅
4  output the element after modify:
5  My name is :林涛
6  My name is :lily
7  My name is :韩梅梅
8  output the element after removeIf:
9  My name is :韩梅梅
```

上述程序演示了 ArrayList 的元素增加、修改、删除和遍历操作。ArrayList 既可以使用 for、foreach 循环进行元素遍历，也可以通过迭代器进行迭代。其删除操作支持过滤器过滤，过滤器的使用形式为 e→(lambda 表达式)，e 代表当前操作的元素，lambda 表达式返回逻辑判定值。如果 lambda 表达式返回 true，则执行删除操作。

8.3.2 LinkedList

LinkedList 可以理解为一个双向链表，其内部每个元素都保存其前驱元素和后继元素的位置信息。由于采用链表的形式存储数据，增加和删除元素仅仅需要修改元素的指向信息（指针），而不需要像 ArrayList 一样移动和删除元素，所以 LinkedList 进行元素插入和删除的操作效率高。当数据集合需要在任意位置进行频繁的元素插入和删除操作时应选择 LinkedList，当需要进行数据集合的查询和修改操作，或者只需要在列表末尾进行添加和删除元素操作时则选择 ArrayList，二者可以进行数据的迁移，迁移的复杂度一般为 $O(n)$。LinkedList 继承了 AbstractSequentialList 类。

LinkedList 实现了 Queue 接口和 Deque 接口，可作为队列和双向队列使用；实现了 List 接口，可进行列表的相关操作；实现了 java.io.Serializable 接口，可支持序列化，能通过序列化完成数据的存储与传输。LinkedList 也是线程不安全的类。LinkedList 的常用方法如表 8-6 所示。

表 8-6　LinkedList 的常用方法

返回值	方法	方法描述
boolean	add(E e)	添加元素 e
void	add(int index, E e)	在指定索引位置添加元素 e
boolean	addAll(int index, Collection<? extends E> c)	从指定索引位置添加集合
void	addFirst(E e)	在链表的开始位置添加元素 e
void	addLast(E e)	在链表的结束位置添加元素 e
E	element()	获取链表的首个元素，但不移除
E	getFirst()	返回链表的首个元素
E	getLast()	返回链表的末尾元素
E	pop()	删除并返回列表的首个元素
void	push(E e)	将元素 e 入栈
E	get(int index)	快速定位并获取特定位置的元素
int	indexOf(Object o)	获取元素 o 的位置索引，不存在则返回-1
boolean	remove(int index)	移除链表中指定索引位置的元素
boolean	remove(Object o)	移除链表中第一次出现的 o 元素
E	removeFirst()	移除链表的第一个元素
E	removeLast()	移除链表的末尾元素
E	set(int index, E e)	使用 e 修改指定索引位置的元素

通过表 8-6 可以知道，LinkedList 既可以作为链表，通过 add()方法、get()方法、remove()方法完成链表的元素添加、获取和删除；也可以作为队列，通过 addLast()方法和 removeFirst()方法完成队列元素的入队与出队；还可以作为堆栈，通过 push()方法、pop()方法完成堆栈元素的入栈与出栈。LinkedList 的应用领域较为广泛。

【例 8-3】LinkedList 的使用。

```
1  public static void main(String[] args) {
2  LinkedList<String> strList = new LinkedList<String>();
3          //初始化测试数据
4          strList.add("one");
5          strList.add("two");
6          strList.add("three");
7          strList.add("four");
8          //输出数据
9          for(String stu : strList)
10             System.out.print(stu+"\t");
11         System.out.println();
12         //在链表的首部添加元素
13         strList.addFirst("five");
14         //在链表的末尾添加元素
15         strList.addLast("six");
16         for(String stu : strList)
17             System.out.print(stu+"\t");
18         System.out.println();
19         //开始执行出栈操作
20         System.out.println(strList.pop());
21         //输出出栈之后的元素
22         for(String stu : strList)
23             System.out.print(stu+"\t");
24         System.out.println();
25     }
```

运行结果如下：

```
1  one  two  three  four
2  five  one  two  three  four  six
3  five
4  one  two  three  four  six
```

上述程序演示了 LinkedList 的元素操作，其元素添加、删除、修改操作与 ArrayList 的相似，但是元素出栈是从框线的头部位置进行的，如果只是想获取首个元素而不删除，可以调用 element()或者 getFirst()方法。

LinkedList 可以很方便地在链表头部或者链表尾部插入数据，或者在指定节点前后插入数据，add()方法默认在链表尾部插入数据。

8.3.3 HashSet

HashSet 实现了 Set 接口，Set 接口不允许出现元素重复。Set 接口同时扩展 Collection 接口，所以 HashSet 能够作为集合使用，且其集合内部不会出现重复元素，但是准许出现 null 值。HashSet 中元素的存放是无序的，一般不能用于线性数据结构使用。HashSet 不是线程安全的，多线程修改 HashSet 内部元素时，最终结果是不确定的。为了区分元素是否是重复的，HashSet 会调用元素的 hashCode()方法，以判定元素是否相同，所以自定义类中必须显式地定义 hashCode()方法。

【例 8-4】HashSet 的使用。

```
1  public class Student {
2      private String stuName;
```

```
3        private int age;
4        private boolean sex;
5        public Student(String stuName, int age, boolean sex) {
6            super();
7            this.stuName = stuName;
8            this.age = age;
9            this.sex = sex;
10       }
11       public String getStuName() {
12           return stuName;
13       }
14       public void setStuName(String stuName) {
15           this.stuName = stuName;
16       }
17       public int getAge() {
18           return age;
19       }
20       public void setAge(int age) {
21           this.age = age;
22       }
23       public boolean isSex() {
24           return sex;
25       }
26       public void setSex(boolean sex) {
27           this.sex = sex;
28       }
29       @Override
30       public int hashCode() {
31           return this.getStuName().hashCode();
32       //显示定义 hashCode()方法，以方便被 hashSet 调用
33       }
34       @Override
35       public boolean equals(Object obj) {
36           if(this== obj) //判定元素地址是否相等
37           return true;
38           Student tmpStu=(Student)obj;
39   if(tmpStu.getAge()==this.getAge()&&tmpStu.getStuName().equals(this.getStuName
40   ())&&tmpStu.isSex()==this.isSex())//判定元素属性是否都相等
41           return true;
42           return false;    //如果上述两个条件都不满足，则返回 false
43       }
44   }
45   public static void main(String[] args) {
46           //Student 属于自定义类，需要定义 hashCode()方法
47           HashSet<Student> hs = new HashSet<Student>();
48           hs.add(new Student("林涛",20,true));
49           hs.add(new Student("韩梅梅",22,false));
50           hs.add(new Student("lucy",19,true));
51           hs.add(new Student("lucy",19,true));
52           hs.add(new Student("lucy",19,true));
53           hs.add(new Student("韩梅梅",22,false));
54           System.out.println(hs.size());
55         // String 属于系统自带类，不需要程序员自定义 hashCode()方法
```

```
56        HashSet<String> hs2 = new HashSet<String>();
57        hs2.add("tom");
58        hs2.add("jack");
59        hs2.add("tom");
60        hs2.add("lily");
61        System.out.println(hs2.size());
62    }
```

程序输出结果均为 3，表明 hashSet 调用 Student 类的 hashCode()方法判定了后续 3 个元素在集合中已经存在，不再进行重复元素的添加；由于 String 属于系统自带类，默认定义了 hashCode()方法，所以不需要程序员自己定义。hashSet 的其他操作与 ArrayList 的类似，此处不赘述。

8.3.4 TreeSet

TreeSet 是一个有序的集合，不允许存储重复的元素，可以根据程序设计的需要自定义排序的规则，在元素查找、插入和删除时效率较高。TreeSet 中的元素必须实现 Comparable 接口并重写 Comparable 接口的 compareTo()方法，也可以通过 TreeSet 的构造方法指定一个自定义的比较器。TreeSet 判断元素是否重复以及确定元素的顺序都是靠 CompareTo()方法或自定义的比较器。对于 Java 类库中定义的类，如 Integer、String，这些类已经实现了 Comparable 接口，TreeSet 可以直接对其进行存储；对于自定义类，如果不做适当的处理，实现 Comparable 接口或者定义比较器，TreeSet 不能对其进行比较，无法判断元素是否重复。TreeSet 不是线程安全的集合类，TreeSet 的常用方法如表 8-7 所示。

表 8-7 TreeSet 的常用方法

返回值	方法	方法描述
boolean	add(E e)	当元素 e 没有存在于集合中时则添加元素 e
boolean	contains(Object o)	判断集合中是否存在元素 o
boolean	equals(Object o)	判断其他元素与元素 o 是否相等
int	hashCode()	返回集合的哈希值，哈希值用于区分不同集合是否重复
E	ceiling(E e)	返回大于或等于 e 的最小元素；如果没有此类元素，则返回 null
Comparator<? super E>	comparator()	返回集合的比较器
E	first()	返回集合的最小元素
E	floor(E e)	返回小于或等于 e 的最大元素；如果没有此类元素，则返回 null
E	higher(E e)	返回大于 e 的最小元素；如果没有这样的元素，则返回 null
E	last()	返回集合的最大元素
E	lower(E e)	返回小于 e 的最大元素；如果没有这样的元素，则返回 null
E	pollFirst()	返回集合的最小元素，并从集合中移除
E	pollLast()	返回集合的最大元素，并从集合中移除
boolean	remove(Object o)	删除元素 o
int	size()	返回集合中元素的个数
SortedSet<E>	subSet(E fromElement, E toElement)	返回从 fromElement 到 toElement 处的元素集合
SortedSet<E>	tailSet(E fromElement)	返回 fromElement 及其后面的元素集合

由于 TreeSet 是有序的集合，而且它提供了大量的检索与比较方法，非常适合要求快速检索和元素添加与删除的场景。

【例 8-5】TreeSet 的使用。

```
1  public class Student implements Comparable<Student> {
2      //实现 Comparable 接口
3      private String stuName;
4      private int age;
5      private boolean sex;
6      public Student(String stuName, int age, boolean sex) {
7          super();
8          this.stuName = stuName;
9          this.age = age;
10         this.sex = sex;
11     }
12     public String getStuName() {
13         return stuName;
14     }
15     public void setStuName(String stuName) {
16         this.stuName = stuName;
17     }
18     public int getAge() {
19         return age;
20     }
21     public void setAge(int age) {
22         this.age = age;
23     }
24     public boolean isSex() {
25         return sex;
26     }
27     public void setSex(boolean sex) {
28         this.sex = sex;
29     }
30     @Override
31     public int hashCode() {
32         return this.getStuName().hashCode();
33     }
34     @Override
35     public boolean equals(Object obj) {
36         if(this== obj) //判定元素地址是否相等
37         return true;
38         Student tmpStu=(Student)obj;
39 if(tmpStu.getAge()==this.getAge()&&tmpStu.getStuName().equals(this.getStu Name
40 ())&&tmpStu.isSex()==this.isSex())//判定元素属性是否都相等
41         return true;
42         return false;          //如果上述两个条件都不满足，则返回 false
43     }
44     //重载 Comparable 接口的 compareTo()方法
45     public int compareTo(Student o) {
46         return this.getAge()-o.getAge();
47     }
48     //将对象转换为字符
49     public String toString() {
50         return "name is :"+this.getStuName()+" and age is :"+this.getAge();
```

```
51         }
52  }
53  public static void main(String[] args) {
54          TreeSet<Student> ts = new TreeSet<Student>();
55          ts.add(new Student("林涛",20,true));
56          ts.add(new Student("韩梅梅",22,false));
57          ts.add(new Student("lucy",19,true));
58          System.out.println(ts.size());
59          //输出最小元素
60          System.out.println(ts.first());
61          //输出最大元素
62          System.out.println(ts.last());
63          //输出年龄大于或等于 21 的最小元素
64          System.out.println(ts.ceiling(new Student("lily",21,true)));
65          System.out.println("开始取子集合:");
66          SortedSet<Student> tailts = ts.tailSet(new Student("林涛",20,true));
67          Iterator<Student> it = tailts.iterator();
68          while(it.hasNext())
69          System.out.println(it.next());
70          System.out.println("ts 原来大小是 "+ts.size());
71          ts.pollFirst();
72          System.out.println("pollFirst 后, ts 的大小是 "+ts.size());
73     }
```

运行结果如下：

```
1  3
2  name is :lucy and age is :19
3  name is :韩梅梅 and age is :22
4  name is :韩梅梅 and age is :22
5  开始取子集合:
6  name is :林涛 and age is :20
7  name is :韩梅梅 and age is :22
8  ts 原来大小是 3
9  pollFirst 后, ts 的大小是 2
```

由于 Student 类实现了 Comparable 接口的 compareTo()方法。compareTo()方法按照年龄进行比较和排序，所以年龄最小的 lucy 对应的元素排在第一，其次是林涛、韩梅梅。输出最小元素是 lucy，最大元素是韩梅梅。而 ceiling()方法获取的是大于或者等于当前元素的最小元素，按照比较器 compareTo()方法逻辑，此集合中大于或者等于 21 的最小元素是 22，所以输出了韩梅梅的信息。

8.3.5 集合的通用功能

排序是集合的通用功能之一。集合排序一般要求要排序的对象提供 compareTo()方法。Java 自带的数据类型均提供了 compareTo()方法，所以可以直接排序。

【例 8-6】集合排序。

```
1      public static void main(String[] args) {
2         ArrayList<String> strList = new ArrayList<String>();
3         strList.add("I");
4         strList.add("Love");
5         strList.add("China");
```

```
6          Collections.sort(strList);  // 字母排序
7          for (String istr: strList) {
8              System.out.println(istr);
9          }
10     }
11     public static void main(String[] args) {
12         ArrayList<Integer> numList = new ArrayList<Integer>();
13         numList.add(9);
14         numList.add(5);
15         numList.add(2);
16         numList.add(7);
17         Collections.sort(numList);  // 数字排序
18         for (int i : numList) {
19             System.out.println(i);
20         }
21     }
```

如果希望对自定义类的对象进行排序，可以让自定义类实现 Comparable 接口的 compareTo()方法，也可以使用在集合的初始化方法中加入比较器方法。如【例 8-5】中，如果在 Student 类中未实现 Comparable 接口的 compareTo()方法，可以在 main()测试代码中定义集合比较器。

8.4 Map 接口

Map 接口是 Java 集合类的另一个接口，主要负责键-值对数据结构，这类结构在 JSON、XML 中有广泛应用。Map 接口储存一组成对的键-值对对象，提供 key（键）到 value（值）的映射。Map 中的键不要求有序，但不允许重复；值同样不要求有序，但可以重复。最常见的 Map 实现类是 HashMap，它的存储方式是哈希表，优点是查询指定元素的效率高。

Map 接口

Map 也提供数据的比较的功能，对键的比较依赖于键类型的 hashCode()方法，对值的比较依赖于值的类型或者类提供的 equals()方法。Map 也提供了一些集合的常用方法，如 clear()方法、isEmpty()方法、Size()方法。注意，Map 的存储顺序与数据添加顺序是不对应的。Map 接口定义的常见方法如表 8-8 所示。

表 8-8　Map 接口定义的常见方法

返回值	方法	方法描述
boolean	containsKey(Object obj)	判定是否包含某个键，是则返回 true
boolean	containsValue()	判定是否包含某个值，是则返回 true
Set<Map.Entry<K,V>>	entrySet()	获取键-值对
V	get(K key)	获取键对应的值
V	getOrDefault(Object key, V defaultValue)	获取键对应的值，如果不存在则返回默认的 defaultValue
int	hashCode()	获取 Map 的哈希值
V	put(K key,V value)	添加键-值对
void	putAll(Map<Map<K,V>> entries)	添加键-值对
V	putIfAbsent(K key, V value)	不存在键对应的键-值对时，添加键-值对
Set<K>	keyset()	获取键序列

续表

返回值	方法	方法描述
default V	remove(Object key)	移除键对应的键-值对
Default V	replace(K key, V value)	替换键对应的键-值对
Collection<V>	Values()	获取所有的值序列
int	size()	获取集合的大小

【例 8-7】Map 的使用。

```
1  public static void main(String[] args) {
2          //定义 Map 结构
3          Map map=new HashMap();
4          //数据初始化
5          map.put("one", 1);
6          map.put("two", 2);
7          map.put("three", 3);
8          map.put("four", 4);
9          //输出 Map 元素
10         System.out.println("map elements : "+map);
11         //使用 containsKey()方法访问元素
12 System.out.println("map contains key three ? "+map.containsKey("three"));
13         //使用 containsValue()方法访问元素
14         System.out.println("map contains value 5 ? "+map.containsValue(5));
15         //使用 getOrDefault()方法获取元素的值，如果没有则返回默认值
16 System.out.println("get value from key five ? "+map.getOrDefault("five", 5));
17         //输出修改数据结构
18         map.replace("three", 30);
19         //输出修改后的 Map 结果
20         System.out.println("map elements : "+map);
21         //使用 remove()删除键为 two 的元素
22         map.remove("two");
23         //输出删除后的 Map 结构
24         System.out.println("map elements after remove: "+map);
25         //输出 Map 的所有键
26         System.out.println("map keys contains: "+map.keySet());
27         //输出 Map 的所有值
28         System.out.println("map values contains: "+map.values());
29     }
```

运行结果如下：

```
1  map elements : {four=4, one=1, two=2, three=3}
2  map contains key three ? true
3  map contains value 5 ? false
4  get value from key five ? 5
5  map elements : {four=4, one=1, two=2, three=30}
6  map elements after remove: {four=4, one=1, three=30}
7  map keys contains: [four, one, three]
8  map values contains: [4, 1, 30]
```

上述示例演示了 Map 基本方法的使用，通过 put()方法添加元素，通过 replace()方法修改元素，通过 remove()方法删除元素，通过 containsKey()方法判定是否包含某个键，通过 containsValue()方法判定

是否包含特定值，通过 keySet()方法返回键集合，通过 values()方法返回值集合。这里的 KeySet()方法返回的集合与 values()方法返回的集合均支持迭代器操作，可以通过集合的 iterator()方法返回迭代器，而后进行元素的循环处理。Map 接口常见的实现类如表 8-9 所示。

表 8-9 Map 接口常见的实现类

实现类	描述
HashMap	定义可动态增加和缩减的带索引集合
TreeMap	可以在任意位置进行高效插入和移除的有序序列

8.4.1 HashMap

HashMap 是一个哈希表，它存储的内容是键-值对映射。HashMap 是无序的，即不会记录插入的顺序。HashMap 支持 foreach 循环操作，HashMap 实现了 Map 接口，根据键的哈希值存储数据，具有很快的访问速度，最多允许一条记录的键为 null，不支持线程同步。当键-值对数量偏多时，可以通过 compute()方法重新计算哈希值。

【例 8-8】HashMap 的使用。

```
1  public static void main(String[] args) {
2          HashMap<String, Student> hm = new HashMap<String,Student>();
3          hm.put("20220101", new Student("林涛",20,true));
4          hm.put("20220102", new Student("韩梅梅",22,false));
5          hm.put("20220103", new Student("lucy",19,true));
6          //循环访问键
7          System.out.println("hm keys likes follows:");
8          for(String xuehao :hm.keySet())
9              System.out.print(xuehao+"\t");
10         System.out.println();
11         //迭代访问值
12         System.out.println("hm values likes follows:");
13         Iterator<Student> it = hm.values().iterator();
14         while(it.hasNext())
15         {
16             System.out.println(it.next());
17         }
18         //通过元素的 equals()返回值判定元素是否存在
19         System.out.println("hm contains value "+new Student("韩梅梅",22,false)+"
20 "+hm.containsValue(new Student("韩梅梅",22,false)));
21         System.out.println("hm contains value "+new Student("韩梅梅",21,true)+"
22 "+hm.containsValue(new Student("韩梅梅",21,true)));
23     }
```

运行结果如下：

```
1  hm keys likes follows:
2  20220103  20220102   20220101
3  hm values likes follows:
4  name is :lucy and age is :19
5  name is :韩梅梅 and age is :22
6  name is :林涛 and age is :20
```

```
7  hm contains value name is :韩梅梅 and age is :22 true
8  hm contains value name is :韩梅梅 and age is :21 false
```

上述程序通过 foreach 循环输出 HashMap 的键序列，通过迭代器输出 HashMap 的值序列。在测试包含关系时，使用 containsValue()方法，containsValues()方法调用 Student 对象的 equals()方法。可以看出，两次传入的类对象的属性部分不同，比较的结果是不同的。

8.4.2 TreeMap

TreeMap 是一个能比较元素大小的 Map 集合，其对传入的键按照默认大小进行排序，也可以使用集合中自定义的比较器来进行排序。不同于 HashMap 的哈希映射，TreeMap 实现了红黑树的结构，形成了一棵二叉树，其排序速度较快，元素添加、修改和删除的速度也相对较快，但是其在存储上没有先后顺序，元素的插入顺序与遍历顺序可能不一致。TreeMap 继承了 Map<K,V>、SortedMap<K,V>等接口。TreeMap 的常见方法如表 8-10 所示。

表 8-10 TreeMap 的常见方法

返回值	方法	方法描述
Map.Entry<K,V>	ceilingEntry(K key)	返回键大于或等于给定键的最小键-值对元素；如果没有对应的元素，则返回 null
K	ceilingKey(K key)	返回键大于或等于给定键的最小键；如果没有对应键，则返回 null
Comparator<? super K>	comparator()	返回对键进行排序的比较器
NavigableSet<K>	descendingKeySet()	返回键集合的逆序视图
NavigableMap<K,V>	descendingMap()	返回 Map 集合的逆序视图
Map.Entry<K,V>	firstEntry()	返回集合中最小键对应的元素
K	firstKey()	返回集合中最小键
Map.Entry<K,V>	floorEntry(K key)	返回集合中小于或等于给定键的最大键-值对元素；如果没有此元素，则返回 null
K	floorKey(K key)	返回集合中小于或等于给定键的最大键；如果没有此键，则返回 null
SortedMap<K,V>	headMap(K toKey)	返回集合中键小于 toKey 的键-值对集合
Map.Entry<K,V>	higherEntry(K key)	返回集合中大于给定键的最小键-值对元素；如果没有此元素，则返回 null
K	higherKey(K key)	返回集合中大于给定键的最小键；如果没有此键，则返回 null
Map.Entry<K,V>	lastEntry(K key)	返回集合中最大键对应的键-值的元素
K	lastKey(K key)	返回集合中最大键
Map.Entry<K,V>	lowerEntry(K key)	返回集合中小于给定键的最大键-值对元素；如果没有此元素，则返回 null
K	lowerKey(K key)	返回集合中小于给定键的最大键；如果没有此键，则返回 null
Map.Entry<K,V>	pollFirstEntry()	返回集合中最小键对应的键-值对元素，并从 TreeMap 中删除该键-值对元素
Map.Entry<K,V>	pollLastEntry()	返回最大键对应的键-值对元素，并从 TreeMap 中删除该键-值对元素
SortedMap<K,V>	subMap(K fromKey, K toKey)	获取从 fromKey 到 toKey 的键-值对元素切片
SortedMap<K,V>	tailMap(K fromKey)	获取从 fromKey 到尾部的键-值对元素切片

可以看出，无论是 Collection 接口的实现类还是 Map 接口的实现类，如果支持快速排序，则基本会包含快速定位方法与切片方法。

【例 8-9】TreeMap 的使用。

```
1  public static void main(String[] args) {
2          TreeMap<String, Student> hm = new TreeMap<String,Student>();
3          hm.put("20220101", new Student("林涛",20,true));
4          hm.put("20220105", new Student("韩梅梅",22,false));
5          hm.put("20220103", new Student("lucy",19,true));
6          hm.put("20220104", new Student("lily",19,true));
7          //获取键大于或者等于 key 的最小键-值对
8          //注意键-值对的输出为 key=value，如果 value 是对象，则调用对象的 toString()方法
9  System.out.println("ceilingEntry()result :"+hm.ceilingEntry("20220102"));
10         //获取键小于或者等于 key 的最大键-值对
11 System.out.println("floorEntry() result :"+hm.floorEntry("20220104"));
12         //获取最小键对应的键-值对
13         System.out.println("firstEntry() result :"+hm.firstEntry());
14         //获取最大键对应的键-值对
15         System.out.println("lastEntry() result :"+hm.lastEntry());
16         //获取键大于键的最小键-值对
17 System.out.println("higherEntry() result :"+hm.higherEntry("20220104"));
18         //获取键小于键的最大键-值对
19 System.out.println("lowerEntry() result :"+hm.lowerEntry("20220104"));
20         //输出原始数据
21         System.out.println(hm);
22         //输出切片
23         System.out.println(hm.tailMap("20220104"));
24         NavigableMap<String, Student> descMap = hm.descendingMap();
25         //输出逆序
26         System.out.println(descMap);
27         }
```

运行结果如下：

```
1  ceilingEntry() result :20220103=name is :lucy and age is :19
2  floorEntry() result :20220104=name is :lily and age is :19
3  firstEntry() result :20220101=name is :林涛 and age is :20
4  lastEntry() result :20220105=name is :韩梅梅 and age is :22
5  higherEntry() result :20220105=name is :韩梅梅 and age is :22
6  lowerEntry() result :20220103=name is :lucy and age is :19
7  {20220101=name is :林涛 and age is :20, 20220103=name is :lucy and age is :19,
8  20220104=name is :lily and age is :19, 20220105=name is :韩梅梅 and age is :22}
9  {20220104=name is :lily and age is :19, 20220105=name is :韩梅梅 and age is :22}
10 {20220105=name is :韩梅梅 and age is :22, 20220104=name is :lily and age is :19,
11 20220103=name is :lucy and age is :19, 20220101=name is :林涛 and age is :20}
```

上述程序使用了 TreeMap 的常用检索方法和逆序方法。通过本章的示例可以看出，对于 Java 集合类，其 Tree 结构均是有序的，其 Set 结构均是无重复的。在实际开发的过程中可以循着这条线索，选择合适的 Java 集合类以满足实际结构需求。

本章小结

本章主要介绍了 Java 的集合框架，并对集合框架中常见的类的使用方法和适用场景进行了介绍和说明。集合框架包含信息系统中频繁使用的基础数据结构。通过直接使用集合框架中的类或者扩展集合框架的类，可以很方便地完成各种数据结构的设计与使用。掌握和扩展 Java 集合框架的类，可以帮助程序员快速设计满足程序需要的数据结构，实现高效编程。

习题

一、单选题

1. Collection 接口的实现类（　　）适合数据有序存储并且频繁修改的开发场景。

A. LinkedLis　　B. ArrayList　　C. TreeMap　　D. HashSet

2. 便于向集合中插入和删除元素的类是（　　）。

A. LinkedList　　B. Map　　C. ArrayList　　D. List

3. 下列哪个集合类是线程安全的集合类？（　　）

A. ConcurrentHashMap　　B. HashMap　　C. ArrayList　　D. HashSet

4. 数据对象频繁出现插入、删除和查询操作，一般使用哪种集合类？（　　）

A. HashMap　　B. Tree Map　　C. ArrayList　　D. HashSet

5. 关于迭代器的说法错误的是（　　）。

A. 迭代器是遍历元素的一种方式　　B. foreach 循环具有迭代器相似的效用

C. 迭代器的 hasNext()方法返回布尔值　　D. 迭代器可以遍历数组

6. 实现下列（　　）接口可以实现集合元素的比较。

A. Runable　　B. Compare　　C. Comparable　　D. Iterator

7. 将 LinkedList 作为栈使用，以列表第一个元素作为栈顶，出栈操作一般使用调用 LinkedList 的（　　）方法。

A. get()　　B. element()　　C. pop()　　D. removefirst()

8. 将 LinkedList 作为队列使用，入队操作一般使用 LinkedList 的（　　）方法。

A. add()　　B. set()　　C. push()　　D. addLast()

9. 在开发场景中，程序需要对键-值对进行有序遍历，一般采用（　　）。

A. TreeMap　　B. HashMap　　C. ArrayList　　D. LinkedList

二、编程题

1. 生成 10 个长度为 3 的英文字母组合，并使用 Collection 接口对其按字母顺序降序排列，输出排序后的结果。

2. 定义一个学生类 SStudent，类成员变量包括姓名 SName、入学成绩 SScore。姓名 SName 在 26 个英文字母中选取，入学成绩 SScore 采用随机方式生成，为 0～600 的整数。生成 10 个学生对象，按照入学成绩降序输出学生信息。

3. 定义一个学生类 SStudent，类成员变量包括姓名 SName、入学成绩 SScore。姓名 SName 是长度为 3 的英文字母组合，入学成绩 SScore 采用随机方式生成，为 0～600 的整数。生成 1000 个学生对象，输出入学成绩降序排列中第二位的学生信息，输出程序运行的时长。

4. 定义一个学生类 SStudent，类成员变量包括姓名 SName、入学成绩 SScore。姓名 SName 是长度为 3 的英文字母组合，姓名不得出现重复；入学成绩 SScore 采用随机方式生成，为 0～600 的整数。

生成 1000 个学生对象，使用 Set 接口实现对类 SStudent 对象的存储。

5. 定义一个学生类 SStudent，类成员变量包括姓名 SName、入学成绩 SScore。姓名 SName 是长度为 3 的英文字母组合，姓名不得出现重复；入学成绩 SScore 采用随机方式生成，为 0～600 的整数。生成 1000 个学生对象，使用 Map 接口实现对类 SStudent 对象的存储。

上机实验

1. 定义一个学生类 SStudent，类成员变量包括姓名 SName、入学成绩 SScore。姓名 SName 是长度为 3 的英文字母组合，姓名不得出现重复；入学成绩 SScore 采用随机方式生成，为 0～600 的整数。生成 1000 个学生对象，删除入学成绩小于 300 分的学生信息；选取不同的 Java 集合实现程序，比较其运行的时间复杂度。

2. 定义一个学生类 SStudent，类成员变量包括姓名 SName、入学成绩 SScore。姓名 SName 是长度为 3 的英文字母组合，姓名不得出现重复；入学成绩 SScore 采用随机方式生成，为 0～600 的整数。生成 1000 个学生对象，将学生分成 20 个班，各班学生信息写入各班的文本文件。

第9章 数据库的连接

章节概述

在实际开发中，往往使用数据库来存储数据。然而，要想使用数据库中的数据，就要编写程序连接到数据库，然后才能对相应的数据进行操作。Java 对数据库的操作提供了相应的支持，即 JDBC（Java DataBase Connectivity，Java 数据库互连），它提供了一套可以执行 SQL 语句的 API。本章主要围绕 JDBC 进行介绍。

9.1 JDBC 连接数据库的原理

JDBC 连接数据库的原理

JDBC 是 Sun 公司制定的可以用 Java 连接数据库的技术。JDBC 是一种用于执行 SQL 语句的 Java API，可以为多种关系数据库提供统一访问，它由一组用 Java 编写的类和接口组成。JDBC 为数据库开发人员提供了一个标准的 API，据此可以构建更高级的工具和接口，使数据库开发人员能够用纯 Java API 编写数据库应用程序，可跨平台运行，并且不受数据库供应商的限制。

（1）跨平台运行：继承了 Java 的"一次编译，到处运行"的特点。

（2）不受数据库供应商的限制：巧妙之处在于 JDBC 设有两种接口，一种面向应用程序层，其作用是使得数据库开发人员通过 SQL 调用数据库和处理结果，而不需要考虑数据库供应商；另一种面向驱动程序层，处理与具体驱动程序的交互。JDBC 驱动程序可以利用 JDBC API 创建 Java 程序和数据源之间的桥梁。应用程序只需要编写一次，便可以移到各种驱动程序上运行。Sun 公司提供了驱动程序管理器，数据库供应商（如 MySQL、Oracle）提供的驱动程序满足驱动程序管理器的要求就可以被识别、正常工作，因此 JDBC 不受数据库供应商的限制。

应用程序使用 JDBC 访问数据库的方式如图 9-1 所示。

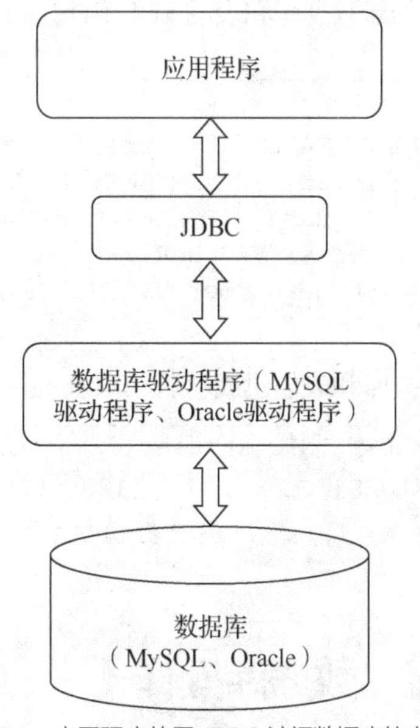

图 9-1　应用程序使用 JDBC 访问数据库的方式

MySQL 是最流行的关系数据库管理系统之一。在 Web 应用方面，MySQL 是最好的关系数据库管理系统（Relational DataBase Management System，RDBMS）应用软件之一。

数据库是按照数据结构来组织、存储和管理数据的"仓库"。每个数据库都有一个或多个不同的 API

用于创建、访问、管理、搜索和复制所保存的数据。也可以将数据存储在文件中，但是在文件中的读写数据速度相对较慢。开发中使用 RDBMS 来存储和管理大量的数据。而所谓的关系数据库，是建立在关系模型基础上的数据库，借助集合、代数等数学概念和方法来处理数据库中的数据。

数据库和表的创建

9.2 数据库和表的创建

数据库管理系统可以管理多个数据库，往往数据库开发人员会针对每一个应用创建一个数据库。为保存应用中实体的数据，一般会在数据库中创建多个表，以保存程序中实体的数据。数据库管理系统、数据库和表的关系如图 9-2 所示。

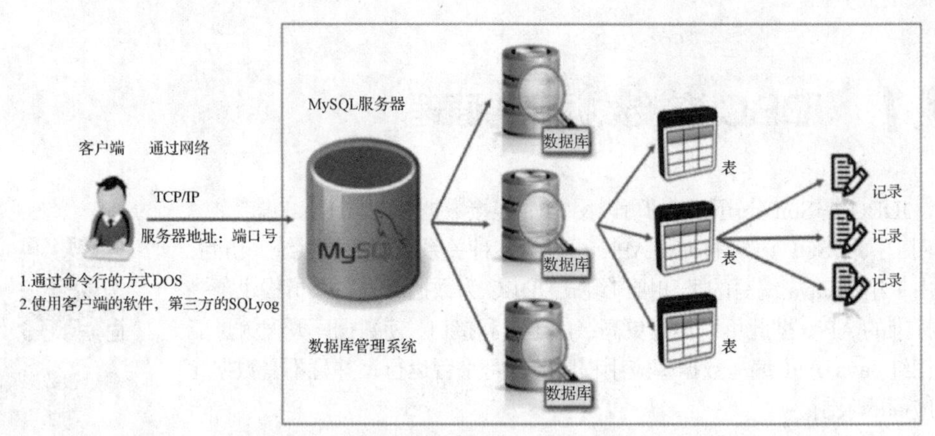

图 9-2 数据库管理系统、数据库和表的关系

在 MySQL 数据库中创建一个名称为 testdb 的数据库，然后在该数据库中创建一个名称为 st_user 的表。创建数据库和表的 SQL 语句如下：

```
1  CREATE DATABASE testdb;
2  USE testdb;
3  CREATE TABLE st_user(
4      id INT PRIMARY KEY AUTO_INCREMENT,
5      st_name VARCHAR(20),
6      gender VARCHAR(2),
7      phone_number VARCHAR(13)
8  );
```

数据库和表创建成功后，向 st_user 表中插入 2 条数据，插入的 SQL 语句如下：

```
1  INSERT INTO st_user(st_name,gender,phone_number)
2  VALUES('Jhon','男','12300000000'),
3   ('Amy','女','13211111111');
```

9.3 数据库操作

JDBC 是一套接口，是用 Java 语言编写的若干接口和 Class 类组成的一套工具类的程序。JDBC 仅仅是一套规范，它并不能直接连接和操作数据库。JDBC 是 Java 应用程序和数据库连接的桥梁，为 Java 程序提供各种数据库的驱动，即 Java 程序可以通过 JDBC 驱动程序连接 MySQL、Oracle 等不同数据库。注意，连接不同的数据库时需要下载对应数据库的 JDBC 驱动程序。JDBC 操作数据库的流程如图 9-3 所示。

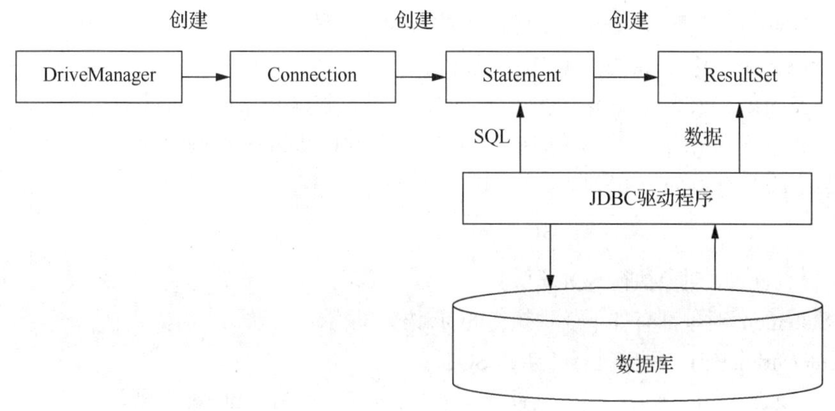

图 9-3　JDBC 操作数据库的流程

JDBC 的使用可以按照如下步骤进行。

（1）加载数据库驱动程序。

加载数据库驱动程序常使用 Class 类的静态方法 forName()来实现：

```
Class.forName("DriverName");
```

上述代码中，DriverName 就是数据库驱动程序所对应的字符串。例如，加载 MySQL 数据库的驱动程序可以采用如下代码：

```
Class.forName("com.mysql.jdbc.Driver");
```

加载 Oracle 数据库的驱动程序可以采用如下代码：

```
Class.forName("com.jdbc.driver.OracleDriver");
```

（2）通过 DriverManager 获取数据库连接。

DriverManager 提供了 getConnection()方法来获取数据库连接，方法如下：

```
1  Connection conn = DriverManager.getConnection(String url,
2  String user ,String password);
```

上述代码中，getConnection()方法中的 3 个参数，分别表示连接数据库的 URL 和登录数据库的用户名及其密码。以 MySQL 数据库为例，其地址的书写格式如下：

```
jdbc:mysql://hostname:port/databasename
```

上述代码中，“jdbc:mysql:”是固定写法，“mysql”指的是 MySQL 数据库。“hostname”指的是主机的名称（如果数据库在本机上，hostname 可以为 localhost 或 127.0.0.1；如果数据库在其他机器上，那么 hostname 为所要连接机器的 IP 地址）。“port”指的是连接数据库的端口号（MySQL 端口号默认为 3306）。“databasename”对应 MySQL 中相应数据库的名称。例如连接本地 MySQL 数据库中名称为 Testdb 的地址格式是：

```
jdbc:mysql://127.0.0.1:3306/Testdb
```

连接 Oracle 数据库可采用下列书写格式：

```
jdbc:oracle:thin:@hostname:port:databasename
```

连接 SQL Server 数据库可采用下列书写格式：

```
jdbc:microsoft:sqlserver//hostname:port;DataName=databasename
```

（3）通过 Connection 对象获取 Statement 对象。

用 Connection 对象获取 Statement 对象的方法有如下 3 种。

- createStatement()：创建基本的 Statement 对象。
- prepareStatement(String sql)：根据传递的 SQL 语句创建 PreparedStatement 对象。
- prepareCall(String sql)：根据传递的 SQL 语句创建 CallableStatement 对象。

以创建基本的 Statement 对象为例，其创建方式如下：

```
Statement stm = conn.createStatement();
```

（4）使用 Statement 对象执行 SQL 语句。

所有的 Statement 对象都有如下 3 种执行 SQL 语句的方法。

- execute(String sql)：用于执行任意的 SQL 语句。
- executeQuery(String sql)：用于执行查询语句，返回一个 ResultSet 对象。
- executeUpdate(String sql)：主要用于执行 DML（数据操纵语言）和 DDL（数据定义语言）语句。执行 DML 语句（如 INSERT、UPDATE 或 DELETE）时，会返回受 SQL 语句影响的行数，执行 DDL 语句（如 CREATE、ALTER）会返回 0。

以 executeQuery()方法为例，其使用方式如下：

```
ResultSet rs = stm.executeQuery(sql);
```

（5）使用 ResultSet 操作结果集。

如果执行的 SQL 语句是查询语句，执行结果将返回一个 ResultSet 对象，该对象里保存了 SQL 语句返回的查询结果。程序可以通过操作该 ResultSet 对象来获取查询结果。

（6）关闭连接，释放资源。

每次操作数据库结束后都要关闭数据库连接释放资源，资源的关闭顺序与打开顺序相反，依次是 ResultSet、Statement（或 PreparedStatement）和 Connection。为了保证在异常情况下也能关闭资源，需要在 try-catch 的 finally 块中关闭资源。

9.3.1 查询数据

查询数据

数据库的 SQL 查询语句，一般通过 Statement 对象的 executeQuery()方法执行，执行成功之后将查询结果封装在 ResultSet 对象中，通过结果集相应的方法遍历结果集中的数据。程序中一般会创建一个实体类，创建实体类的对象用于存储数据库表中的一条记录，实体类中的成员变量要求与表中字段的数据类型和名称保持一致，这个过程被称为 ORM（Object Relational Mapping，对象关系映射）。ORM 的本质其实就是创建某个表对应的实体类对象，然后将记录的字段值依次赋值给实体类对象的成员变量，那么这个实体类对象就保存了这条记录的所有字段值。如果需要保存整个表的所有记录，可以使用集合存储，集合泛型设置为实体类的类型即可。

编写 Java 程序来连接数据库，并实现数据查询，如【例 9-1】所示。

【例 9-1】连接 JDBC 并实现数据查询。

```
1  import java.sql.*;
2  public class Example01 {
3     public static void main(String[] args) throws SQLException {
4         Connection conn = null;
5         Statement stmt = null;
```

```
6           ResultSet rs = null;
7           try {
8               //1.加载数据库驱动程序
9               Class.forName("com.mysql.jdbc.Driver");
10              //2.通过 DriverManager 获取数据库连接
11              String url = "jdbc:mysql://localhost:3306/testdb";
12              String username = "root";
13              String password = "root";
14              conn = DriverManager.getConnection(url,username,password);
15              //3.通过 Connection 对象获取 Statement 对象
16               stmt = conn.createStatement();
17              //4.使用 Statement 对象执行 SQL 语句
18              String sql = "SELECT * FROM st_user";
19              rs = stmt.executeQuery(sql);
20              //5.操作 ResultSet
21              System.out.println("id | name | gender | phone_number");
22              while(rs.next()) {
23                  int id = rs.getInt("id");
24                  String name = rs.getString("st_name");
25                  String gender = rs.getString("gender");
26                  String phone_number = rs.getString("phone_number");
27                  System.out.println(id+" | "+name+" | "+gender
28                  + " | "+phone_number);
29              }
30          }catch (Exception e) { e.printStackTrace();
31          }finally {
32             if(rs != null) { rs.close();}
33             if(stmt != null) {stmt.close();}
34             if(conn != null) {conn.close();}}
35      }
36  }
```

运行结果如下：

```
1  id | name | gender | phone_number
2  1  | Jhon | 男 | 133000001
3  2  | Jan  | 女 | 133000002
```

【例 9-1】中使用了 ResultSet 对象的 next()方法来移动数据集游标，同时通过 getString()方法获取字符型数据，最后输出到显示器。

注意

在新建的 Java 项目中，需要将提前下载的 MySQL 数据库驱动文件 JAR 包复制到项目的自建文件夹下(一般为新建文件夹，命名为 lib)，然后右击该 JAR 文件，在弹出的快捷菜单中选择“Add to Build Path”，将其添加到类路径下。本书使用的驱动文件是 mysql-connector-java-8.1.0.jar。在编写 JDBC 程序进行数据库连接时，连接数据库的用户名和密码要与数据库设置的用户名、密码一致，本示例用户名和密码均为 root。

9.3.2 ResultSet

ResultSet 是数据查询结果返回的一个对象，可以通过调用 Statement 对象或 PreparedStatement 对象的 excuteQuery()方法创建该对象。ResultSet 对象以逻辑表格的形式封装了执行数据库操作的结果集，ResultSet 接口由数据库厂商实现。ResultSet 对象维护了一个指向当前数据行的游标。初始的时候，游标在第一行之前，可以通过 ResultSet 对象的 next()方法将其移动到下一行；当游标对应到行时，可以通过调用 getXxx(index)或 getXxx(columnName)获取每一列的值，例如 getInt(1)、getString("name")。ResultSet 常用的方法如表 9-1 所示。

表 9-1　ResultSet 常用的方法

方法声明	功能描述
String getString(int columnIndex)	用于获取指定字段的 String 类型的值，参数 columnIndex 代表字段的索引
String getString(String columnName)	用于获取指定字段的 String 类型的值，参数 columnName 代表字段的名称
int getInt(int columnIndex)	用于获取指定字段的 int 类型的值，参数 columnIndex 代表字段的索引
int getInt(String columnName)	用于获取指定字段的 int 类型的值，参数 columnName 代表字段的名称
Date getDate(int columnIndex)	用于获取指定字段的 Date 类型的值，参数 columnIndex 代表字段的索引
Date getDate(String columnName)	用于获取指定字段的 Date 类型的值，参数 columnName 代表字段的名称
boolean next()	将游标从当前位置向下移一行
boolean absolute(int row)	将游标移动到指定行
void afterLast()	将游标移动到 ResultSet 对象的末尾，即最后一行之后
void beforeFirst()	将游标移动到 ResultSet 对象的开头，即第一行之前
boolean previous()	将游标移动到上一行
boolean last()	将游标移动到 ResultSet 对象的最后一行

数据表中的数据使用 ResultSet 对象如何获取及获取时与数据库表字段的对应关系如图 9-4 所示。

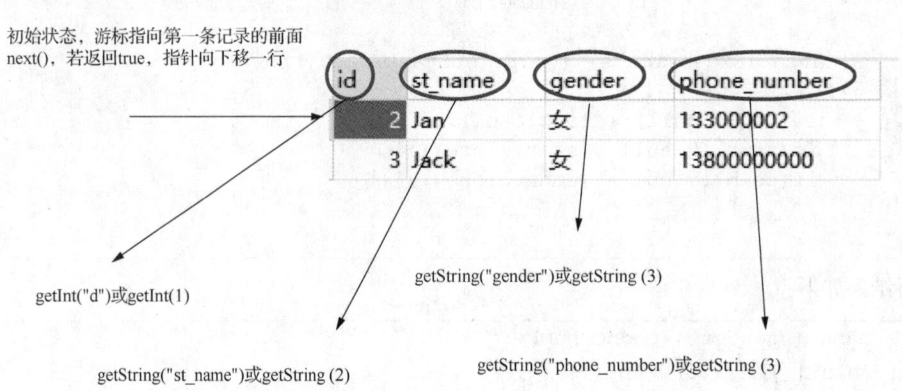

图 9-4　ResultSet 对象获取数据表中数据的方法及获取时与数据库表字段的对应关系

9.3.3　插入、更新和删除数据

使用 JDBC 连接数据库可进行添加数据的处理，需要编辑 Statement 对象执行相应的 SQL 语句。注意插入、更新和删除数据使用的都是 Statement 对象的 executeUpdate()方法，进行数据操作时 SQL 语句不能写错。因为 Java 代码中是使用字符串的方式来书写的，SQL 语句的执行是在数据库中进行的，但凡有一点错误都会导致 SQL 语句执行出错。

【例 9-2】利用 Statement 对象执行 SQL 语句，实现数据的插入、更新和删除操作。

```
1  import java.sql.Connection;
2  import java.sql.DriverManager;
3  import java.sql.ResultSet;
4  import java.sql.SQLException;
5  import java.sql.Statement;
6  import com.mysql.jdbc.StringUtils;
```

```
7   public class Example02 {
8       public static void main(String[] args) throws SQLException {
9           Connection conn = null;
10          Statement stmt = null;
11          ResultSet rs = null;
12          try {
13              // 1.加载数据库驱动程序
14              Class.forName("com.mysql.jdbc.Driver");
15              // 2.通过 DriverManager 获取数据库连接
16              String url = "jdbc:mysql://localhost:3306/testdb";
17              String username = "root";
18              String password = "root";
19              conn = DriverManager.getConnection(url, username, password);
20              // 3.通过 Connection 对象获取 Statement 对象
21              stmt = conn.createStatement();
22              // 4.使用 Statement 对象执行 SQL 语句
23              // 编辑 SQL 语句，插入一条记录
24              String sql1 = "INSERT INTO st_user VALUES(3,'Jack','男','13800000000');";
25              //编辑 SQL 语句，更新一条记录
26              String sql2="UPDATE st_user SET gender='女' WHERE st_name='Jack'";
27              //编辑 SQL 语句，删除一条记录
28              String sql3="DELETE FROM st_user WHERE id=1";
29              // 使用 Statement 对象执行 SQL 语句
30              int num1 = stmt.executeUpdate(sql1);
31              int num2=stmt.executeUpdate(sql2);
32              int num3=stmt.executeUpdate(sql3);
33              // 输出数据库中受相应 SQL 语句影响的记录条数
34              System.out.println("插入"+num1+"条记录，更新"+num2+"条记录，删除
35  "+num3+"条记录");
36          } catch (Exception e) {
37              e.printStackTrace();
38          } finally {
39              if (rs != null) {
40                  rs.close();
41              }
42              if (stmt != null) {
43                  stmt.close();
44              }
45              if (conn != null) {
46                  conn.close();
47              }
48          }
49      }
50  }
```

运行结果如下：

```
插入 1 条记录，更新 1 条记录，删除 1 条记录
```

【例 9-2】中分别定义了 3 个字符变量 sql1、sql2、sql3 以及 3 个整型变量 num1、num2、num3，3 个字符变量分别用于存放插入、更新、删除的标准 SQL 语句，3 个整型变量用于存放对应 SQL 语句执行后返回的受影响的行数。

9.3.4 PreparedStatement 接口

PreparedStatement 接口继承 Statement，PreparedStatement 对象包含已编译的 SQL 语句。这就是使语句“准备好”。包含于 PreparedStatement 对象中的 SQL 语句可具有一个或多个 IN 参数。IN 参数的值在 SQL 语句创建时未被指定。相反地，SQL 语句为每个 IN 参数保留一个问号作为占位符。每个问号的值必须在该语句执行之前，通过适当的 setXXX()方法来提供。具体如下所示。

```
1     String sql = "INSERT INTO st_user(id,st_name,gender,phone_number)
2     VALUES(?,?,?,?)";
3     //使用 Statement 对象执行 SQL 语句
4     PreparedStatement preStmt = conn.prepareStatement(sql)
5     //分别对 4 个参数设置相应的数据
6     preStmt.setInt(1, 1);
7     preStmt.setString(2, "张三");
8     preStmt.setString(3, "男");
9     preStmt.setString(4, "13521212121");
10     preStmt.executeUpdate();
```

由于 PreparedStatement 对象已预编译过，所以其执行速度要快于 Statement 对象。因此，多次执行的 SQL 语句经常被创建为 PreparedStatement 对象，以提高效率。

作为 Statement 的子类，PreparedStatement 继承了 Statement 的所有功能。另外它还添加了一整套方法，用于设置发送给数据库以取代 IN 参数占位符的值。如果只是来查询或者更新数据，最好用 PreparedStatement 代替 Statement，它有以下优点。

- 简化 Statement 中的操作。
- 提高执行语句的性能。
- 可读性和可维护性更好。
- 安全性更好。

使用 PreparedStatement 能够有效预防 SQL 注入攻击。所谓 SQL 注入，指的是通过把 SQL 语句插入 Web 表单提交、输入域名或者页面请求的查询字符串中，最终达到欺骗服务器、执行恶意 SQL 语句的目的。注入只对 SQL 语句的编译过程有破坏作用，而执行阶段只是把输入的字符串作为数据处理，不再需要对 SQL 语句进行解析，因此也就避免了 SQL 注入破坏的产生。

9.3.5 批量插入或更新数据

当需要成批插入或者更新记录时，可以采用 JDBC 的批量更新机制，这一机制允许将多条语句一次性提交给数据库进行批量处理，通常情况下比单独提交处理更有效率。

JDBC 批量处理语句的方法包括如下几个。

- addBatch(String)：添加需要批量处理的 SQL 语句或参数。
- executeBatch()：执行批量处理语句。
- clearBatch()：清空缓存的数据。

【例 9-3】批量向 st_user 表中插入 1000 行数据（假设插入数据性别均为男）。

```
1  import java.sql.Connection;
2  import java.sql.DriverManager;
3  import java.sql.ResultSet;
4  import java.sql.SQLException;
```

```
5  import java.sql.Statement;
6  import java.sql.PreparedStatement;
7  import com.mysql.jdbc.StringUtils;
8
9  public class Example03 {
10     public static void main(String[] args) throws SQLException {
11         Connection conn = null;
12         ResultSet rs = null;
13         PreparedStatement ps=null;
14         try {
15             // 1.加载数据库驱动程序
16             Class.forName("com.mysql.jdbc.Driver");
17             // 2.通过 DriverManager 获取数据库连接
18             String url = "jdbc:mysql://localhost:3306/testdb?useSSL=false";
19             String username = "root";
20             String password = "123456";
21             conn = DriverManager.getConnection(url, username, password);
22             // 编辑 SQL 语句，插入一条记录
23             String sql = "INSERT INTO st_user VALUES(?,?,?,?);";
24             // 3.通过 Connection 对象获取 PreparedStatement 对象
25             ps = conn.prepareStatement(sql);
26             int i;
27             for( i=0;i<1000;i++){
28                 ps.setObject(1,i+10);
29                 ps.setObject(2, "name_"+i);
30                 ps.setObject(3, "男");
31                 ps.setObject(4, "100000"+i);
32                 //添加到 Batch 中
33                 ps.addBatch();
34             }
35             //执行 Batch 中的 SQL 语句
36             ps.executeBatch();
37             //清空 Batch
38             ps.clearBatch();
39             // 输出数据库中受该 SQL 语句影响的记录条数
40             System.out.println("插入"+i+"条记录");
41         } catch (Exception e) {
42             e.printStackTrace();
43         } finally {
44             if (rs != null) {
45                 rs.close();
46             }
47             if (ps != null) {
48                 ps.close();
49             }
50             if (conn != null) {
51                 conn.close();
52             }
53         }
54     }
55 }
```

运行结果如下：

```
插入 1000 条记录
```

【例 9-3】中运用 PreparedStatement 对象批量插入了 1000 条记录，程序中设计了一个 for 循环，其作用是完成每条记录的插入操作。虽然 Statement 对象也可以批量插入 1000 条记录，但由于 PreparedStatement 对象已经进行过预编译，每次执行插入操作时 DBServer 不再会执行编译操作，而是直接将参数传入编译过的语句中执行即可，这样大大提高了插入数据的效率。

9.4 数据库事务处理

数据库事务（transaction）是由若干 SQL 语句构成的一个操作序列，它类似于 Java 的 synchronized（同步）。数据库系统保证在一个事务中的所有 SQL 语句要么全部执行成功，要么全部不执行，即数据库事务具有 ACID 特性：原子性（A）、一致性（C）、隔离性（I）、持久性（D）。

数据库事务

对于应用程序来说，数据库事务非常重要。许多运行着关键业务的应用程序，都必须依赖数据库事务保证程序的运行正常。例如，假设小明要给小红转账，金额为 100 元，按照业务流程需要将小明的余额减去 100，同时给小红的余额增加 100。需要使用两个 SQL 语句更新数据库：

```
1  UPDATE accounts SET blance=blance-100 WHERE id=1//假设小明在系统中的id是1
2  UPDATE accounts SET blance=blance+100 WHERE id=2//假设小红在系统中的id是2
```

在编写应用程序时，如果不使用事务进行处理，当碰到网络故障或者服务硬件故障时，只执行了第 1 条语句，第 2 条语句没有执行，那么结果将与现实不符，这是不能被接受的。为了避免这种情况出现，在编写应用程序时可以将两条语句放在一个事务中。只有两条语句都执行成功了，整体执行才算成功，只要有一条语句没有执行成功，都会触发数据库的回滚操作。数据库的事务回滚是指当数据库对数据进行操作的过程中发生错误时，程序将数据恢复至上次正确的状态。

9.5 JDBC 事务处理

JDBC 事务是指一组相关的数据库操作，这些操作要么全部成功，要么全部失败，它们作为一个整体进行提交或回滚。JDBC 事务的实现依赖于数据库本身，常用的数据库如 Oracle、MySQL、SQL Server 等都支持 JDBC 事务。当一个连接对象被创建时，默认情况下是自动提交事务：每次执行一条 SQL 语句时，如果执行成功，连接对象就会向数据库自动提交事务，而不能回滚。

JDBC 事务处理的基本步骤如下。

（1）获取数据库连接，并关闭自动提交。示例代码如下：

```
1  Connection conn = DriverManager.getConnection(url, username, password);
2  conn.setAutoCommit(false);//关闭自动提交
```

（2）执行一系列数据库操作，这些操作可以是插入、更新或删除数据等。示例代码如下：

```
1  PreparedStatement ps1 = conn.prepareStatement("INSERT INTO table1 VALUES (?, ?)");
2  ps1.setString(1, "value1");
3  ps1.setString(2, "value2");
4  ps1.executeUpdate();
5  PreparedStatement ps2 = conn.prepareStatement("UPDATE table2 SET field1 = ? WHERE
6  field2 = ?");
```

```
7 ps2.setString(1, "value3");
8 ps2.setString(2, "value4");
9 ps2.executeUpdate();
```

（3）如果所有操作都执行成功，提交事务。示例代码如下：

```
conn.commit();
```

（4）如果有任何一个操作失败，则回滚事务。示例代码如下：

```
conn.rollback();
```

（5）最后关闭数据库连接。示例代码如下：

```
conn.close();
```

JDBC 事务是 Java 应用程序访问数据库时非常重要的一部分，它能够保证数据的一致性和完整性，防止数据出现异常情况。在使用 JDBC 事务时，需要注意事务的特点和基本步骤，确保事务的正确性和安全性。

【例 9-4】JDBC 事务处理示例。

```
1  import java.sql.Connection;
2  import java.sql.DriverManager;
3  import java.sql.ResultSet;
4  import java.sql.SQLException;
5  import java.sql.Statement;
6  import java.sql.PreparedStatement;
7  import com.mysql.jdbc.StringUtils;
8  public class Example04 {
9      public static void main(String[] args) throws SQLException {
10         Connection conn = null;
11         ResultSet rs = null;
12         PreparedStatement ps1=null;
13         PreparedStatement ps2=null;
14         try {
15             // 1.加载数据库驱动程序
16             Class.forName("com.mysql.jdbc.Driver");
17             // 2.通过 DriverManager 获取数据库连接
18             String url = "jdbc:mysql://localhost:3306/testdb?useSSL=false";
19             String username = "root";
20             String password = "root";
21             conn = DriverManager.getConnection(url, username, password);
22             //关闭自动提交功能，这样才能使用手动方式处理事务
23             conn.setAutoCommit(false);
24 String sql1 = "UPDATE employee SET salary = salary - 100 WHERE num = 1001";
25            ps1=conn.prepareStatement(sql1);
26            ps1.execute();
27            //模拟网络异常
28            System.out.println(10 / 0);
29 String sql2 = "UPDATE employee SET salary = salary + 100 WHERE num = 1002";
30            ps2=conn.prepareStatement(sql2);
31            ps2.execute();
32            conn.commit();
33            System.out.println("转账成功");
34         } catch (Exception e) {
35             e.printStackTrace();
```

```
36              //回滚数据
37            try {
38                conn.rollback();
39                System.out.println("转账失败");
40            } catch (SQLException ex) {
41                ex.printStackTrace();
42            }
43        } finally {
44            if (rs != null) {
45                rs.close();
46            }
47            if (ps1 != null&&ps2!=null) {
48                ps1.close();
49                ps2.close();
50            }
51            if (conn != null) {
52                conn.close();
53            }
54        }
55    }
56 }
```

运行结果如下：

```
转账失败
```

【例 9-4】原本希望达到的目的是实现转账功能，但在程序中输出了一个以 0 为除数的结果，这显然是错误的，会造成程序中断，以此来模拟网络异常。整个程序使用了事务处理，虽然第一条 SQL 语句执行成功，但受网络异常影响，第二条 SQL 语句没有执行成功，因此整体的 SQL 事务没有被成功执行，第一条语句产生的结果也被数据库回滚，转账不成功。

本章小结

本章主要讲解了 JDBC 的基本知识，简单介绍了 MySQL 数据库，着重介绍了 JDBC 连接数据库的过程、数据库表的增、删、改、查操作、ResultSet 的使用、Statement 和 PreparedStatement 两个接口的使用，简要介绍了数据库事务的工作原理。JDBC 数据库连接技术在系统开发中是必须掌握的技术。

习题

一、单选题

1. 下列选项中，(　　) 用于注册数据库驱动。

   A. JDBC　　B. JDBC API

   C. JDBC Driver Manager　　D. JDBC Driver API

2. 下列选项中，用于执行预编译的 SQL 语句的接口是 (　　)。

   A. Statement　　B. PreparedStatement

   C. CallableStatement　　D. ResultSet

3. 下列选项中，用于向数据库发送 SQL 语句的接口是 (　　)。

   A. Statement　　B. PreparedStatement　　C. CallableStatement　　D. ResultSet

4. 下列选项中，所有 JDBC 驱动程序必须要实现的接口是（　　）。
A. DriverManager　B. Driver　C. Connection　D. Statement
5. 下列选项中，表示 Java 程序和数据库的连接的接口是（　　）。
A. DriverManager　B. Driver　C. Connection　D. Statement
6. 下列关于 JDBC URL 的说法有误的是（　　）。
A. 协议总是 JDBC　B. 子协议因数据库厂商的不同而有所差异
C. JDBC URL 中不包括数据库名称　D. JDBC URL 包括主机端口
7. 下列选项中，不是 PreparedStatement 的优点的是（　　）。
A. PreparedStatement 能够执行参数化的 SQL 语句
B. PreparedStatement 比 Statement 效率更高
C. PreparedStatement 可以防止 SQL 注入攻击
D. Statement 比 PreparedStatement 效率更高
8. 下列选项中，表示执行查询语句获得的结果集的接口是（　　）。
A. ResultSet　B. ResultSetMetaData
C. CallableStatement　D. Statement
9. 下列 Statement 接口的方法中，用于执行各种 SQL 语句的是（　　）。
A. executeUpdate(Stringsql)　B. executeQuery(Stringsql)
C. execute(Stringsql)　D. executeDelete(Stringsql)
10. 下列选项中，关于 ResultSet 中游标指向的描述正确的是（　　）。
A. ResultSet 对象初始化时，游标在表格的第一行
B. ResultSet 对象初始化时，游标在表格的第一行之前
C. ResultSet 对象初始化时，游标在表格的最后一行之前
D. ResultSet 对象初始化时，游标在表格的最后一行

二、编程题

1. 在 MySQL 数据库 testdb 中有一张表 customers，其结构如表 9-2 所示。请编写 Java 程序实现从控制台向 customers 表中插入一条数据，数据内容为：张学友，ZXY@126.com,1987-12-03。

表 9-2　customers 表结构

字段名	字段类型	长度	备注
cust_id	int	11	AUTO_INCREMENT
cust_name	varchar	20	
email	varchar	20	
birth	date	10	

2. 在 MySQL 数据库 testdb 中有一张表 employee，其数据如表 9-3 所示。请编写 Java 程序将性别为女的员工的密码修改为 888。

表 9-3　employee 表数据

num	name	password	sex	salary
1001	张三	123	女	3700
1002	李四	111	女	4200
1003	王五	444	男	4000

3. 编写程序，通过键盘输入工号并删除对应的员工信息，表名为 employee。如果输入的工号有误，则提示删除失败请重新输入；如果成功，则结束程序。

4. 编写程序，查询 employee 表中性别为女的所有员工信息，通过显示器显示查询结果。

5. 编写程序，使用 PreparedStatement 对象查询 customers 表中的所有信息，通过显示器显示查询结果。

上机实验

1. 编写一个 Java 程序，完成数据库表的创建，并使用 JDBC 分别完成数据的插入、删除、修改、查询操作。

2. 编写一个 Java 程序，分别通过 Statement 对象和 PreparedStatement 对象向表 customers 中插入 10000 行数据。只需要插入 cust_name 这一字段数据即可，其他字段无须插入数据。数据名称以 name 开头，后面跟循环次数，例如 name0、name1、name2…记录两种对象插入 10000 行数据消耗的时间，比较两种对象谁的效率更高。

3. 在设计网上商城的时候经常碰到下单的同时要将库存减少的操作，下单与减库存必须同时进行，两个操作中若有一个操作未成功都将视为下单失败。请据此使用 JDBC 事务处理编写程序来实现下单操作。

第10章 多线程

本章主要从线程、进程和程序几个方面讲解多线程编程，对线程的概念、生命周期、调度过程、创建、常用方法、同步等知识进行详细阐述。本章列举多个使用示例，读者可以根据提供的示例，由浅入深地理解多线程编程。理解线程的生命周期和调度过程，有助于理解线程同步和守护线程等内容。多线程编程是一种趋势，也是一种策略，为数据的安全、核心代码的保护、CPU 资源合理使用等都提供了很好的优化，能在很大程度上提升资源的利用效率，尤其是 CPU 等核心资源。在把握多线程的过程中，还需要结合堆栈等知识来进行理解。

10.1 线程的概念

线程是进程中的一个执行流程，一个进程中可以运行多个线程。如 java.exe 进程中可以运行多个线程。线程总是属于某个进程的，线程没有自己的虚拟地址空间，与进程内的其他线程一起共享分配给该进程的所有资源。

线程与进程是有区别的，每个独立的线程有一个程序运行的入口、顺序执行序列和程序的出口，但是线程不能够独立执行，必须依存在应用程序中，由应用程序提供多个线程运行控制。

线程是进程的一个实体，是 CPU 调度和分派的基本单位，是比进程更小的、能独立运行的基本单位。线程自己不拥有系统资源，只拥有在运行中必不可少的资源（如程序计数器、一组寄存器和栈），但它可与同属于一个进程的其他线程共享进程所拥有的全部资源。

线程有自己的堆栈和局部变量，但线程之间没有单独的地址空间，线程包含以下内容：一个指向当前被执行指令的指令指针；一个栈；一个寄存器值的集合，定义了一部分描述正在运行线程的处理器状态的值；一个私有的数据区。

Java 中，创建线程有如下 3 种方式。

- 定义一个类继承线程类 Thread，重写 run()方法，创建线程对象。
- 定义线程任务类实现 Runnable 接口，重写 run()方法，创建线程任务对象。
- 实现 Callable 接口。

10.1.1 线程、进程和程序

程序、进程、线程和多线程

在计算机或者手机等电子设备上，经常会运行不同的程序，程序内部到底是什么样的？它们之间是怎么做到互不影响而又各自完成自己的工作的呢？实际上，每一个程序，当它们正在操作系统中运行的时候，它们各自就是一个独立的进程。

【例 10-1】创建线程类 TestThread 示例。

```
1  public class TestThread
2  {
3      public static void main(String[] args) {// 程序入口
4          System.out.println("Hello Thread");// 输出 "Hello Thread"
5      }
6  }
```

在运行【例 10-1】之前，先通过任务管理器查看当前主机已经存在的进程，如图 10-1 所示。

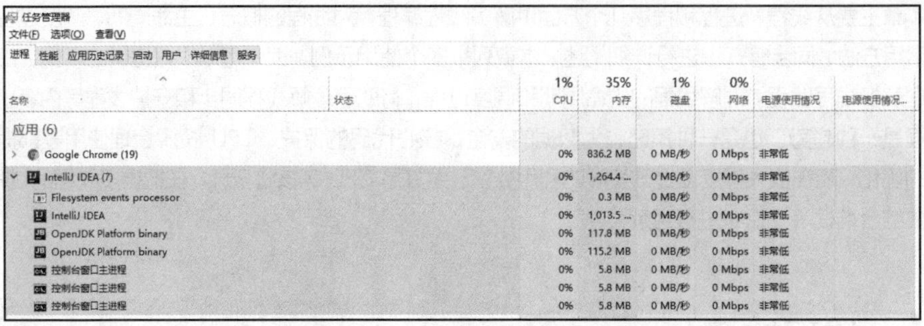

图 10-1　未运行【例 10-1】之前主机已经存在的进程

运行【例 10-1】后主机中的进程如图 10-2 所示。

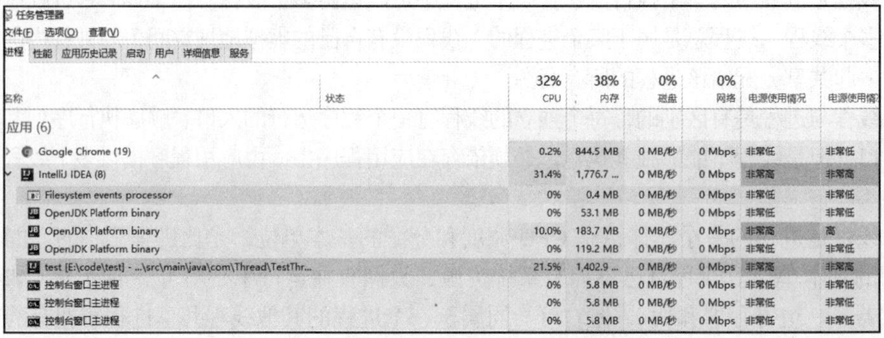

图 10-2　运行【例 10-1】之后主机中的进程

对比发现，该程序在编写和未运行期间并不是一个进程，只有在执行期间会变成一个进程。程序是静止的，运行中的程序是进程，进程有如下 3 个特征。

- 动态性：进程是运行中的程序，要动态地占用内存、CPU、网络等资源。
- 独立性：进程与进程之间是相互独立的，彼此有自己独立的内存区域。
- 并发性：假如 CPU 是单核的，同一时刻内存中只有一个进程在执行，CPU 会分时轮询（一种用于解决资源争用问题的并发控制策略。）切换为每个进程服务。

Java 程序经过编译后形成.class 文件，Windows 系统启动一个 JVM，创建一个进程，在 JVM 中加载.class 文件并达到运行 Java 程序的目的。一个进程可以有多个线程，线程是进程中的一个独立执行单元，内存开销相对进程的开销较小，同时支持并发。线程可以理解为在进程中独立运行的子任务，每个进程中都至少会有一个线程，同一进程同一时间并发存在多个线程，就是多线程。例如，启用下载软件，在没有下载任务时最少有一个线程；当有一个下载任务运行后，至少有两个线程在运行，一个线程保证该程序正常运行，另一个线程保证下载程序正常运行。

线程的作用可以理解为如下 3 点。

- 可以提高程序的运行效率，线程也支持并发，可以有更多机会使用 CPU。
- 多线程可以解决很多业务模型。
- 大型高并发技术的核心技术。

多个线程可以共享一个进程的资源，访问相同的成员变量及对象，因为它们拥有共同的进程 ID。这样不仅加强了线程之间的联系，而且提高了资源利用效率，但是资源共享也存在一定的安全隐患。线程作为进程的执行路径，相当于组成进程的零部件，通过系统指令，进行线程的活动。

程序存在于计算机中，是由某种程序设计语言编写的、为了完成特定任务的指令集合，是一段静态语言。进程则作为执行这个指令集合的动态行为，它是系统进行资源分配与调度的基本单位。

单独的程序是不能运行的，只有让系统为它分配资源，它才能变成一个可执行的程序，而进程正是这个可执行程序。程序与进程像是一个上下级关系，程序作为统筹者发号施令，而进程作为执行者接收指令并执行任务。进程本身拥有独立的资源，可以并发执行（这里的并发执行与下文的意思一样，并不是指同时执行，而是指在 CPU 划分的微小时间片段里，程序轮换着运行，由于 CPU 运行速度快，感觉像是这些程序是并行运行的），但是同一时间段只能做同一件事，并且在执行过程如果遇到任务阻塞，那么可能造成整个任务的瘫痪。所以为了提高效率，出现了微型进程，即线程。

线程作为进程的子单位，作为程序的执行路径，可用于调度和分配进程资源，它本身不独立拥有资源。进程里可以存在多个线程，并且一个进程中可以允许所有线程并发执行。线程依赖于进程，负责进程资源的调用与共享，不能独立存在。在运行时，系统会调配一块资源让线程运行。如果线程在同一进程里面进行切换，并不会引起进程的切换，但是如果线程在不同进程里面切换，则会引起进程的切换。

线程生命周期及状态转换

10.1.2 线程的生命周期

在操作系统中，线程的生命周期可以分为 5 种状态，分别是初始状态、就绪状态、运行状态、休眠状态和终止状态，如图 10-3 所示。

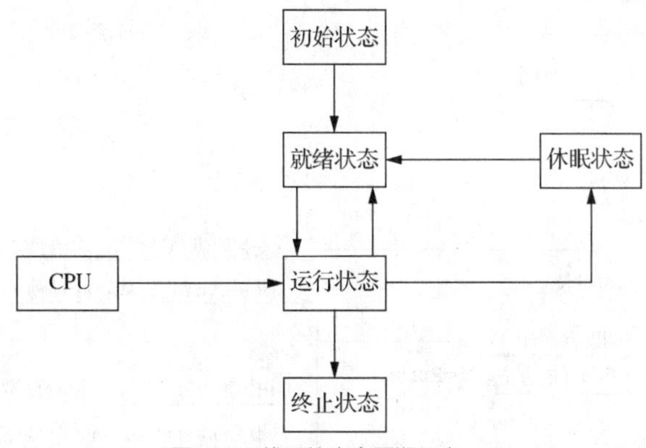

图 10-3 线程的生命周期示意

在 Java 中，线程的生命周期有 6 种状态。

- New（新建）状态。

线程被创建时处于这个状态。此时它只得到了可运行的存储空间，没有运行行为出现，这是在调用 start()方法之前的状态。

- Runnable（可运行）状态。

在 JVM 中执行的线程处于这个状态。这个状态可分为就绪（Ready）状态和运行（Running）状态。当线程对象开始调用 start()方法，它就进入 Ready 状态等待运行，正式运行还需要等待系统指令。当执行 Thread.yield()方法时，线程放弃 CPU 资源，从 Running 状态转为 Ready 状态；当线程被程序调度器选中时，由 Ready 状态转为 Running 状态。

- Blocked（阻塞）状态

出现运行阻塞时等待监控器锁定的线程处于这个状态。线程进入 Running 状态时，不会一直处于 Running 状态，出现某种异常或者人为干扰时会造成运行阻塞。当线程发起阻塞的 I/O 操作，或者申请其他线程独占的资源，线程会转换为 Blocked 状态。处于 Blocked 状态的线程不占用 CPU 资源，当阻塞 I/O 操作完成时，或者线程获得了其他资源，线程可以转换为 Runnable 状态。

（1）阻塞 I/O：一直等，直到数据都发过来，再进行下一步。

（2）非阻塞 I/O：先做别的，然后定期查询或等待回调。

（3）同步 I/O：等到需要的数据都准备完毕再回复，中间处于 Waiting 状态。

（4）异步 I/O：先告诉应用程序数据没有准备好，然后准备好数据，通知（回调）应用程序或等待轮询。

- Waiting（等待）状态。

正在等待另一个线程执行特定动作的线程处于这个状态。一个线程只有等待另一个线程运行完才能够执行，那么该线程就进入无限等待状态。这个状态要靠另一个线程调用 notify()方法或者 notifyAll()方法来唤醒。线程执行了 wait()方法、join()方法，其状态会转换为 Waiting；执行了 notify()方法或 notifyAll()方法，或者加入的线程运行完毕，线程会从 Waiting 状态转为 Running 状态。

- Timed_Waiting（计时等待）状态。

正在等待另一个线程运行动作达到指定等待时间的线程处于这个状态。与 Waiting 状态不同的是，它拥有固定的等待时间。线程可以调用计时等待方法指定线程的等待时间，这种状态将持续到时间期满的时候。

- Terminated（终止）状态。

已退出的线程处于这个状态。当线程正常“死亡”或者因为异常退出，不能再继续执行时，此时它的生命就被终止。各状态间的关系及转化条件如图 10-4 所示。

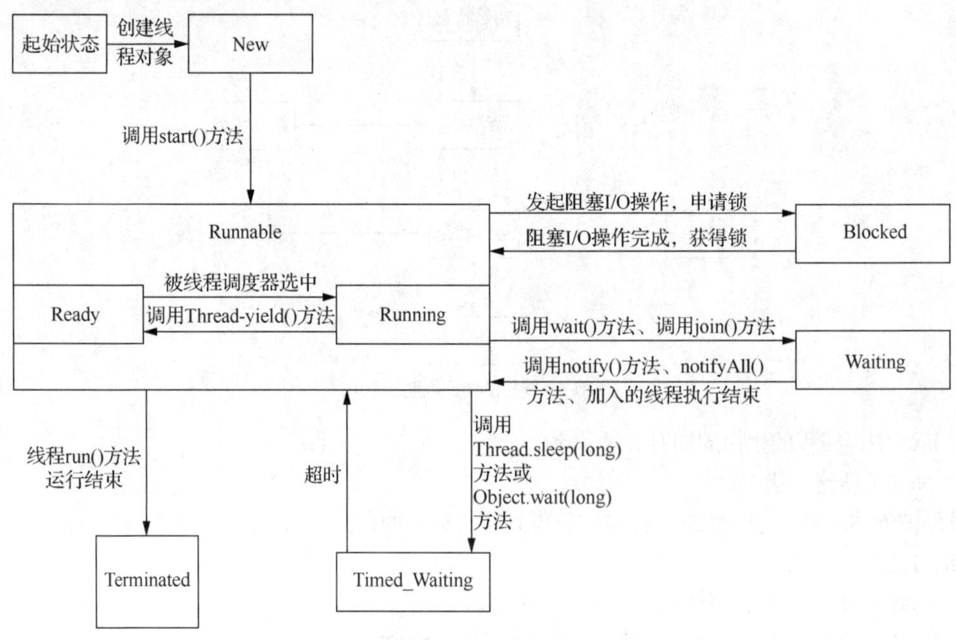

图 10-4　线程各状态间的关系及转化条件

10.1.3 线程调度

线程调度

操作系统为线程分配处理器使用权限的过程称为线程调度。线程调度分为分时调度和抢占式调度。

- 分时调度。

每个线程都能平均地占用 CPU 分配给进程的资源，轮流运行使用。

优点：实现简单，线程的切换可控，不存在线程同步问题。

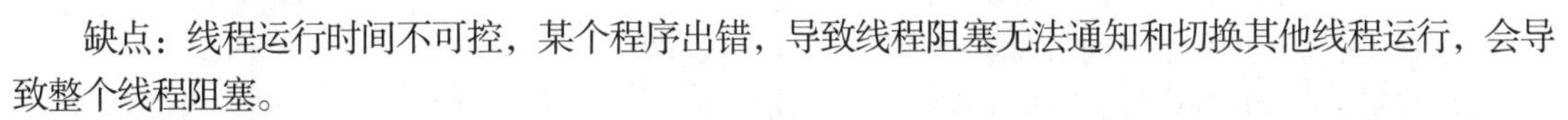

缺点：线程运行时间不可控，某个程序出错，导致线程阻塞无法通知和切换其他线程运行，会导致整个线程阻塞。

- 抢占式调度。

线程的运行时间和线程切换由操作系统控制和分配，即使某一线程阻塞，也不会导致整个进程阻塞。虽然线程的运行时间不允许主动申请，但建议一些线程可以多分配运行时间，相对比较灵活。线程会有运行优先级，优先级越高默认优先抢占 CPU 使用权的概率越大，等到它运行完成之后才轮到下一优先级的线程占用 CPU。对同一优先级的线程来说，则适用随机分配原则，随机选择线程占用 CPU。

线程的优先级通常用 1～10 的整数来表示，数字越小优先级越低，抢占 CPU 时间片的概率越小；数字越大优先级越高，抢占 CPU 时间片的概率越大。线程优先级是表示线程获取 CPU 时间片的概率，在使用次数较多或多次运行时体现得较明显。

Thread 类也提供了 3 个静态成员变量用来表示线程的优先等级。Thread 类的线程优先级如表 10-1 所示。

表 10-1 Thread 类的线程优先级

Thread 类的静态成员变量	优先级
static int MAX_PRIORITY	优先级最高，值为 10
static int NORM_PRIORITY	优先级中等，值为 5
static int MIN_PRIORITY	优先级最低，值为 1

Java 使用的是抢占式调度模型，一般来说，不同操作系统对 Java 优先级的使用会有细微的差别，可以人为地控制线程运行时的优先级。在 Java 中，线程调度一共有 4 种情况：线程礼让、线程合并、线程中断、线程休眠。

（1）线程礼让。

线程礼让指的是在某个特定的时间点，让线程暂停抢占 CPU 时间片的行为。线程从 Ready 或 Running 状态变为 Blocked 状态，将 CPU 资源让给其他线程来使用，在 Java 中通过 yield()方法实现。如线程 A 和线程 B 在交替运行，某个时间点线程 A 做出了礼让行为，所以这个时间点的 CPU 资源都给线程 B 使用，但不代表线程 A 就一直暂停运行，线程 A 只是在这个特定时间点进行线程礼让。过了这个时间点，线程 A 会再次进入 Ready 状态与线程 B 争夺 CPU 资源。

（2）线程合并。

线程合并是将指定的线程 A 加入线程 B 中，合并为一个线程 C，此时线程 A、线程 B 称为线程 C 的子线程。由 A、B 两个线程交替运行变成一个线程 C 顺序运行两个子线程的过程，在 Java 中通过 join()方法实现。

线程 A 在运行到某个时间点的时候调用线程 B 的 join()方法，则表示从当前时间点开始，CPU 资源被线程 B 单独占用，线程 A 进入 Blocked 状态，直到线程 B 运行完毕，线程 A 进入 Ready 状态，等待被分配 CPU 资源进入 Running 状态。

join()方法有两种用法。

① join()表示此线程运行完毕之后，才能运行其他线程。

② join(long millis)表示此线程运行 millis ms 之后，无论是否运行完毕，其他线程都可以和此线程争夺 CPU 资源。

（3）线程中断。

线程中断也叫线程停止，有如下几种情况。

① 线程运行完毕自动停止（被动停止）。

② 线程在运行过程中遇到错误抛出异常并停止（被动停止）。

③ 线程在运行过程中根据需求手动停止（主动停止）。

在 Java 中，执行线程中断有几种常用方法：

```
1  public void stop();
2  public void interrupt();
3  public boolean isInterrupt();
```

新版 JDK 已不再推荐使用 stop()方法，可以使用 interrupt()方法和 isInterrupt()方法。

interrupt()是一个对象方法，当一个线程对象调用此方法时，表示中断当前线程对象。在 Java 中，每个线程对象都有一个标志位来判断当前是否处于中断状态，isInterrupt()方法就是用来获取当前线程对象的标志位的。该方法返回 true 表示清除了标志位，当前线程已经中断；返回 false 表示没有清除标志位，当前对象没有中断。另外需要注意，线程对象处于不同状态时，中断机制也是不同的。

（4）线程休眠。

线程休眠是指让当前线程暂停执行，从 Running 状态进入 Blocked 状态，将 CPU 资源让给其他线程的调度方式，通过 sleep()方法来实现。调用 sleep(long millis)方法时，需要传入休眠时间作为参数，单位为 ms。

注意，外部调用时，休眠一定要放在启动之前。通过创建静态对象调用 sleep()方法可以使主线程休眠。sleep() 是静态方法，既可以通过类调用，也可以通过对象调用，方法定义抛出 InterruptedException，即中断异常，外部调用时须手动处理异常。

【例 10-2】普通线程休眠应用示例。

```
1  public class ThreadTest extends Thread{
2      @Override
3      public void run() {
4          for(int i=0;i<10;i++) {
5              if(i == 5) {
6                  try {
7                      sleep(5000);
8                  } catch (InterruptedException e) {
9                      e.printStackTrace();
10                 }
11             }
12             System.out.println(i+"---------MyThread");
13         }
14     }
15 }
```

【例 10-3】主线程休眠应用示例。

```
1  public class ThreadTest2 {
2      public static void main(String[] args) {
3          for(int i=0;i<10;i++) {
```

```
4           if(i == 5) {
5              try {
6                 Thread.sleep(3000);
7              } catch (InterruptedException e) {
8                 e.printStackTrace();
9              }
10          }
11          System.out.println(i+"+++++Test2+++++");
12       }
13    }
14 }
```

10.2 使用 Thread 创建线程

使用 Thread 创建线程和使用 Runnable 接口创建线程

Java 提供了 3 种创建线程的方法。

- 通过继承 Thread 类本身。
- 通过实现 Runnable 接口。
- 通过 Callable 和 Future 创建线程。

前文提到每一个进程里至少会有一个线程，当只有一个线程时称为单线程。但线程的出现是为了提高效率，所以在进程里一般都是多线程运行的。Java 提供了一个 Thread 类，继承 Thread 类中的 run()方法可实现多线程。

在使用 Thread 类实现线程时需要注意：需要先创建一个类，该类继承 Thread 类，然后创建一个该类的对象，继承类必须重写 run()方法。该方法是线程的入口点，它必须调用 start()方法才能被执行。此方式尽管被列为一种多线程的实现方式，但本质上是实现了 Runnable 接口的一个对象。

【例 10-4】 继承 Thread 类并重写 run()方法应用示例。

```
1  public class ThreadDemo extends Thread {
2     private Thread t;
3     private String threadName;
4     ThreadDemo( String name) {
5        threadName = name;
6        System.out.println("Creating " +  threadName );
7     }
8     public void run() {
9        System.out.println("Running " +  threadName );
10       try {
11          for(int i = 4; i > 0; i--) {
12             System.out.println("Thread: " + threadName + ", " + i);
13             // 让线程休眠
14             Thread.sleep(50);
15          }
16       }catch (InterruptedException e) {
17       System.out.println("Thread "+threadName+"interrupted.");
18       }
19       System.out.println("Thread " +  threadName + " exiting.");
20    }
21    public void start () {
```

```
22        System.out.println("Starting " +  threadName );
23        if (t == null) {
24           t = new Thread (this, threadName);
25           t.start ();
26        }
27     }
28 }
```

【例 10-5】创建 TestThread 类，并在 main()方法中创建【例 10-4】中的 ThreadDemo 类的应用示例。

```
1  package com.Thread;
2  public class TestThread {
3     public static void main(String args[]) {
4        //创建线程对象，并调用 start()方法运行线程
5        ThreadDemo T1 = new ThreadDemo( "Thread-1");
6        T1.start();
7        ThreadDemo T2 = new ThreadDemo( "Thread-2");
8        T2.start();
9     }
10 }
```

运行结果如下：

```
1  Creating Thread-1
2  Starting Thread-1
3  Creating Thread-2
4  Starting Thread-2
5  Running Thread-1
6  Running Thread-2
7  Thread: Thread-1, 4
8  Thread: Thread-2, 4
9  Thread: Thread-2, 3
10 Thread: Thread-1, 3
11 Thread: Thread-1, 2
12 Thread: Thread-2, 2
13 Thread: Thread-2, 1
14 Thread: Thread-1, 1
15 Thread Thread-1 exiting.
16 Thread Thread-2 exiting.
```

Thread 类的常用的对象方法如表 10-2 所示。

表 10-2 Thread 类的常用的对象方法

方法名	描述
public void start()	使线程开始运行，JVM 调用该线程的 run()方法
public void run()	如果线程是使用独立的 Runnable 运行对象构造的，则调用该 Runnable 对象的 run() 方法；否则，该方法不执行任何操作并返回
public final void setName(String name)	改变线程名称，使之与参数 name 相同
public final void setPriority(int priority)	更改线程的优先级
public final void setDaemon(boolean on)	将该线程标记为守护线程或非守护线程
public final void join(long millisec)	等待该线程终止的时间最长为 millis ms
public void interrupt()	中断线程
public final boolean isAlive()	测试线程是否处于活动状态

表 10-2 中的方法是被 Thread 类对象调用的，Thread 类的静态方法如表 10-3 所示。

表 10-3 Thread 类的静态方法

方法名	描述
public static void yield()	暂停当前正在运行的线程对象，并运行其他线程
public static void sleep(long millisec)	在指定的时间内让当前正在运行的线程休眠（暂停运行），此操作受到系统计时器和调度程序精度和准确性的影响
public static boolean holdsLock(Object x)	当前线程在指定的对象上保持监控器锁时才返回 true
public static Thread currentThread()	返回对当前正在运行的线程对象的引用
public static void dumpStack()	将当前线程的堆栈跟踪输出至标准错误流

【例 10-6】通过继承 Thread 类创建线程应用示例。

```
1  public class GuessANumber extends Thread {
2     private int number;
3     public GuessANumber(int number) {
4        this.number = number;
5     }
6     public void run() {
7        int counter = 0;
8        int guess = 0;
9        do {
10          guess = (int) (Math.random() * 100 + 1);
11          System.out.println(this.getName() + " guesses " + guess);
12          counter++;
13       } while(guess != number);
14       System.out.println("** Correct!" + this.getName() + "in" +
15  counter + "guesses.**");
16    }
17 }
```

通过【例 10-6】可知，线程的 main()方法语句和继承 Thread 类的 run()方法语句都可以实现输出，互不影响。

10.3 使用 Runnable 接口创建线程

由于 Java 中只能使用单继承，因此需要使用多线程时，已经继承了其他类的子类不能再继承 Thread 类，这时可以通过实现 Runnable 接口的方式使用多线程。

类在实现 Runnable 接口后，需要调用 run()方法。run()方法的声明如下：

```
public void run();
```

run()方法支持方法重写。run()方法可以调用其他方法，实例化其他对象，声明变量。

Thread 类定义了构造方法，其中常用的是 Thread(Runnable threadOb,String threadName)方法。参数 threadOb 是实现 Runnable 接口的对象，threadName 是指定新线程的名字，当新线程创建后，需要调用它的 start()方法才能让它运行。

【例 10-7】实现 Runnable 接口的 RunnableDemo 类，并重写 run()方法应用示例。

```
1  public class RunnableDemo implements Runnable {
2     private Thread t;
```

```
3       private String threadName;
4       RunnableDemo(String name) {
5           threadName = name;
6           System.out.println("Creating " + threadName);
7       }
8       public void run() {
9           System.out.println("Running " + threadName);
10          try {
11              for (int i = 4; i > 0; i--) {
12                  System.out.println("Thread: " + threadName + ", " + i);
13                  // 让线程休眠
14                  Thread.sleep(50);
15              }
16          } catch (InterruptedException e) {
17              System.out.println("Thread " + threadName + " interrupted.");
18          }
19          System.out.println("Thread " + threadName + " exiting.");
20      }
21      public void start() {
22          System.out.println("Starting " + threadName);
23          if (t == null) {
24              t = new Thread(this, threadName);
25              t.start();
26          }
27      }
28  }
```

【例 10-8】创建一个测试类 DemoThread 来创建 RunnableDemo 类对象应用示例。

```
1   public class DemoThread {
2       public static void main(String args[]) {
3           RunnableDemo R1 = new RunnableDemo("Thread-1");
4           R1.start();
5           RunnableDemo R2 = new RunnableDemo("Thread-2");
6           R2.start();
7       }
8   }
```

运行结果如下：

```
1   Creating Thread-1
2   Starting Thread-1
3   Creating Thread-2
4   Starting Thread-2
5   Running Thread-1
6   Running Thread-2
7   Thread: Thread-2, 4
8   Thread: Thread-1, 4
9   Thread: Thread-2, 3
10  Thread: Thread-1, 3
11  Thread: Thread-1, 2
12  Thread: Thread-2, 2
13  Thread: Thread-1, 1
14  Thread: Thread-2, 1
15  Thread Thread-1 exiting.
16  Thread Thread-2 exiting.
```

【例 10-9】通过实现 Runnable 接口来创建线程应用示例。

```
1  public class DisplayMessage implements Runnable {
2     private String message;
3     public DisplayMessage(String message) {
4        this.message = message;
5     }
6     public void run() {
7        while(true) {
8           System.out.println(message);
9        }
10    }
11 }
```

10.4 线程常用方法

线程常用方法

在程序运行过程中，需要对线程进行控制，Java 提供了很多方法来帮助程序员对程序进行控制。使用这些常用方法时，需要理解方法的作用、参数的含义。线程常用方法如表 10-4 所示。

表 10-4 线程常用方法

方法名	描述
start()	启动一个线程，将线程添加到一个线程组中，同时线程会从 New 状态转化到 Runnable 状态，线程在获取到 CPU 资源后进入 Running 状态执行 run()方法
run()	Thread 类和 Runnable 接口中的 run()方法的作用相同，都是系统自动调用而用户不需要调用的
sleep()	Java 中 Thread 类中的方法，会使当前线程暂停运行，让出 CPU 的使用权限
wait()	Object 类的方法，wait()方法指的是一个已经进入同步锁的线程暂时让出同步锁，以便其他正在等待此同步锁的线程能够获得机会运行
notify()	释放因为调用 wait()方法而正在等待中的线程
notifyAll()	释放因为调用 wait()方法而正在等待中的所有线程
isAlive()	检查线程是否处于 Running 状态
currentThread()	Thread 类中的方法，返回当前正在使用 CPU 的线程
interrupt()	唤醒因为调用 sleep()方法而进入休眠状态的方法，同时会抛出 InterruptedException
join()	线程联合

【例 10-10】当线程在获取到 CPU 资源并进入 Running 状态后执行 run()方法应用示例。

```
1  public class TestMythread {
2     public static void main(String[] args) {
3        Mythread mythread = new Mythread();
4        mythread.start();
5     }
6  }
7  class Mythread extends Thread {
8     @Override
9     public void run() {
10       System.out.println("testStart");
11    }
12 }
```

run()方法只是类中的普通方法，调用 run()方法与调用其他普通方法一样。run()方法称为线程体，它包含要执行这个线程的内容。调用了 run()方法线程就进入 Running 状态，即运行状态。当 run()方法运行完毕，此线程终止，释放 CPU 资源分配给其他线程。

sleep()方法使线程进入休眠状态，暂停运行。sleep()是一个静态方法，它有两个重载方法：

```
1  public static native void sleep(long millis);
2  public static void sleep(long millis, int nanos);
```

由于 sleep()方法传入参数只有上面两种情况，在传入时间作为参数时需要格式转化，常用枚举类 TimeUnit 来转化小时、分钟等格式的时间。

【例 10-11】线程休眠 3 小时应用示例。

```
1   import java.util.concurrent.TimeUnit;
2   public class ThreadSleep {
3      public static void main(String[] args) {
4         Thread thread = new Thread() {
5            @Override
6            public void run() {
7               while (true) {
8                  try {
9                     TimeUnit.HOURS.sleep(3);
10                    System.out.println("休眠已完成");
11                 } catch (InterruptedException e) {
12                    e.printStackTrace();
13                 }
14              }
15           }
16        };
17        thread.start();
18     }
19  }
```

sleep()方法与 wait()方法在用法上有区别。

sleep()是 Thread 类的方法，会使当前线程暂停执行，让出 CPU 使用权限，但监控状态依然存在，即如果当前线程进入了同步锁，sleep()方法不会释放锁，即使当前线程让出了 CPU 的使用权限，其他被同步锁挡在外面的线程也无法获得 CPU 使用权限开始运行。

wait()方法是 Object 类的方法，wait()方法能够使一个处于同步锁序列内的线程暂时让出同步锁，以便其他正在等待此同步锁的线程能够获得机会运行。在其他方法调用了 notify()方法或 notifyAll()方法后，才能唤醒相关线程。

需要注意：wait()方法必须在同步锁修饰的方法中才能被调用；notify()方法和 notifyAll()方法并不会释放锁，只是告诉调用 wait()方法的其他线程，可以参与锁竞争了。

【例 10-12】sleep()方法与 wait()方法在使用上的区别应用示例。

```
1  public class TestThreadAll{
2     public static void main(String[] args){
3        //启动线程一
4        new Thread(new Thread1()).start();
5        try {
6           Thread.sleep(1000);
7        } catch (InterruptedException e) {
8           e.printStackTrace();
9        }
```

```
10          new Thread(new Thread2()).start();
11      }
12  }
13  /**
14   * 线程一的实体类
15   */
16  class Thread1 implements Runnable{
17      @Override
18      public void run() {
19          /**
20           * 由于这里的 Thread1 和 Thread2 的两个 run()方法调用的是同一个对象监控器，
21             所以这里面就不能使用 this 监控器了
22           * Thread1 的 this 和 Thread2 的 this 指的不是同一个对象
23           * 为此使用 TestThreadAll 这个类的字节码作为相应的监控器
24           */
25          synchronized(TestThreadAll.class){
26              System.out.println("enter thread1...");
27              System.out.println("thread1 is waiting...");
28              try {
29                  /**
30                   * 释放同步锁有两种方式，一种方式是程序自然地离开 synchronized 的监控范围
31                   * 另一种方式是在 synchronized 管辖的范围内调用 wait()方法
32                   *这里就使用 wait()方法来释放同步锁
33                   */
34                  TestThreadAll.class.wait();
35              } catch (InterruptedException e) {
36                  e.printStackTrace();
37              }
38              System.out.println("thread1 is going on ...");
39              System.out.println("thread1 is being over ...");
40          }
41      }
42  }
43
44  /**
45   * 线程二的实体类
46   */
47  class Thread2 implements Runnable{
48      @Override
49      public void run() {
50          synchronized(TestThreadAll.class){
51              System.out.println("enter thread2 ...");
52              System.out.println("thread2 notify other thread can release
53  wait sattus ...");
54              /**
55               * notify 不会释放同步锁，即使 Thread2 的下面调用了 sleep()方法，
56                 Thread1 的 run()方法仍然无法获得执行
57               * 原因是 Thread2 没有释放同步锁 TestThreadAll
58               */
59              TestThreadAll.class.notify();
60              System.out.println("thread2 is sleeping ten
61              milliseconds ...");
```

```
62            try {
63                Thread.sleep(10);
64            } catch (InterruptedException e) {
65                e.printStackTrace();
66            }
67            System.out.println("thread2 is going on ...");
68            System.out.println("thread2 is being over ...");
69        }
70    }
71 }
```

isAlive()方法检查线程是否处于 Running 状态。在线程执行 run()方法之前调用此方法会返回 true，在 run()方法执行完进入 Terminated 状态后调用此方法会返回 false。

currentThread()方法是 Thread 类中的方法，返回当前正在使用 CPU 的线程。

Interrupt()方法会唤醒因为调用 sleep()方法而进入休眠状态的线程，同时会抛出 InterruptedException。

join()方法指线程联合。例如线程 A 在占用 CPU 期间，可以让其他线程通过调用 join()方法和本地线程联合。

10.5 线程同步

线程同步

多线程可以提高计算机的执行效率，同一个进程中的线程之间可以相互访问和调用。当多个线程在同一时间里对内存地址进行写入，输入的数据会进行多次覆盖，数据在被多个线程共享访问时，容易有信息差，会造成数据更新错误。使用线程同步就可以避免这个问题。线程同步有严格限制，在每个时间片里都只能有一个线程进行访问，多个线程需排队访问，保证数据的更新正确。例如购买货物时，消费者进行购买减少库存，商家进行补货增加库存，商品数量会出现变化。商品数量需要瞬时变化才能起到给商家提示是否需要补货以及让消费者决定是否抢货等作用。在这种情景下，线程同步就能很好地解决供给数量问题。

线程同步是对共享资源的保护。在单线程模型中，不存在多个线程同时使用同一资源的问题，但有了并发，就可能出现多个线程同时竞争同一资源的问题。如在餐厅吃饭时，当你拿起筷子准备吃掉最后一片肉的时候，这片肉突然消失了。因为你的线程被挂起，另一个人进入餐厅吃掉了这片肉。这种情况同时还可能出现在其他人身上，在餐厅里面的其他人也在准备吃掉最后一片肉，但只有一个幸运的人吃到了这片肉，其他人的线程都被挂起了。为了避免出现这种情况，在多线程编程中使用了线程同步。即需要某种机制或方式来防止两个或更多的任务同时访问相同的资源。

一个容易想到的方法是给共享资源加锁，任意时刻都只允许一个线程操作共享资源。当某个线程试图使用共享资源时，需要先检查锁的状态，如果当前没有其他线程在使用，则获取锁，开始操作资源，操作完成后释放资源，否则就排队等待。

线程常见的加锁方式有以下几种。

- synchronized 关键字修饰方法。
- synchronized 关键字锁定代码块。
- ReentrantLock 显式加锁。
- ReentrantReadWriteLock 显式加锁。
- 使用 ThreadLocal 进行线程本地存储。

- 利用可见性实现同步，使用 volatile 变量。
- 使用原子性操作（原子类）来保证同步。
- 使用 SingleThreadExecutor。
- 免锁容器。如 Vector、Hashtable 这些早期容器，使用了大量的 synchronized()方法来保证同步。

可以在访问修饰符后面加上 synchronized 关键字，表示此方法已加锁，使用方式参照【例 10-13】。

【例 10-13】synchronized 关键字应用示例。

```
1  public class SingleTon2 {
2      public synchronized int size(int count){
3          return count + 1;
4      }
5      public synchronized boolean isEmpty(int count){
6          return count == 0;
7      }
8  }
```

前文提到加锁的目的是防止多个线程同时操作共享资源的情况出现，那么，共享资源是什么呢？

在 Java 中，共享资源是以对象的形式存在的内存片段，可以是文件、输出、端口、打印机等资源。要实现对共享资源的控制，得先把共享资源包装进一个对象中，把所有要访问这个资源的方法标记为 synchronized。注意，这里描述的是“所有”，因为 Java 中的对象都自动含有单一的锁（也叫监控器或者对象锁）。当某个线程在对象上调用其任意 synchronized()方法时，此对象会被加锁（锁住的是整个对象）。所以在该线程释放锁之前，其他线程无法访问该对象内任意修饰为 synchronized 的方法（其他未被 synchronized 修饰的方法可以被访问）。

线程可以多次获得对象的锁，JVM 负责跟踪对象被加锁的次数。如果锁被释放，则重置为 0，在线程第一次给对象加锁的时候，计数为 1，每当这个相同的线程在对象上获得锁时（从一个修饰为 synchronized 的方法到另一个修饰为 synchronized 的方法），计数加 1。显然，只有首先获得锁的线程才可以继续获得多个锁。每离开一个修饰为 synchronized 的方法，计数减 1，当计数为 0 时，锁完全释放。注意：当使用 synchronized 保护共享资源时，需声明该资源为私有的，防止其他线程直接访问域。

Java 中的类也有锁，该锁作为类的一部分，当用 synchronized 关键字修饰一个静态方法时，获取该方法的锁也意味着整个类中的 static()方法都会被加锁。在一些情况下，需要保护方法里的核心代码，而为整个方法加锁会增加多线程访问下的时间成本，此时可以采用【例 10-14】所示的方法。

【例 10-14】synchronized 关键字锁定代码块应用示例。

```
1  public class SingleTon {
2      private SingleTon(){}
3      private static SingleTon singleTop = null;
4      public static SingleTon getSingleTon(){
5          if (singleTop == null){
6              synchronized (SingleTon.class){
7                  if(singleTop == null){
8                      singleTop = new SingleTon();
9                  }
10             }
11         }
12         return singleTop;
13     }
14 }
```

【例 10-14】中进行了两次判 null 处理，第二次判 null 之后进行加锁操作。若直接给 getSingleTon()方法加锁，也能实现同步。但存在的问题是，若 SingleTon 已经被创建，应直接返回，但事实上每次线程运行到这里都要试图获取锁，产生不必要的开销。

第二层判断的意义是，当第一个线程来到这里，检查发现 SingleTon 为空，那么它就会获得锁，并创建一个 SingleTon 对象。在它创建 SingleTon 对象的过程中，另一个线程也来到了这里执行了第一层判断，发现 SingleTon 为 null（因为此时第一个线程还没有完成创建）。于是它排队等待，第一个线程创建完成之后释放锁，第二个线程进入 Synchronized 同步代码块。此时如果没有第二层判 null，那么第二个线程会创建一个 SingleTon 对象，这样就有了两个对象，因此第二次判 null 后才加锁。

当使用 synchronized 同步代码块时，需要传入类或者对象，如【例 10-14】中传入了 SingleTon.class。因为 synchronized 同步代码块必须指定一个在其上进行同步的对象，通常最合理的方式是使用其方法正在被调用的当前对象，如 synchronized(this)。当传入 this 时，若某个线程获得了 synchronized 同步代码块中的锁，当前对象中其他的 synchronized()方法和 synchronized 同步代码块都不能被其他线程调用（跟上文说到的对象锁一样）。若需要在一个对象的 synchronized 同步代码块中去同步另一个对象，比如在 A 对象的某个方法中应用 synchronized(B)，那么当某个线程获得锁时，它获得的是 B 对象锁，也就意味着 B 对象中的 synchronized()方法或语句块不能被其他线程执行，而 A 对象中的则不受影响。

线程同步的方法很多，主要参照以上两种用法。在实际业务中，根据业务的需要进行加锁，有些是将整个类或对象加锁，有些是将部分代码加锁。无论是在方法上加锁，还是在某一部分代码块上加锁，都要按照业务的需要进行操作。

10.6 wait()方法、notify()方法和 notifyAll()方法的使用

Object.java 类中定义了 wait()、notify()、notifyAll()等接口方法，每个接口方法有不同的作用。

wait()、notify()、notifyAll()方法讲解

- wait()方法是让当前线程释放它所持有的锁，同时让当前线程进入 Waiting 状态，让其他等待资源的线程有机会使用该线程占有的资源，在释放带有锁线程占用的资源时，通常使用 wait()方法进行释放。
- notify()方法唤醒在此对象监控器上等待的单个线程。
- notifyAll()方法唤醒在此对象监控器上等待的所有线程。

调用 notify()方法和 notifyAll()方法的线程进入 Runnable 状态，而调用 wait()方法和 sleep()方法的线程进入 Waiting 状态。这些方法都定义在 Object 对象中。为什么不是 Thread 对象呢？

因为 wait()方法和 notify()方法还有 notifyAll()方法都需要对线程进行操作，类似于 synchronized，会对对象的同步锁进行操作。wait()方法使得当前线程进入 Waiting 状态，释放它所持有的同步锁，如果不释放同步锁会使其他线程无法获取该同步锁。同理，等待的线程可以被 notify()方法和 notifyAll()方法唤醒，notify()方法和 notifyAll()方法是依据什么唤醒线程的呢？或者说 wait()方法和 notify()方法之间是通过什么进行联系的呢？依据就是上面提到的“对象的同步锁”。

负责唤醒等待线程的线程暂且称为唤醒线程，它只有在获取“该对象的同步锁”并且调用 notify()方法或 notifyAll()方法之后，才能唤醒等待线程。这里的唤醒线程和等待唤醒的线程所持有的同步锁必须是同一个。等待唤醒的线程被唤醒线程唤醒以后并不能马上获取资源立即运行，因为此时唤醒线程还持有“该对象的同步锁”，必须等到唤醒线程释放了“该对象的同步锁”，等待唤醒的线程才能获取到“该对象的同步锁”继续执行。等待唤醒的线程和唤醒线程是两个独立线程，它们操作的都是同一个对象的同步锁。同一时间“该对象的同步锁”只能被同一个线程操作。wait()方法和 notify()方法都依赖于同步锁，而同步锁是对象锁持有的，每个对象有且仅有一个，多个线程要对对象的同步锁进行操作，因此 wait()和 notify()等方法必须定义在 Object 对象中。

能让线程从 Running 状态转为 Waiting 或 Blocked 状态的不只有 wait()方法，还有 sleep()方法。区别在于，wait()方法会释放同步锁，而 sleep()方法不会释放同步锁。

wait()方法、notify()方法、notifyAll()方法原理示意如图 10-5 所示。

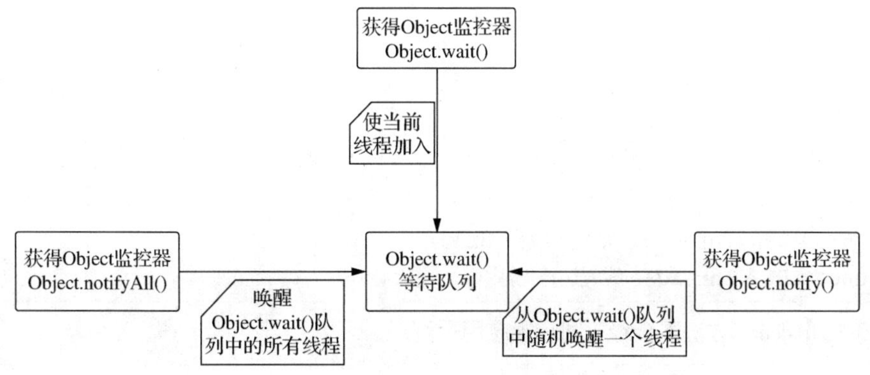

图 10-5　wait()方法、notify()方法、notifyAll()方法原理示意

【例 10-15】wait()方法和 notify()方法之间的关系应用示例。

```
1  public class WaitTest {
2      private static Object object = new Object();
3      public static void main(String[] args) {
4          Thread thread = new Thread() {
5              @Override
6              public void run() {
7                  synchronized (object) {
8                      System.out.println(System.currentTimeMillis() + ":" +
9  Thread.currentThread().getName() + "进入启动");
10                     try {
11     object.wait();//使当前线程进入等待（进入 Object.wait 队列）并释放同步锁
12                     } catch (InterruptedException e) {
13                         e.printStackTrace();
14                     }
15                     System.out.println(System.currentTimeMillis() + ":" +
16 Thread.currentThread().getName() + "线程运行结束");
17                 }
18             }
19         };
20         thread.start();
21         Thread thread_2 = new Thread() {
22             @Override
23             public void run() {
24                 synchronized (object) {
25                     System.out.println(System.currentTimeMillis() + ":" +
26 Thread.currentThread().getName() + "进入启动");
27                     try {
28     object.notify();//随机在 Object.wait 队列中唤醒一个正在等待该同步锁的线程
29                         System.out.println(System.currentTimeMillis() +
30 ":" + Thread.currentThread().getName() + "唤醒一个等待的线程");
31                         Thread.sleep(10000);
32                     } catch (InterruptedException e) {
33                         e.printStackTrace();
```

```
34                 }
35             }
36         }
37     };
38     thread_2.start();
39   }
40 }
```

运行结果如下：

```
1  1665060501324:Thread-0 进入启动
2  1665060501340:Thread-1 进入启动
3  1665060501340:Thread-1 唤醒一个等待的线程
4  1665060511353:Thread-0 线程运行结束
```

【例 10-16】sleep()方法不会释放同步锁应用示例。

```
1  public class SleepLockTest {
2      private static Object obj = new Object();
3      public static void main(String[] args) {
4          ThreadA t1 = new ThreadA("t1");
5          ThreadA t2 = new ThreadA("t2");
6          t1.start();
7          t2.start();
8      }
9      static class ThreadA extends Thread {
10         public ThreadA(String name) {
11             super(name);
12         }
13         public void run() {
14             // 获取 obj 对象的同步锁
15             synchronized (obj) {
16                 try {
17                     for (int i = 0; i < 10; i++) {
18                      System.out.printf("%s: %d", this.getName(), i);
19                         // i 能被 4 整除时，休眠 100 ms
20                         if (i % 4 == 0)
21                             Thread.sleep(100);
22                     }
23                 } catch (InterruptedException e) {
24                     e.printStackTrace();
25                 }
26             }
27         }
28     }
29 }
```

10.7 Timer 的使用

Timer 的使用

Timer 是 Java 提供的原生工具类，主要负责任务调度，有专门的线程负责按计划执行指定任务。可以使用 Timer 安排任务“执行一次”或定期“执行多次”。

Timer 提供了以下方法。

（1）schedule(TimerTask task, Date time)安排在“指定的时间”执行指定的任务（只执行一次）。

（2）schedule(TimerTask task, Date firstTime , long period)安排指定的任务在“指定的时间”后开始进行“重复”的固定延时执行。

（3）schedule(TimerTask task,long delay)安排在指定延迟后执行指定的任务。

（4）schedule(TimerTask task,long delay,long period)安排指定的任务在指定的延时后开始进行重复的固定延时执行。

（5）scheduleAtFixedRate(TimerTask task,Date firstTime,long period)安排指定的任务在指定的时间开始进行重复的固定速率执行。

（6）scheduleAtFixedRate(TimerTask task,long delay,long period)安排指定的任务在指定的延迟后开始进行重复的固定速率执行。

（7）Timer.cancal()方法终止计时器，丢弃所有当前已安排的任务。

（8）Timer.purge()方法从计时器的任务队列中移除所有已取消的任务。

简单来说，Java 中的 Timer 类定时器相当于一个闹钟，给定时器设定一个闹钟，按照规则约定在什么时间执行什么任务。Timer 类提供了一个核心接口方法 schedule()，指定一个任务交给定时器，在一定时间之后再去执行这个任务。

Timer 类是如何实现定时器效果的呢？Timer 类中要包含一个 Task，每一个 Task 就表示一个具体的任务对象。Task 里面还包含一个时间戳（什么时间执行这个任务）、一个 Runnable 对象（用来表示任务具体是什么）。Timer 内部通过带优先级的阻塞队列来组织若干个 Task。优先级主要按时间先后来进行排序，时间靠前的任务优先级更高。阻塞队列是通过给堆加上 wait()或 notify()来实现的。Timer 中有专门的线程，在不停地扫描队首元素，检查队首元素是否可以被执行，如果已经可以执行则立刻执行，否则继续在队列中等待。

设定时间时，传入的时间是一个时间的间隔，例如传入 1000，代表从当前时间开始，间隔 1000ms 后开始执行。实际编码时，为了方便，通常会记录当前的绝对时间，this.time 是一个单位为 ms 的时间戳，后续只需要获取彼时的时间戳与此时的时间戳对比即可。

【例 10-17】获取时间戳应用示例。

```
1  public Task(Runnable command, long time) {
2      this.command = command;
3      this.time = System.currentTimeMillis() + time;
4  }
```

另外 Task 需要放到一个优先级队列中，但优先级队列中的线程是需要比较优先级的，所以可以让 Task 类实现 Comparable 接口，重写 compareTo()方法来进行比较，实现将时间较短的线程排在前面。

【例 10-18】Task 类实现 Comparable 接口，重写 compareTo()方法应用示例。

```
1  static class Task implements Comparable<Task> {
2  public int compareTo(Task o) {
3      return (int) (this.time - o.time);
4  }
5  }
```

【例 10-19】避免“盲等”，实现时间到即执行任务，否则继续等待应用示例。

```
1  try {
2      Task task = queue.take();
3      long currTime = System.currentTimeMillis();
4      if (currTime >= task.time) {
```

```
5          //时间到，执行任务
6          task.run();
7       } else {
8          //时间没到，继续等待
9          queue.put(task);
10         synchronized (meilbox) {
11            meilbox.wait(task.time - currTime);
12         }
13      }
14   } catch (InterruptedException e) {
15      e.printStackTrace();
16   }
```

【例 10-19】中获取了当前时间 currTime 与等待任务约定时间 task.time 进行比较，如果当前时间大于或等于约定时间，则执行任务，否则把任务放回等待队列，继续等待。这里涉及一个问题，假如定的是早上 8:30 的闹钟，但是在 8 点时就醒了，此时需要 8:01 看一次闹钟，8:02 看一次闹钟，如此反复下去，会浪费很多资源，出现"盲等"现象。在等待约定时间到的过程中会一直占用 CPU 资源，所以使用 wait()方法和 notify()方法可以很好地改善"盲等"现象。如果运行的线程还没到达预定的时间，就执行 wait()方法，等待一定时间，这里使用的 wait()方法的重载版本，wait()方法里写一个参数，达到等待时间，自动醒过来。这样大大降低了扫描次数和成本，【例 10-20】中第 8 行的 notify()方法，就是保证当有线程处在 Waiting 状态时，就需要显式地唤醒线程。

【例 10-20】有新任务插入队列时需要唤醒线程应用示例。

```
1  //schedule()方法就是把一个 Task 放在 Timer 中
2  public void schedule(Runnable command, long after) {
3     Task task = new Task(command, after);
4     //将当前任务放入队列
5     queue.put(task);
6     //当线程中包含 wait 机制的时候，在安排任务的时候就需要显式地唤醒线程
7     synchronized (meilbox) {
8        meilbox.notify();
9     }
10 }
```

在等待过程中，有新的任务插入等待序列，而插入的任务约定时间小于预先约定时间，这样可能导致新插入的任务在约定时间到了以后无法被执行。例如队首元素原来是在 8:30 执行，假设此时的等待时间是 30 分钟，这时新插入一个任务需要在 8:10 执行，如果按照原来的设定继续等待，就会导致 8:10 该执行的任务会推迟到 8:30 执行。所以每次有任务插入时，都需要唤醒扫描线程，让扫描线程重新获取队首元素，这样等待时间就会被改变，让优先级高（等待时间短）的任务在等待时间到了以后被正常执行。

【例 10-21】完整测试过程应用示例。

```
1  import java.util.concurrent.PriorityBlockingQueue;
2  //简单定时器
3  public class TestTimer {
4     //每一个 Task 对象包含一个要执行的任务
5     //Task 要放到一个优先级队列中，但是优先级队列里面是需要比较优先级的
6     static class Task implements Comparable<Task> {
7        //什么时候执行
8        private long time;
```

```
9         //执行什么任务
10        private Runnable command;
11        public Task(Runnable command, long time) {
12            this.command = command;
13            this.time = System.currentTimeMillis() + time;
14        }
15        public void run() {
16            //执行 Runnable 里面的 run()方法
17            command.run();
18        }
19        @Override
20        public int compareTo(Task o) {
21            return (int) (this.time - o.time);
22        }
23    }
24    static class Timer {
25        //先创建一个带优先级的阻塞队列
26        private PriorityBlockingQueue<Task> queue = new
27 PriorityBlockingQueue<>();
28        //用这个对象来完成线程之间的协调
29        private Object meilbox = new Object();
30        //schedule() 方法就是把一个 Task 放在 Timer 中
31        public void schedule(Runnable command, long after) {
32            Task task = new Task(command, after);
33            //将当前任务放入队列
34            queue.put(task);
35            //当线程中包含 wait 机制的时候，在安排任务的时候就需要显式地唤醒线程
36            synchronized (meilbox) {
37                meilbox.notify();
38            }
39        }
40        //写一个构造方法，创建线程
41        public Timer() {
42        //创建一个线程，让这个线程去扫描队列的队首元素，判断能不能执行
43            Thread worker = new Thread() {
44                @Override
45                public void run() {
46                    //取出队首元素，判断这个元素能不能执行
47                    while (true) {
48                        try {
49                            Task task = queue.take();
50                            long currTime = System.currentTimeMillis();
51                            if (currTime >= task.time) {
52                                //时间到，执行任务
53                                task.run();
54                            } else {
55                                //时间没到，继续等待
56                                queue.put(task);
57                                synchronized (meilbox) {
58                                    meilbox.wait(task.time - currTime);
59                                }
60                            }
```

```
61                  } catch (InterruptedException e) {
62                      e.printStackTrace();
63                  }
64              }
65          }
66      };
67      worker.start();
68      }
69  }
70  public static void main(String[] args) {
71      Timer timer = new Timer();
72      Runnable command = new Runnable() {
73          @Override
74          public void run() {
75              System.out.println("时间到了~");
76              // timer.schedule(this,3000); 每隔 3s 就执行一次
77          }
78      };
79      System.out.println("安排任务");
80      timer.schedule(command, 3000);
81  }
82 }
```

测试结果如下：

```
1 安排任务
2 时间到了~
```

【例 10-20】和【例 10-21】扩展了 Timer 类中部分原生方法的用法。

【例 10-22】在指定的时间执行一次应用示例。

```
1  import java.text.ParseException;
2  import java.text.SimpleDateFormat;
3  import java.util.Date;
4  import java.util.Timer;
5  import java.util.TimerTask;
6  public class TimerTest1 {
7      public static void main(String[] args) throws ParseException {
8          Timer timer = new Timer();
9          TimerTask task = new TimerTask() {
10             @Override
11             public void run() {
12                 System.out.println("定时执行一次");
13             }
14         };
15         SimpleDateFormat sdf = new SimpleDateFormat("yyyy-MM-dd
16 HH:mm:ss");
17         Date date = sdf.parse("2023-10-1 00:00:00");
18         timer.schedule(task,date);
19     }
20 }
```

【例 10-23】预先设定任务，时间到，调用定时器执行指定任务应用示例。

```
1  import java.text.ParseException;
2  import java.text.SimpleDateFormat;
3  import java.util.Date;
```

```
4   import java.util.Timer;
5   import java.util.TimerTask;
6   class MyTask extends TimerTask {
7       private Timer timer;
8       public MyTask(Timer timer) {
9           this.timer = timer;
10      }
11      @Override
12      public void run() {
13          System.out.println("定时器任务启动! ");
14          timer.cancel();
15      }
16      public static void main(String[] args) throws ParseException {
17          Timer timer = new Timer();
18          String str = "2023-10-1 00:00:00";
19          SimpleDateFormat sdf = new SimpleDateFormat("yyyy-MM-dd
20  HH:mm:ss");
21          Date date = sdf.parse(str);
22          timer.schedule(new MyTask(timer), date);
23      }
24  }
```

10.8 守护线程

Java 中的线程分为两种：一种是用户线程，也称非守护线程，另一种是守护线程。守护线程是一种特殊的线程，当进程中不存在非守护线程后，守护线程自动销毁。典型的守护线程是垃圾回收（GC）线程，当进程中没有非守护线程了，垃圾回收线程自动销毁。可以理解为守护线程是为非守护线程服务的，只要 JVM 中存在任何非守护线程，那么守护线程就需要工作，直到 JVM 中不存在非守护线程，守护线程会随着 JVM 一同结束工作并自动销毁。凡是调用 setDaemon()方法并传入 true 的线程都被认为是守护线程。

守护线程

【例 10-24】守护线程应用示例。

```
1   public class MyThread extends Thread{
2       private int i = 0;
3       @Override
4       public void run() {
5           try {
6               while (true) {
7                   i++;
8                   System.out.println("i=" + (i));
9                   Thread.sleep(1000);
10              }
11          }catch (InterruptedException e){
12              e.printStackTrace();
13          }
14      }
15  }
16  public class TestMyThread {
17      public static void main(String[] args) {
```

```
18          try {
19              MyThread thread = new MyThread();
20              //该线程为守护线程
21              thread.setDaemon(true);
22  thread.start();
23              Thread.sleep(5000);
24              System.out.println("非守护线程结束，守护线程自动销毁。");
25          } catch (InterruptedException e) {
26              e.printStackTrace();
27          }
28      }
29  }
```

运行结果如下：

```
1  i=1
2  i=2
3  i=3
4  i=4
5  i=5
6  非守护线程结束，守护线程自动销毁。
```

在使用守护线程时需要注意以下几点。

- thread.setDaemon(true)须在 thread.start()之前设置，不能把正在运行的常规线程设置为守护线程，否则会抛出 IllegalThreadStateException。
- 在 Daemon 线程（守护线程）中创建的新线程也是 Daemon 类型的。
- 守护线程不访问固有资源，因为它会在任何时候甚至在一个操作的中间发生中断。
- Java 多线程编程，偏向使用 Java 自带的多线程框架，比如 ExecutorService，但 Java 的线程池会将守护线程转换为非守护线程，要使用后台线程就不能用 Java 的线程池。

本章小结

本章介绍了线程、进程和程序的概念，讨论了线程的生命周期和调度机制，讲解了线程的创建方式，难点在于掌握线程运行的原理、同步机制、线程管理的常见方式。本章的知识点讲解较为浅显，理解时需要进行梳理，通过编码体会本章的示例。多线程在实践中是必须掌握的重要知识，读者可以通过网络进一步深入研究多线程的应用。

习题

一、单选题

1. 以下选项不是进程的特征的是（　　）。

   A. 动态性　　B. 独立性　　C. 静止性　　D. 并发性

2. 在线程的生命周期中，线程阻塞状态为（　　）。

   A. Terminated　　B. Blocked　　C. Timed_Waiting　　D. Runnable

3. 当阻塞 I/O 操作完成时，或者线程获得了其他资源，线程可以转换为（　　）状态。

   A. Terminated　　B. Blocked　　C. Timed_Waiting　　D. Runnable

4. Terminated 表示线程（　　）的状态。

A. 退出　　B. 等待另一个线程执行特定的动作

C. 在 JVM 中执行　　D. 新建

5. 当一个线程对象调用以下哪一个方法时，表示中断当前线程对象？（　　）

A. join()　　B. yield()　　C. wait()　　D. interrupt()

6. 下列选项不属于线程的作用的是（　　）。

A. 可以提高程序的运行效率，线程也支持并发，可以有更多机会使用 CPU

B. 多线程可以解决很多业务模型

C. 大型高并发技术的核心技术

D. 为进程服务

7. 在操作系统中线程生命周期分为（　　）种状态。

A. 3　　B. 4　　C. 5　　D. 6

8. 以下选项中不属于 Java 创建线程的方式的是（　　）。

A. 通过继承 Thread 类本身　　B. 通过实现 Runnable 接口

C. 通过 Callable 和 Future 创建线程　　D. 通过调用其他线程

9. Java 多线程中实现线程合并的是（　　）方法。

A. sleep()　　B. yield()　　C. join()　　D. interrupt()

10. 以下选项不属于线程常见的加锁方式的是（　　）。

A. synchronized 关键字修饰方法　　B. synchronized 关键字锁定代码块

C. 调用其他加锁程序　　D. ReentrantLock 显式加锁

二、编程题

1. 编写程序，实现线程休眠的操作。
2. 编写程序，实现通过继承 Thread 类创建线程。
3. 编写程序，继承 Thread 类并重写 run()方法后启动线程。
4. 编写程序，实现使用 synchronized 关键字锁定代码块。
5. 编写程序，使用 Java 的 Timer 类实现定时执行任务。

上机实验

1. 生产者消费者问题。

消费者产生消费动作后导致商品库存数量变化，而程序需要维持正常供需数量，通过程序提醒生产者是否需要生产，提醒店员是否需要补货。生产者生产商品，生产好后交给店员，店员只能持有固定数量的商品，店员与生产者之间保持信息交流。即店员持有的商品数量小于所需持有的固定数量时，生产者开始生产商品至固定数量后停止生产。消费者与店员之间也保持信息交流，消费者每消费一次商品，店员持有的商品数量减少相应的数目，如此反复。

2. 编写题目抢答的程序，使用 Java 多线程设计抢答题目的程序，要求设计 3 位答题者（3 个线程），当发出抢答指令时，给出对应抢答成功和失败的提示。

（1）创建一个 Qresponse 对象 qresponse。

（2）创建 3 个线程，并传入同一个 qresponse 对象作为参数，同时启动这 3 个线程。

（3）线程在启动后会进入 run()方法。

（4）在 run()方法中，首先通过 Thread.sleep()方法使线程休眠 3s，模拟倒计时的效果。

（5）在休眠结束后，进入 synchronized 同步代码块中进行抢答判断。如果 flag 为 1，则表示当前线程是第一个抢答成功的线程，输出抢答成功的信息，并将 flag 置为 0。否则，表示已经有线程抢答成功，输出抢答失败的信息。

3. 生产与搬运货物问题。

设计一个生产货物类与一个搬运货物类，要求是生产者生产一台货物就要搬走一台货物，如果没有新的货物那么搬运者就要等待新的货物产出，如果生产出的货物没有被搬走就要等待搬运者将货物搬走，最后统计搬运走的货物个数。

（1）将生产和搬运的相关逻辑封装在同一个类中，更容易理解和维护。

（2）生产者和搬运者共享同一个 Article 对象，通过对该对象进行加锁并使用 wait()方法和 notify()方法进行线程间通信，可以实现生产者和搬运者之间的同步。

（3）通过将生产者和搬运者的方法定义在同一个类中，可以通过调用对象的方法来进行线程间的通信，避免复杂的线程间通信方式。

（4）如果需要增加其他任务或者更多的工作线程，只需在 Article 类中添加相应的方法即可，方便灵活地扩展功能。

第11章 网络编程基础

本章主要介绍 Java 网络编程，网络编程指的是要解决计算机之间、计算机与服务器之间、各类终端与其他终端之间相互通信的问题。网络编程需要获取其他设备的地址，解决如何与其他设备和服务器之间进行通话，确认通话以后如何进行数据传输及数据传输的方法和格式等问题。如果交互的数据量大，并发较高，还需要采取分布式开发部署、服务器集群等策略来处理负载均衡，提升客户体验感。网络编程为一系列问题提供了可行的、多策略的解决方案，同时也规范了数据在网络中的规范化传输。

通过对本章内容的学习，读者将学会如何解决这一系列问题，同时可以更好地了解网络编程中存在的问题、对应的解决方案及今后的改进措施等。本章将展示如何利用 Java 的网络类库，快速而轻松地编写程序来完成一些常见的网络编程任务。

11.1 URL 类

java.net.URL 类是对统一资源定位符的抽象，统一资源定位符可以简单地理解为某个域名或主机下可访问的公共资源。java.net.URL 是 java.lang.Object 的扩展类，是一个 final 类，不能对其派生子类。

URL 类

在使用 URL 类时，可以构造 java.net.URL 的对象，URL 所提供的构造方法所需信息不同，可以根据掌握的信息传入不同的参数去适应 URL 类，从而得到请求后的结果。

URL 类提供了 4 个不同的构造方法：

```
1  public URL(String url);
2  public URL(String protocol,String hostname,String file);
3  public URL(String protocol,String host,int port,String file);
4  public URL(URL base,String relative);
```

构造方法的选用，取决于已有信息以及信息的形式和类型，如果试图为一个不支持的协议创建 URL 类对象，或者 URL 构造方法的语法不正确，这些构造方法会抛出 MalformedURLException。

以 public URL(String url)构造方法为例，此构造方法只支持一个字符串形式的绝对地址（URL）作为唯一参数。与所有的构造方法一样，此方法只能在对象创建之后调用，同样此方法可能会抛出 MalformedURLException，需要使用时对可能抛出的异常进行捕获。

【例 11-1】public URL(String url)构造方法应用示例。

```
1  public static void main(String[] args) {
2      try {
3          URL u = new URL("https://www.baidu.com");
```

```
4           System.out.println(u);
5       }catch (MalformedURLException ex){
6           System.out.println(ex);
7       }
8   }
```

以 public URL(String protocol,String hostname,String file)构造方法为例，此构造方法需要传入 3 个 String 类的字符串，分别是 protocol、hostname、file。其中 file 参数应该以正斜线开头，包含路径、文件名和可选片段的标识符，若忘记添加前面的正斜线会抛出 MalformedURLException。

【例 11-2】public URL(String protocol，String hostname，String file)构造方法应用示例。

```
1   public static void main(String[] args){
2       try {
3           // 调用 URL 构造方法访问百度地图
4           URL u = new URL("http","map.baidu.com","/@11161531,3097251,13z");
5           System.out.println(u);
6       }catch (MalformedURLException ex){
7           System.out.println(ex);
8       }
9   }
```

以 public URL(String protocol,String host,int port,String file)构造方法为例，此构造方法需要传入 3 个字符串和一个整数类型数据。如想要访问这样一个地址：http://www.baidu.com:8000/index/user/，这个请求地址中包含协议、域名地址、端口号和资源路径。此时可以使用 URL 构造方法来构造访问这样的地址。

【例 11-3】public URL(String protocol,String host,int port,String file)构造方法应用示例。

```
1   public static void main(String[] args) {
2       try {
3           URL u = new URL("http","www.baidu.com",8000,"/index/user/");
4           System.out.println(u);
5       }catch (MalformedURLException ex){
6           System.out.println(ex);
7       }
8   }
```

出于安全考虑，这样的用法越来越少，但 URL 类依然提供了这样的便捷的方法。区别于其他构造方法的地方是此构造方法指明了端口号，也将端口号暴露出来，不够安全。

以 public URL(URL base,String relative)构造方法为例，此构造方法需要传入一个 URL 类型数据与一个 String 类型的字符串。

【例 11-4】public URL(URL base,String relative)构造方法应用示例。

```
1   public static void main(String[] args) {
2       try {
3           URL u1 = new URL("https://map.baidu.com");
4           URL u2 = new URL(u1,"/@11161531,3097251,13z");
5           System.out.println(u2);
6       }catch (MalformedURLException ex){
7           System.out.println(ex);
8       }
9   }
```

此处需要说明，u1 是作为 u 2 的参数使用的，与【例 11-2】的第二种使用方法有异曲同工之妙。以上 4 个构造方法用于创建 URL 的对象，通过传入不同参数来组装一个请求路径从而发起请求，发起请求的目的是获取目标路径下的数据。URL 类提供了 5 个方法可以获取到数据，它们分别是：

```
1  public InputStream openStream();
2  public URLConnection openConnection();
3  public URLConnection openConnection(Proxy proxy);
4  public Object getContent();
5  public Object getContent(Class[] classes);
```

下面讲解常见的两个方法：openStream()和 openConnection()。最常用的是 openStream()，此方法返回一个 InputStream 对象，可以从返回的流中获取数据。

【例 11-5】openStream()方法应用示例。

```
1  public static void main(String[] args) {
2      try {
3          URL  u = new URL("http://www.baidu.com");
4          InputStream in = u.openStream();
5          int c;
6          while ((c = in.read()) != -1){
7             System.out.println(c);
8          }
9          in.close();
10     }catch (IOException ex){
11         System.out.println(ex);
12     }
13 }
```

此方法抛出的异常为 IOException，而非 MalformedURLException，这是因为 MalformedURLException 是 IOException 的子类。另外，与大多数的网络流一样，使用完成后需要关闭流，即【例 11-5】中的 in.close()。

以 public URLConnection openConnection()方法为例，openConnection()方法为指定的 URL 打开一个套接字，返回一个 URLConnection 对象，失败会抛出 IOException。

【例 11-6】openConnection ()方法应用示例。

```
1  public static void main(String[] args) {
2      try {
3          URL u = new URL("http://www.baidu.com");
4          URLConnection uc = u.openConnection();
5          InputStream is = uc.getInputStream();
6          int c;
7          while ((c = is.read()) != -1){
8             System.out.println(c);
9          }
10         is.close();
11     }catch (IOException ex){
12         System.out.println(ex);
13     }
14 }
```

对于 URL 来说，需要掌握 URL 的组成部分，便于分解和构造 URL。URL 一共由 5 个部分组成：模式（也称为协议）、授权机构、路径、片段标识符、查询字符串。

“http://cpc.people.com.cn/n1/2022/0823/c164113-32509104.html? isbn=1333323#toc”这个 URL 的 5 个组成部分分别如下。

- 模式：http。

- 授权机构：http://cpc.people.com.cn。
- 路径：/n1/2022/0823/c164113-32509104.html。
- 片段标识符：toc。
- 查询字符串：isbn=1333323，从“？”到“#”结束。

并非所有的 URL 都必须具备这 5 个部分，URL 允许只有模式、授权机构、路径而没有片段标识符和查询字符串。授权机构通常由“IP 地址（域名）:端口号”的形式组成，例如 http://127.0.0.1:8080 或 http://localhost:8080 这两种表现形式均属于授权机构，127.0.0.1 和 localhost 属于 IP 地址（域名），8080 属于端口号。

URL 类提供了 9 个方法用于获取 URL 中的相关信息，主要是针对构成 URL 的 5 个部分，具体方法如下。

- 获取 URL 的主机名，使用 getHost()方法。
- 获取 URL 的路径部分，包含查询字符串，使用 getFile()方法。
- 获取 URL 的端口号，如果没有返回-1，使用 getPort()方法。
- 获取 URL 的模式，使用 getProtocol()方法。
- 获取 URL 的片段标识符，使用 getRef()方法。
- 获取 URL 的查询字符串，使用 getQuery()方法。
- 获取 URL 的路径部分，不包含查询字符串，使用 getPath()方法。
- 获取模式中存在的用户名和口令信息，如果没有返回 null，使用 getUserInfo()方法。
- 以 URL 中的形式返回授权机构，使用 getAuthority()方法。

【例 11-7】getHost ()方法应用示例。

```
1  public static void main(String[] args){
2     try {
3        // 调用 URL 构造方法访问百度地图
4        URL u = new URL("http","map.baidu.com","/@11161531,3097251,13z");
5        String host = u.getHost();
6        System.out.println(host);
7     }catch (MalformedURLException ex){
8        System.out.println(ex);
9     }
10 }
```

运行结果如下：

```
map.baidu.com
```

11.2 InetAddress 类

在实际编程中，通常有获取服务器或某个节点主机的 IP 地址的需求，即需要获取主机名、端口号、IP 地址等信息。Java 提供了一个类专门用来满足这一需求，它就是 java.net.InetAddress，用于封装 IP 地址（IPv4 和 IPv6）。

InetAddress 类

InetAddress 类封装了如下 4 个获取信息的方法。

- getLocalHost()：获取本地主机的 InetAddress 对象。
- getHostName()：返回类型 String，获取 InetAddress 对象的主机名。
- getHostAddress()：返回类型 String，获取 InetAddress 对象的 IP 地址。

- getByName(String host)：根据指定的主机名/域名，确定主机名称的IP地址。

【例11-8】InetAddress 类提供的方法应用示例。

```
1  import java.net.InetAddress;
2  import java.net.UnknownHostException;
3  public class InetAddressTest {
4     public static void main(String[] args) throws UnknownHostException
5  {
6        // 1.实例化本机的 InetAddress 对象
7        InetAddress localHost = InetAddress.getLocalHost();
8        System.out.println(localHost);
9        // 2.根据指定的主机名，获取 InetAddress 对象
10       InetAddress byName = InetAddress.getByName("AOC-20220124VBW");
11       System.out.println("host = " + byName);
12       // 3.根据一个域名返回 InetAddress 对象，比如 www.baidu.com
13    InetAddress[] allByName = InetAddress.getAllByName("www.baidu.com");
14       for(InetAddress c : allByName) {
15          System.out.println(c); // www.baidu.com/180.101.49.11
16       }
17       // 4.通过 InetAddress 获取主机名/域名
18       for(InetAddress c : allByName) {
19          String hostName = c.getHostName();
20          System.out.println(hostName);  // www.baidu.com
21       }
22       // 5.通过 InetAddress 反向获取对应的地址
23       for(InetAddress c : allByName) {
24          String hostAddress = c.getHostAddress();
25          System.out.println(hostAddress);  // 180.101.49.11
26       }
27    }
28 }
```

运行结果如下：

```
1  AOC-20220124VBW/10.10.177.45
2  host = AOC-20220124VBW/10.10.177.45
3  www.baidu.com/120.232.145.144
4  www.baidu.com/120.232.145.185
5  www.baidu.com
6  www.baidu.com
7  120.232.145.144
8  120.232.145.185
```

【例11-8】输出了每个方法所返回的值。

如果已知域名可以使用 getAllByName()或 getByName()方法，可传入域名作为参数。

【例11-9】getAllByName()方法和 getByName()方法应用示例。

```
1  InetAddress[] allName = InetAddress.getAllByName("www.baidu.com");
2  InetAddress byNameOne = InetAddress.getByName("www.baidu.com");
```

如果已知的是点分四段地址，那么可以将地址作为参数进行传入。

【例11-10】传入点分四段地址的应用示例。

```
1  InetAddress[] allNameTwo = InetAddress.getAllByName("192.168.1.1");
2  InetAddress byNameOneTwo = InetAddress.getByName("192.168.1.1");
```

使用 getAllByName()和 getByName()两个不同的方法，可能得到相同的地址，也可能得到不同的地址。这是因为 www.baidu.com 可能存在多个地址，getByName()方法返回的地址是不确定的。想要得到所有的地址可使用 getAllByName()方法。

使用 IP 地址和主机名作为可选参数时，更推荐使用主机名。大部分的服务器多年来一直使用同一个主机名，但 IP 地址变更了很多次，当主机名不可用或未知时可选 IP 地址作为参数。

使用 IP 地址或主机名进行请求 DNS（Domain Name System，域名系统）查找的开销很大，因为目标主机服务器与本地发起请求的主机之间可能存在多个中间服务器，或者尝试解析一个不可能达到的主机或不存在的主机时，需要花费几秒的时间。如果每次都按照这个开销去进行解析是得不偿失的，所以 InetAddress 类会缓存查找的结果。缓存服务的特点是 一旦查找到这个主机给定的地址，就不会再次查找，即使是同一个主机创建一个新的 InetAddress 对象发起请求也不会再次查找，前提是目标主机地址在程序运行期间不能发生变化。

另外注意，会出现一种情况，开始尝试解析某个主机时失败，但随后再次尝试解析时成功，这种情况是经常发生的。由于从远处的 DNS 服务器发来的信息还在传输中，第一次尝试解析时超时，随后信息才到达本地服务器，所以下一次请求可用且成功。考虑到这种情况，Java 对于不成功的 DNS 查询只会缓存 10s。

11.2.1 地址表示

连接 Internet 入网的设备称为节点（node），而计算机节点本身称为主机（host），入网设备有很多，主机是入网设备中的一种常用设备。对于入网设备来说，每一个节点都由至少一个唯一的数来进行标识，这称为 Internet 地址或 IP 地址。这类似于人使用的身份证，每一张身份证都是用数字或字母组成的长度为 18 位的标识符，用来代表唯一的自然人。在 Internet 中，每个节点用 4 个字节或 16 个字节的长度来标识其唯一性，4 个字节的长度标识称为 IPv4 地址，16 个字节的长度标识称为 IPv6 地址，这里的 IPv4 和 IPv6 不是指地址中的字节数，而是 Internet 协议的版本。需要留意的是，IPv4 地址和 IPv6 地址都是字节组成的有序序列，和数组一样，它们不是数，顺序也不可预测，它们的存在仅仅是用来标识 Internet 中各类节点的地址。

目前，广泛使用的是 IPv4 地址。IPv4 地址是用 4 个字节的二进制数来表示的，如 00001010000000000000000000000001，这种表示方式便于机器读取、使用，但不便于人类理解和记忆，所以通常将 IP 地址写成十进制形式，每个字节用一个十进制数（0～255）表示，数字与数字之间用“.”隔开，如 10.23.100.230。

11.2.2 获取地址

Windows 系统获取本机 IP 地址的步骤如下。

第一步：按 Windows+R 组合键，在弹出的对话框中输入 cmd，如图 11-1 所示，按 Enter 键。

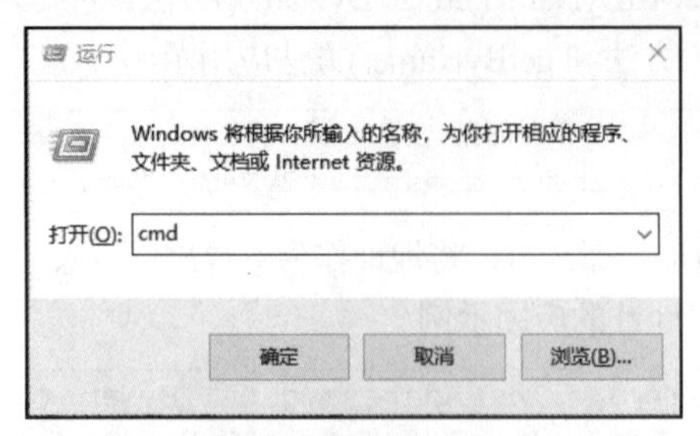

图 11-1　输入 cmd

第二步：在打开的窗口中输入 ipconfig，按 Enter 键，系统列出当前主机被分配的 IPv4 地址以及 IPv6 地址，如图 11-2 所示。

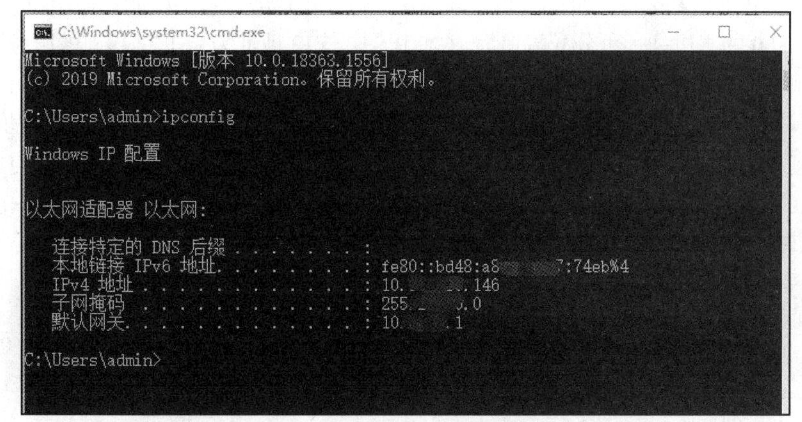

图 11-2　系统显示本机 IP 地址信息

【例 11-11】Java 中使用 InetAddress 类获取 IP 地址的应用示例。

```
1  import java.net.InetAddress;
2  //需要抛出异常
3  import java.net.UnknownHostException;
4  //在类中使用 main()方法进行实例化 InetAddress 对象并输出 IP 地址
5  public class GetIp {
6      public static void main(String[] args) throws UnknownHostException
7  {
8          //实例化 InetAddress 对象
9          InetAddress addr = InetAddress.getLocalHost();
10         //获取 IP 地址
11         System.out.println("IP 地址是:" + addr.getHostAddress());
12     }
13 }
```

运行结果如下：

```
IP 地址是:10.10.177.45
```

11.3 套接字

在 Internet 中，数据是按照有限大小的包进行传输的，包又称为数据报（datagram）。每一个数据报包含首部（header）和有效载荷（payload），也就是通常说的报头和报文。要用客户端向服务器发送一组数据，此时知道客户端要向服务器发送一个或多个包，那么客户端要怎么与服务器建立通信，服务器又要如何确认客户端的身份等信息呢？这需要使用套接字（socket）技术。

套接字

套接字可以看成网络中两个应用程序进行通信时，各自通信连接中的端点，这是一个逻辑上的概念。它是网络中进程与进程之间通信的 API，也是可以被命名和寻址的通信端点，使用中的每一个套接字都有其类型和一个与之相连的进程。通信时其中一个网络应用程序将要传输的一段信息写入它所在主机的套接字中，该套接字通过与网络接口卡（Network Interface Card，NIC）相连的传输介质将这段信息送到另外一台主机的套接字中，使对方能够接收到这段信息。

套接字是由 IP 地址和端口结合的，提供向应用层进程传送数据包的机制。如图 11-3 所示，IP 地址为 146.10.32.100 的主机 A（可分配端口为 1625）希望与 IP 地址为 161.22.19.1 的服务器 B（监听端口为 80）进行通信（以下简称 A 和 B），那么它们的进程之间需要建立唯一的套接字。注意，当 A 的另外一个进程希望与 B 进行通信时，它们之间需要建立另外一个套接字以确保每个进程间通信的唯一性。它们新建立的套接字会被分配一个大于 1024 但不能等于 1625 的端口，新建立的套接字可能是（146.10.32.100:1500）也有可能是（146.10.32.100:1080），只要套接字不重复、确保唯一性、不冲突即可。套接字原理如图 11-3 所示。

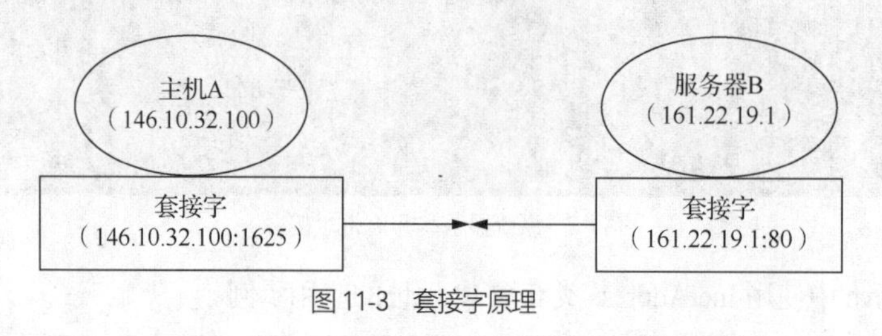

图 11-3　套接字原理

套接字负责两台主机之间的连接，它完成的基本操作有：连接远程机器、发送数据、接收数据、关闭连接、绑定端口、监听入站数据、在绑定端口上接受来自远程机器的连接。

接下来将使用 Java 分别从客户端套接字和服务器套接字展开详细的说明与举例。

11.3.1 客户端套接字

Java 中的套接字是以一个类（Socket 类）的形式提供服务的，客户端和服务器都可以使用 Socket 类，该类提供一个简单的套接字接口而且提供丰富的网络工具库。本节主要研究客户端如何使用 Socket 类。

Java 程序使用客户端套接字通常采用以下两种方式。

- 程序用构造方法创建一个新的套接字。
- 套接字尝试连接远程主机。

一旦连接建立成功，那么两台主机就建立了全双工（full-duplex）连接，即两台主机可以同时发送和接收数据，它们分别从这个套接字中得到输入流和输出流来完成数据的传输。

Java 提供 3 种不同类型的套接字。

- 面向连接的 TCP 套接字是用 Socket 类实现的。
- 无连接的 UDP 套接字是用 DatagramSocket 类实现的。
- MulticastSocket 类为 DatagramSocket 类的子类，多播套接字允许数据发送到多个接收者。

Java 程序使用客户端套接字，需要导入依赖包：

```
1  import java.net.*;
2  import java.io.*;
```

下面以创建一个客户端套接字，并与 IP 地址为 127.0.0.1 的服务器端口 6013 建立连接（Socket sock = new Socket("127.0.0.1", 6013)）为例进行介绍。连接建立后，客户端通过普通的 I/O 流语句来从套接字读取数据。收到服务器的日期后，就关闭套接字连接，并退出。

【例 11-12】客户端套接字应用示例。

```
1  import java.net.*;
2  import java.io.*;
```

```
3  public class JavaClientSocket {
4     public static void main(String[] args) {
5        try {
6           // 创建套接字对象并连接到服务器
7           Socket sock = new Socket("127.0.0.1", 6013);
8           InputStream in = sock.getInputStream();
9           BufferedReader bin = new BufferedReader(new
10 InputStreamReader(in));
11          // 从套接字读取日期
12          String line;
13          while ((line = bin.readLine()) != null) {
14             System.out.println(line);
15          }
16          // 关闭套接字连接
17          sock.close();
18       } catch (IOException ioe) {
19          // 异常处理
20          System.err.println(ioe);
21       }
22    }
23 }
```

运行结果如下：

```
Tue Aug 01 23:28:33 CST 2023
```

IP 地址 127.0.0.1 为特殊 IP 地址，称为回送，也用来表示本机地址，当计算机采用地址 127.0.0.1 时，表示引用自己。这一机制为同一机器的客户端和服务器通过 TCP/IP 进行通信创造了条件，也为程序员编程提供了测试便利，让同一主机既模拟客户端也模拟服务器成为现实。

使用套接字通信，虽然常用和高效，但是属于分布式进程之间的一种低级形式的通信，因为套接字只允许在通信线程之间交换无结构的字节流，客户端或服务器程序需要自己加上数据结构。对照 JSON 作为媒介的传输格式，会发现套接字的传输相比 JSON 方式的效率高，但是解析相对麻烦。

从客户端的角度使用套接字，客户端就是向监听连接的服务器打开一个套接字，可以理解为客户端套接字相当于拨打电话的人，需要知道区号和电话号码才能拨通电话，只不过套接字是需要知道请求的 IP 地址和相应端口。显然只有客户端套接字是不够的，如果不能与服务器进行对话，客户端套接字并没有什么作用。

11.3.2 服务器套接字

如果客户端套接字相当于拨打电话的人，那么服务器套接字相当于等在电话机旁边的接线员，它不知道谁会打电话过来，不知道什么时间会有电话，只知道当电话铃响起时，就必须接听电话且与拨打电话的人对话，而不管对方是谁，也就是说服务器套接字需要时刻监听它所负责的端口。显然“接线员”的工作只有 Socket 类是做不到的，对于接收连接的服务器，Java 提供了一个 ServerSocket 类表示服务器套接字。

11.3.1 小节给出了客户端套接字应用示例，请求的服务器 IP 地址为 127.0.0.1，端口为 6013，接下来研究与之对应的服务器套接字需要做的处理。

Java 程序使用服务器套接字，需要导入依赖包：

```
1  import java.net.*;
2  import java.io.*;
```

【例 11-13】服务器套接字应用示例。

```
1  import java.net.*;
2  import java.io.*;
3  public class JavaServerSocket {
4      public static void main(String[] args) {
5          // 此处为服务器监听程序
6          try {
7              ServerSocket sock = new ServerSocket(6013);
8                  // 监听连接
9                  while (true) {
10                 Socket client = sock.accept();
11         PrintWriter pout = new PrintWriter(client.getOutputStream(), true);
12                 // 将日期写入套接字
13                 pout.println(new java.util.Date().toString());
14                 // 关闭套接字连接
15                 client.close();
16                 // 继续监听连接
17             }
18         } catch (IOException ioe) {
19             // 异常处理
20             System.err.println(ioe);
21         }
22     }
23 }
```

【例 11-13】采用面向连接的 TCP 套接字，此操作允许客户端向服务器请求当前的日期和时间。服务器套接字监听的端口是 6013，当然端口可以是大于 1024 的任意端口，在接收到连接时，服务器将日期和时间返回给客户端。

运行结果是服务器一直处于 Running 状态（监听），也就是接线员已经上岗，时刻等待着客户端套接字发送连接请求，它将在成功建立连接后关闭这一连接。

11.3.3 UDP 与 TCP 的区别与联系

套接字运用都是基于 TCP 进行的。TCP 是为数据的可靠传输而设计的，如果数据在传输中丢失或者被损坏，TCP 会保证再次发送数据包；如果数据包乱序到达，TCP 会将其重置回正确的顺序；如果数据包到达太快，TCP 会降低其速度以免数据包丢失。程序不需要担心接收到乱序或不正确的数据包，但是这种可靠性是有代价的，代价就是速度。TCP 像一个听话的孩子，做事情不会发生差错，不过效率相对较低，显然像 HTTP（Hypertext Transfer Protocol，超文本传送协议）这样的协议，或一些对高速传输和实时通信有较高要求的程序或广播而言是不够优秀的。TCP 为了建立连接和断开连接，在正常过程中至少需要来回发送 7 个数据包才能完成。

TCP 是基于连接的协议，也就是说在发送数据之前必须和对方建立可靠连接。一个基于 TCP 的连接必须要经过三次对话才能建立起来，过程非常复杂，这里只做简单介绍。建立连接的过程如下。

- 主机 A 向主机 B 发出连接请求的数据包："我想给你发送数据，可以吗？"，这是第一次对话。
- 主机 B 向主机 A 发送同意连接和要求同步（同步指的是两台主机一台在发送，一台在接收，协调工作）的数据包："可以，什么时候发送？"，这是第二次对话。
- 主机 A 再发出一个数据包确认主机 B 的同步要求："我现在就发送，你时刻准备接收。"，这是第三次对话。

三次对话完成后，主机 A 向主机 B 正式发送数据，这个过程是比较完备且不容易发生数据错乱和丢失的，相应的发送和接收效率较低。因此，为了解决效率问题，UDP（User Data Protocol，用户数据报协议）应运而生。

UDP 是与 TCP 相对应的协议，它们都是 OSI（Open System Interconnection，开放系统互连）模型中处于运输层中的协议。UDP 是无连接的协议，它不与对方建立连接，直接就把数据包发送过去。也正因为如此，UDP 的可靠性不如 TCP 的高，UDP 通常被用于广播和细节控制交给应用层处理的通信传输业务。例如，在实时音频或视频中以及一些直播活动中，采用 UDP，丢失或交换数据包只会作为干扰出现，这种干扰是可以容忍的。但如果采用 TCP，那么请求重传或等待数据包到达而它延迟到达时，音频或视频会出现尴尬的停顿现象，而音频或视频通常对流畅度要求很高，TCP 还会限制包到达的速度，这是无法忽视的。实际运用中，选用 TCP 还是 UDP 需要根据业务的需求来酌情考量。

TCP 与 UDP 的具体区别如图 11-4 所示。

	TCP	UDP
连接与无连接	面向连接	无连接
资源占用	多	少
程序结构	复杂	简单
传输模式	流模式	数据报模式
数据正确性	保证数据正确性	可能丢包
数据顺序	保证顺序性	不保证
交互模式	一对一	一对一、一对多，多对一、多对多
首部开销	20字节	8字节

图 11-4　TCP 与 UDP 的具体区别

11.4 UDP 数据报

图 11-5 展示了 IP 数据报结构，UDP 数据报属于 IP 数据报中的一部分，而 UDP 数据报又分为 UDP 首部和 UDP 数据两部分。

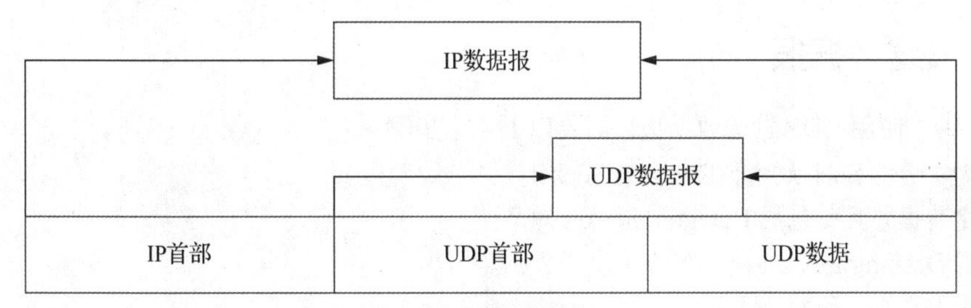

图 11-5　IP 数据报结构

UDP 数据报结构如图 11-6 所示。

16位源端口号	16位目的端口号	8字节
16位UDP长度	16位UDP检验和	
数据（若有）		

图 11-6　UDP 数据报结构

UDP 首部由 8 个字节（4 个字段）组成，每个字段都是 2 个字节，含义如下。

- 16 位源端口号：标识源端口应用进程，需要对方回信时选用，不需要时全部置 0。
- 16 位目的端口号：标识目的端口应用进程，在终点交互报文时不可或缺，是用来判断接收方是否丢弃报文的依据。
- 16 位 UDP 长度：用来标记 UDP 首部和 UDP 数据的总长度。若无 UDP 数据，则长度仅为 UDP 首部的 8 字节。
- 16 位 UDP 检验和：用来对 UDP 首部和 UDP 数据进行校验，有错即丢弃。对于 UDP 来说，16 位 UDP 检验和是可选项，而 TCP 中此字段为必选项。

当传输层从 IP 层收到 UDP 数据报时，会根据 UDP 首部中的目的端口号，把 UDP 数据报通过相应的端口直接上交给应用程序，具体数据的解析等后续工作由应用程序进行。如果接收方 UDP 发现收到的报文中的目的端口号不正确（也就是发送方所指明的对应端口号在接收方不存在相应的应用程序），接收方会丢弃该报文，并且由 ICMP（Internet Control Message Protocol，互联网控制报文协议）发送“端口不可达”的差错报文给发送方，此次传输结束。

UDP 首部中本身就包含源端口号和目的端口号，套接字的工作就非常简单了，只需要了解在本机哪个端口发送或接收即可。这种职责的划分与 TCP 使用 Socket 和 ServerSocket 有所不同。首先 UDP 没有两台主机间唯一连接的概念，一个套接字会发送所有指向目的端口的数据，而不需要知道对方是哪一台远程主机。一个接收端套接字可以从多个独立主机接收数据，而不需要管对方是谁，也就是说无论是发送端还是接收端均不是专用于一个连接。

举个例子，TCP 好比高铁站的安检口，人和物品均要从指定的通道分别检测后放行，去往不同城市的人员和物品需要从指定的入口出行。而 UDP 好比地铁站的出口，人和物品均可从同一出口放行，人可以带着物品从出口出去，也不关心你是来自哪个城市、去往何处。换言之，UDP 只是监控该出口或入口，不关注从该出入口出入的是人还是物品，也不关注来的源头和去的目的地。相比之下，UDP 比 TCP 的通行效率高很多。

在 Java 中，UDP 数据报的实现分为两个类：DatagramPacket 和 DatagramSocket。DatagramPacket 类负责将数据字节填充到 UDP 包中，称为数据报，而 DatagramSocket 类将负责 UDP 数据报的收发工作。为了发送数据，要将数据封装到 DatagramPacket 中，使用 DatagramSocket 将包发送出去。为了接收数据，需要从 DatagramSocket 中接收一个 DatagramPacket 对象，然后检查、校验该包的内容。

11.4.1 发送数据报

在 Java 中，使用 UDP 发送数据报，需要以下 4 个步骤。

- 创建发送端 Socket 对象 DatagramSocket。
- 创建数据并且打包成 DatagramSocket 对象。
- 调用 DatagramSocket 对象的方法发送数据。
- 关闭发送端，释放资源。

【例 11-14】发送数据报应用示例。

```
1  public class SendUDP {
2      public static void main(String[] args) throws IOException {
3          // 1.创建发送端 Datagram Socket 对象
4          DatagramSocket ds = new DatagramSocket();
5          System.out.println("请输入要发送的数据：");
6          // 2.把数据打包成 DatagramPacket 对象
7          BufferedReader br = new BufferedReader(new
```

```
8   InputStreamReader(System.in));
9           String line;
10          while ((line = br.readLine()) != null) {
11              if (line.equals("ending")) {
12                  break;
13              }
14              // 数据打包
15              byte[] b = line.getBytes();
16              DatagramPacket dp = new DatagramPacket(b, b.length,
17  InetAddress.getByName("AOC-20220124VBW"), 8086);
18              // 3.调用 DatagramSocket 对象方法发送数据
19              ds.send(dp);
20          }
21          // 4.关闭发送端，释放资源
22          ds.close();
23      }
24  }
```

运行结果如下：

```
1  请输入要发送的数据：
2  The data sent by the client is : localhost sent 'test' with port 8086
```

注意 InetAddress 类中使用了 getByName()方法，需要传入主机名和端口号作为参数，若主机名不正确，会抛出异常“Exception in thread "main" java.net.UnknownHostException: 不知道这样的主机”。另外，发送 UDP 数据报的发送端使用的端口号应与接收端使用的端口号保持一致，如果发送端与接收端的端口号不一致，会导致超时或无响应。

11.4.2 接收数据报

在 Java 中，使用 UDP 接收数据报，需要以下 4 个步骤。

- 创建接收端 DatagramSocket 对象。
- 创建 DatagramPacket 数据报，接收数据，调用 DatagramSocket 对象的方法接收数据。
- 解析数据。
- 关闭接收端，释放资源。

【例 11-15】使用 UDP 接收数据报应用示例。

```
1   public static void main(String[] args) throws IOException {
2       // 1.创建接收端 DatagramSocket 对象
3       DatagramSocket ds = new DatagramSocket(8086);
4       while(true) {// 发送端一直发送，故用循环接收
5           // 2.创建 DatagramPacket 数据报，接收数据，调用 DatagramSocket 对
6   象的方法接收数据
7           byte[] b = new byte[1024];
8           DatagramPacket dp = new DatagramPacket(b, b.length);
9
10          ds.receive(dp);
11          // 3.解析数据
12          System.out.println("接收到数据：");
13          System.out.println(new String(dp.getData(), 0,
14  dp.getLength()));
```

```
15     }
16     // 4.关闭接收端，释放资源
17     // ds.close();
18 }
```

运行结果如下：

```
1  接收到数据：
2  The data sent by the client is : localhost sent 'test' with port 8086
```

11.5 Java 远程调用

Java 远程调用又称 RMI（Remote Method Invocation，远程方法调用）。RMI 是纯 Java 的网络分布式应用系统的核心解决方案之一，它拥有强大的分布式网络应用开发的能力。RMI 还支持存储于不同地址空间的程序对象之间彼此通信，实现远程对象的无缝远程调用。通常情况下，在 Java 中实现远程调用，都需要使用接口的方式。

位于某机器 A 上的进程 A 可以调用另一个位于某机器 B 上的进程 B。当进程 A 在调用进程 B 的时候，进程 A 就会被挂起，进程 B 则继续工作；当调用结果从进程 B 返回给进程 A 的时候，进程 A 就会被唤醒并继续工作。图 11-7 详细展示了客户端与服务器实现远程调用的具体过程。

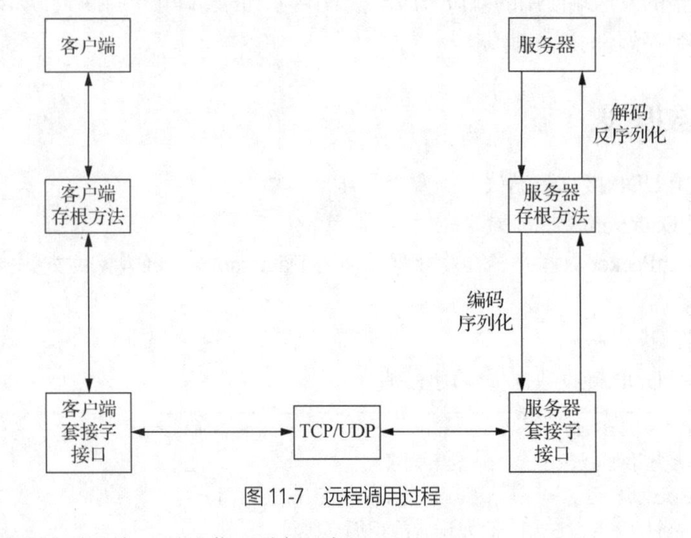

图 11-7　远程调用过程

Java 远程调用过程可以从以下几方面进行理解。

（1）客户端调用一个被称为客户端存根方法的本地过程：从客户端的角度出发，调用客户端存根方法的过程跟调用其他的本地过程无异，但具体的实现细节却与本地过程调用有着很大的差异。存根方法是远程调用在客户端的一个代理，真正的实现是在远程的服务器。当客户端调用存根方法的时候，存根方法会通过编码或者是序列化的方法将调用的参数转换成一组适合在网络中传输的二进制数组的格式，发送给远程的服务器进程。

（2）存根方法通过本地操作系统的套接字接口，把打包的消息发送给远程系统。

（3）消息通过一定的网络通信协议，从本地系统传送给远程操作系统（使用无连接状态或有连接状态的传输协议）。

（4）服务器通过调用服务器存根方法（也叫 Skeleton 方法）接收来自客户端的请求消息。当接收到消息之后，服务器存根方法将会解码或者是反序列化调用参数，把它们转换成适合系统处理的数据格式。

（5）服务器存根方法调用服务器上的具体实现方法，并传入从客户端请求中接收到的参数。

（6）当服务器上的具体实现方法处理完毕之后，会把最终的处理结果返回给服务器存根方法。

（7）服务器存根方法通过编码或序列化的方法，将返回结果转换为适合于在网络中传输的格式，从服务器发送回客户端。

（8）消息通过网络传输回客户端。

（9）客户端存根方法从本地系统获得返回的远程过程处理结果。

（10）客户端存根方法把获得的远程调用结果返回给客户端本地调用。

（11）从远程调用过程中可以看出，程序员可以直接利用过程调用语义来调用远程方法并获得处理结果。远程调用过程简化了编写分布式应用的过程，因为 RMI 隐藏了所有的网络通信细节，应用程序不必再去考虑套接字、端口号、数据格式转化等问题。那么，Java 中远程调用具体应该如何完成呢？

Java 实现 RMI 远程对象调用，可以大致分为 4 个部分来讨论，即接口类、接口实现类、客户端、服务器。

【例 11-16】远程调用接口类应用示例。

```
1  import java.rmi.Remote;
2  import java.rmi.RemoteException;
3  public interface RemoteInterface extends Remote {
4     //  声明服务器必须提供的服务
5     public String test(String n) throws RemoteException;
6  }
```

【例 11-17】远程调用接口实现类应用示例。

```
1  import java.rmi.RemoteException;
2  //UnicastRemoteObject 用于导出远程对象和获得与该远程对象通信的存根
3  import java.rmi.server.UnicastRemoteObject;
4  public class RemoteInterfaceImpl extends UnicastRemoteObject
5  implements RemoteInterface {
6     public RemoteInterfaceImpl() throws RemoteException {
7        super();
8     }
9     public String test(String n) throws RemoteException {
10       return "hello:" + n;
11    }
12 }
```

【例 11-18】远程调用客户端应用示例。

```
1  import java.net.MalformedURLException;
2  import java.rmi.Naming;
3  import java.rmi.NotBoundException;
4  import java.rmi.RemoteException;
5  public class RemoteClient {
6     public static void main(String[] args) {
7        String url = "//localhost:8804/SAMPLE-SERVER";
8        try {
9           /*
10           检索指定的对象，即找到服务器对应的服务对象存根
11           获得本地存根已实现的接口类型
12          */
```

```
13          RemoteInterface calc = (RemoteInterface) Naming.lookup(url);
14            for (int i = 0; i < 10; ++i) {
15                String j = String.valueOf(i);
16                String f = calc.test(j);
17                System.out.println(f);
18            }
19        } catch (MalformedURLException e) {
20            e.printStackTrace();
21        } catch (RemoteException e) {
22            e.printStackTrace();
23        } catch (NotBoundException e) {
24            e.printStackTrace();
25        }
26    }
27 }
```

【例 11-19】远程调用服务器应用示例。

```
1  import java.net.MalformedURLException;
2  import java.rmi.Naming;
3  import java.rmi.RemoteException;
4  import java.rmi.registry.LocateRegistry;
5  public class RemoteServer {
6      public static void main(String[] args) {
7          try {
8              LocateRegistry.createRegistry(8804);
9              //实例化 RemoteInterfaceImpl 接口的远程服务对象
10             RemoteInterfaceImpl f = new RemoteInterfaceImpl();
11             /*
12             注册到 registry 中，将名称绑定到对象，
13             即向命名空间注册已经实例化的远程服务对象
14             */
15             Naming.rebind("//localhost:8804/SAMPLE-SERVER", f);
16             System.out.println("Test server ready");
17         } catch (RemoteException re) {
18             System.out.println("Exception in RemoteServer.main: " + re);
19         } catch (MalformedURLException e) {
20             System.out.println("MalformedURLException " + e);
21         }
22     }
23 }
```

【例 11-18】中远程调用分析的切入点为客户端的 RemoteInterface calc = (RemoteInterface) Naming.lookup (url) 对象。调用 lookup()方法，实例化了一个服务器对象，而服务器的 RemoteInterface 继承了 Remote 类。

【例 11-20】lookup()方法的应用示例。

```
1  public static Remote lookup(String name) throws NotBoundException,
2  MalformedURLException, RemoteException {
3      Naming.ParsedNamingURL parsed = parseURL(name);
4      Registry registry = getRegistry(parsed);
5      return (Remote)(parsed.name == null ? registry :
6  registry.lookup(parsed.name));
7  }
```

客户端简单的实例化调用方法，只需要提供远程方法所必需的参数信息即可，客户端本地不需要做额外的复杂操作，却可以得到执行结果。具体执行逻辑是在服务器完成的，客户端也不清楚服务器具体做了哪些操作，只需要提供调用该方法所需的具体参数即可。清楚了执行逻辑以后，沿着示例剖析服务器的执行过程就显得比较容易。

客户端执行 String f = calc.test(j);这句代码的时候，是在调用服务器接口 RemoteInterface 中指定的 test()方法，test()方法的服务具体由其实现类 RemoteInterfaceImpl 来完成。

字符拼接的代码片段如下：

```
1  public String test(String n) throws RemoteException {
2     return "hello:" + n;
3  }
```

实现类 RemoteInterfaceImpl 中 test()方法简单地将传入的参数 n 拼接上“hello”字符串进行返回，接下来服务器 RemoteServer 类将接口实现类 RemoteInterfaceImpl 进行实例化 RemoteInterfaceImpl f = new RemoteInterfaceImpl();，并将 f 对象作为 rebind()方法的参数交给 Naming 类去实现底层逻辑（Naming.rebind("//localhost:8804/SAMPLE-SERVER", f);）。rebind()方法在 JDK 的底层实现注册服务的逻辑如下：

```
1  public static void rebind(String name, Remote obj) throws
2  RemoteException,
3  MalformedURLException {
4     Naming.ParsedNamingURL parsed = parseURL(name);
5     Registry registry = getRegistry(parsed);
6     if (obj == null) {
7        throw new NullPointerException("cannot bind to null");
8     } else {
9        registry.rebind(parsed.name, obj);
10    }
11 }
```

至此，一个名叫 test()的服务在 RMI 的体系中注册完毕。当 Server 服务启动后，test()服务允许外部非本机的远程程序进行访问，按照预先编辑好的处理逻辑将传入的参数 n 头部拼接“hello”字符串且准确返回，一组基于 RMI 的远程对象间的对话服务完成。服务的需求和发起方为初始调用 test()服务的 RemoteClient 类，服务的提供方为具体完成服务业务的 RemoteInterfaceImpl 接口实现类。从图 11-7 中可以看出，客户端发起服务需求要经过客户端存根方法进行处理，服务器接收服务请求、处理服务本身逻辑、返回服务结果等均需要存根方法进行处理，因此，存根方法也叫代理。

关于代理的机制及具体工作流程，不在此详述。读者需要先掌握 Java 实现远程对象间通话服务的流程和步骤，基于 RMI 的工作原理以及后来衍生的分布式开发原理等具体知识，以便更好地掌握和运用 Java 网络编程中的网络通信部分的择优使用。是选择基于 TCP 的套接字通信，还是基于 UDP 的套接字服务，又或是基于 RMI 的远程对象方法调用，应根据具体的业务择优选用。

本章小结

通过对本章的学习，读者掌握了网络编程中常用的类及其用法，包括 URL 类、InterAddress 类、Socket 类、ServerSocket 类等；还了解了地址在计算机中的表示，如何获取地址，TCP 和 UDP 的区别与联系，以及基于 RMI 的远程模块。

通过学习，要做到基于业务去分析具体要用什么知识解决什么问题，这就要求我们首先要了解网络编程中会遇到的常规问题及 Java 中给出的解决策略。同一业务有多种解决策略的时候需要择优选用，从而深刻地理解使用计算机在解决实际问题时的方法，提升使用计算机解决实际问题的能力，以及在遇到相应问题时更快地准确把握可能出现问题的方向，并进一步解决它。

习题

一、单选题

1. 以下哪个选项是获取 URL 的模式或协议的方法？（　　）

A. getRef()　　B. getAuthority()　　C. getProtocol()　　D. getPort()

2. 下列 InetAddress 类封装的方法中，获取 String 类型的 InetAddress 对象的 IP 地址的方法是（　　）。

A. getHostAddress()　　B. getByName(String host)

C. getHostName()　　D. getLocalHost()

3. 以下哪个选项是 TCP 的特点？（　　）

A. 数据报模式传输　　B. 流模式传输　　C. 资源占用少　　D. 可能丢包

4. 以下哪个选项不是使用 UDP 发送数据报的步骤？（　　）

A. 创建发送端的 DatagramSocket 对象

B. 创建数据并且打包成 DatagramSocket 对象

C. 解析数据

D. 关闭发送端，释放资源

5. 以下哪个选项是错误的 IPv4 地址？（　　）

A. 192.168.43.123　　B. 174.156.77.143　　C. 255.255.255.0　　D. 255.256.43.1

6. 以下哪个选项不是 URL 的组成部分？（　　）

A. 模式，也称为协议　　B. 授权机构　　C. 参数　　D. 片段标识符

7. 以下哪个选项不是套接字的基本操作？（　　）

A. 连接远程机器　　B. 发送时数据　　C. 接收关闭连接请求　　D. 监听入站数据

8. 以下哪个选项属于 UDP 数据报？（　　）

A. IP 数据报　　B. IP 首部　　C. UDP 数据　　D. 以上都不是

9. 以下哪个选项不属于 InetAddress 类获取信息的方法？（　　）

A. getLocalHost()　　B. getHostName()　　C. getHostAddress()　　D. getHostNames()

10. Java 中获取 URL 主机名使用（　　）方法。

A. getHost()　　B. getFile()　　C. getPort()　　D. getProtocol()

二、编程题

1. 编写程序获取 http://map.baidu.com/@11161531,3097251,13z 的主机名。
2. 编写程序实现使用 UDP 发送数据报和接收数据报。
3. 编写程序输出客户端请求的套接字。
4. 编写程序完成服务器响应套接字。
5. 编写程序运用远程调用实现调用服务器服务。

上机实验

聊天室程序设计。

利用套接字和多线程，实现多人对话的聊天室。

（1）创建聊天室类，在同一个窗口既发送又接收，创建两个线程，在运行窗口设置允许多个实例运行。

（2）创建发送数据的任务类，重写构造方法，指定发送端口。注意，数据的发送应该是不限制次数的，广播地址根据需要设定。

（3）程序运行两次，打开两个控制窗口，每个控制窗口里都存在发送、接收线程，一旦有键盘输入，就会执行发送线程，然后继续等待。运行后，发送端口和接收端口的实现效果如图 11-8 所示。

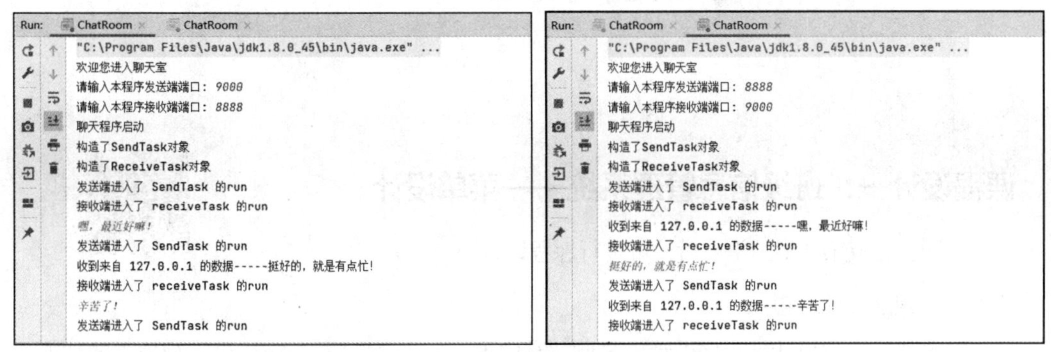

图 11-8 实现效果

附录

课程设计：班级信息管理系统开发

课程设计一：班级信息管理系统——菜单设计

课程设计一

说明：完成第 2 章的学习后，可进行课程设计一。

一、程序设计思想

程序的模块化设计。程序设计中强调“高内聚、低耦合”，菜单应该设计为独立的功能模块，考虑将菜单的相关逻辑定义在一个类中，即作为一个模块设计。设计这个类时要考虑需要什么成员变量和方法，类中执行的逻辑功能应该进行抽取和分类，不应该将所有执行逻辑全部写在一个方法中，因为这样做会造成程序维护困难。

二、实验内容

设计一个班级信息管理系统的菜单，学生管理功能包括菜单头部、菜单项（1. 显示学生信息；2. 添加学生信息；3. 删除学生信息；4. 修改学生信息；5. 根据学号查询；6. 退出系统）和提示信息，实现效果如下所示：

```
======================
欢迎使用班级信息管理系统!
======================
1.显示学生信息
2.添加学生信息
3.删除学生信息
4.修改学生信息
5.根据学号查询
6.退出系统
======================
请输入序号使用功能:
```

三、设计重点

设计重点如下。

- 采用数组存储菜单项内容。
- 使用 switch 结构控制菜单的选择。
- 使用循环结构控制菜单的显示。

具体功能如下。

（1）在输入界面输入 1～6 的任意数字，提示选中对应的菜单项；输入 1～6 之外的数字时，提示重新输入；输入 6 时，提示退出系统。

（2）输入数字 1～6 时，效果如下：

```
1
选择功能：显示学生信息
2
选择功能：添加学生信息
3
选择功能：删除学生信息
4
选择功能：修改学生信息
5
选择功能：根据学号查询
6
选择功能：退出系统
=====================
系统退出成功，欢迎下次使用!
=====================
```

（3）输入数字错误时，效果如下：

```
请输入序号使用功能：
66
输入功能序号错误，只能输入数字 1～6，请重新输入：
```

课程设计二：班级信息管理系统——类和对象的应用

课程设计二

说明：完成第 3 章的学习后，可进行课程设计二。

一、程序设计思想

（1）事物的抽象化。初步理解程序模块设计的思想之后，应用面向对象的思维考虑如何将客观实体（实体可以是客观存在的事物，也可以是一种抽象的概念）通过类表达出来，面向对象的程序设计即“万物皆对象”，程序员可以将任何合理的事物转换为类来表达，设计类的时候应该考虑包含什么成员变量、什么成员方法。

（2）面向对象的模块化设计。基于模块化设计的基础思想，在面向对象的程序设计中可以考虑如何将复杂的程序运行逻辑进行分解和组织，这个过程即模块化设计的过程。模块化设计的依据可以是：

- 抽取具有相同功能逻辑的代码；
- 抽取程序中重复的代码；
- 多个模块通用的逻辑功能；
- 不同功能的程序应该独立设计为一个模块等。

二、实验内容

（1）班级信息管理系统，应该实现班级相关信息的管理（数据的添加、查询和修改等），对学生实体进行抽象化，设计 Student 类，包含变量（系统编号、学号、姓名、年龄、性别、班级和班主任），对变量进行私有化设计，提供必要的构造方法、setter()方法、getter()方法和 showInfo()方法。

（2）Student 类中的班级和班主任也是实体，应该设计成类。班主任类 ClassTeacher 包含变量（姓名、年龄、性别），可进行私有化设计，提供必要的构造方法、setter()、getter()方法和 showInfo () 方法。

（3）设计班级类 Clazz，包含变量（专业、年级、学生数组、班级人数、学生操作索引号），并进行私有化设计，提供必要的构造方法、setter()方法、getter()方法和 showInfo ()方法。班级类中设计一个数组存储学生对象，同时应该提供对学生信息管理的方法，上述 3 个类如图 F2-1 所示。

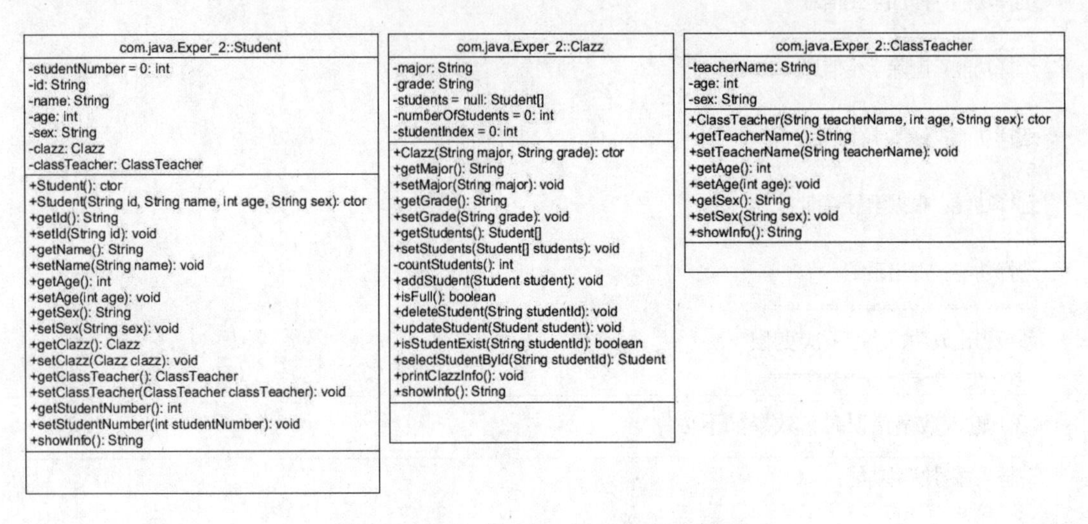

图 F2-1　Student 类、Clazz 类、ClassTeacher 类

（4）对菜单类 Menu 进行重新构造，用户输入数字 1～6 可以实现具体的功能，完成学生信息的增、删、改、查。Menu 类图如图 F2-2 所示。

com.java.Exper_2::Menu
+menuItem = { "1.显示学生信息", "2.添加学生信息", "3.删除学生信息", "4.修改学生信息", "5.根据学号查询", "6.退出系统" }: String[] +clazz = new Clazz("软件工程", "2024级"): Clazz +classTeacher = new ClassTeacher("张老师", 33, "男"): ClassTeacher +studentNumber = 0: int +sc = new Scanner(System.in): Scanner
+Menu(): ctor -printHeader(): void -printItems(): void -initSystem(): void -existSystem(): void +startSystem(): void -showItems(): void

图 F2-2　Menu 类图

三、主要方法说明

```
public void addStudent(Student student)                  //添加学生
public void deleteStudent(String studentId)              //根据学号删除学生
public void updateStudent(Student student)               //更新学生信息
public Student selectStudentById(String studentId)       //根据学号查询学生信息
public void printClazzInfo()                             //输出学生信息
```

```
private int countStudents()                        //统计班级学生人数
public boolean isFull()                    //判断班级满员，默认班级人数为50人
public boolean isStudentExist(String studentId)       //根据学号判断学生是否存在
```

四、实现效果

功能菜单：

```
=====================
欢迎使用班级信息管理系统!
初始化班级2024级年级-软件工程专业-学生人数：5
=====================
1.显示学生信息
2.添加学生信息
3.删除学生信息
4.修改学生信息
5.根据学号查询
6.退出系统
=====================
```

显示学生信息：

```
班级信息如下：
*********************
年级：2024级，专业：软件工程，学生人数：5
班主任名字：张老师，年龄：33，性别：男
学生信息-系统编号：0，学号：001，姓名：tom，性别：男，年龄：21
学生信息-系统编号：1，学号：002，姓名：jack，性别：男，年龄：22
学生信息-系统编号：2，学号：003，姓名：lily，性别：女，年龄：22
学生信息-系统编号：3，学号：004，姓名：json，性别：女，年龄：22
学生信息-系统编号：4，学号：005，姓名：stone，性别：女，年龄：22
*********************
```

添加学生信息：

```
选择功能：添加学生信息
请输入学号：
009
请输入姓名：
张三
请输入年龄：
23
请输入性别：
男
添加成功，目前人数为：5人!
*********************
年级：2024级，专业：软件工程，学生人数：5
班主任名字：张老师，年龄：33，性别：男
```

```
学生信息-系统编号：0，学号：001，姓名：tom，性别：男，年龄：21
学生信息-系统编号：2，学号：003，姓名：lily，性别：女，年龄：22
学生信息-系统编号：3，学号：004，姓名：json，性别：女，年龄：22
学生信息-系统编号：4，学号：005，姓名：stone，性别：女，年龄：22
学生信息-系统编号：5，学号：009，姓名：张三，性别：男，年龄：23
*********************
```

删除学生信息：

```
请输入要删除学生的学号：
002
学号：002 的学生信息删除成功！
*********************
年级：2024 级，专业：软件工程，学生人数：4
班主任名字：张老师，年龄：33，性别：男
学生信息-系统编号：0，学号：001，姓名：tom，性别：男，年龄：21
学生信息-系统编号：2，学号：003，姓名：lily，性别：女，年龄：22
学生信息-系统编号：3，学号：004，姓名：json，性别：女，年龄：22
学生信息-系统编号：4，学号：005，姓名：stone，性别：女，年龄：22
*********************
```

修改学生信息：

```
请输入要修改信息的学生学号：
005
请输入新的姓名：
李四
请输入新的年龄：
33
请输入新的性别：
男
*********************
年级：2024 级，专业：软件工程，学生人数：5
班主任名字：张老师，年龄：33，性别：男
学生信息-系统编号：0，学号：001，姓名：tom，性别：男，年龄：21
学生信息-系统编号：2，学号：003，姓名：lily，性别：女，年龄：22
学生信息-系统编号：3，学号：004，姓名：json，性别：女，年龄：22
学生信息-系统编号：4，学号：005，姓名：李四，性别：男，年龄：33
学生信息-系统编号：5，学号：009，姓名：张三，性别：男，年龄：23
*********************
```

根据学号查询：

```
请输入你要查询学生的学号：
009
查询成功，您查询的学生信息如下：
学生信息-系统编号：5，学号：009，姓名：张三，性别：男，年龄：23
*********************
```

课程设计三：班级信息管理系统——多态的应用

课程设计三

说明：完成第 4 章的学习后，可进行课程设计三。

一、程序设计思想

（1）多态特性在面向对象的程序设计中应用广泛，是 Java 技术中必须掌握的基础知识。多态的使用场景是：当多个类存在共同的变量或者方法时，可以对这些类进行抽象化，即将众多类的共同变量和方法抽取出来，将其定义在抽象类或者接口中，让这些类继承或者实现抽象类和接口。此时，抽象类和接口与类形成类“父子”关系，设计某些方法时即可在形式参数位置传递为“父类”。实际执行时体现的行为由传入的具体子类决定，最终实现同一个方法执行时，执行内容由传入的具体子类对象决定，即多态特性。多态的使用可以使得程序设计变得更为灵活，程序结构可以实现动态变化，减少代码。

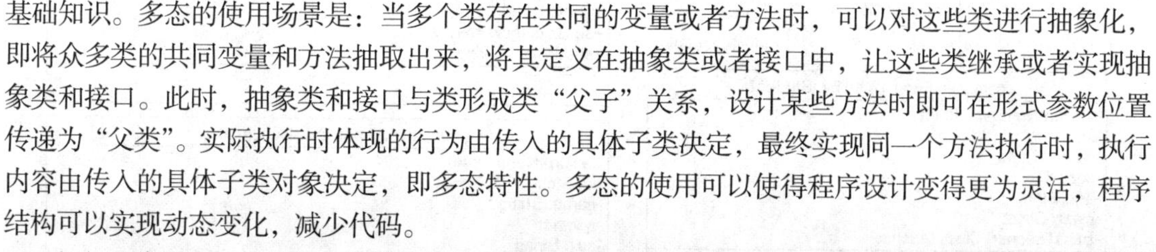

（2）迭代开发。软件的生产过程不是一蹴而就的，往往需要经过多次的测试、调整和修改。一般情况下，一个软件的诞生需要经过多轮程序结构和内容的修改，即多次版本更迭，才能最终交付给用户，这个过程被称为软件的迭代开发。本课程设计将继续完善班级信息管理系统的功能和结构，进行迭代设计。

二、实验内容

（1）班级信息管理系统在课程设计二中实现学生数据的管理，本课程设计实现教师数据的管理。学生数据和教师数据的管理从菜单结构看属于同一个级别，因此进行程序功能结构的迭代设计，功能结构如图 F3-1 所示。

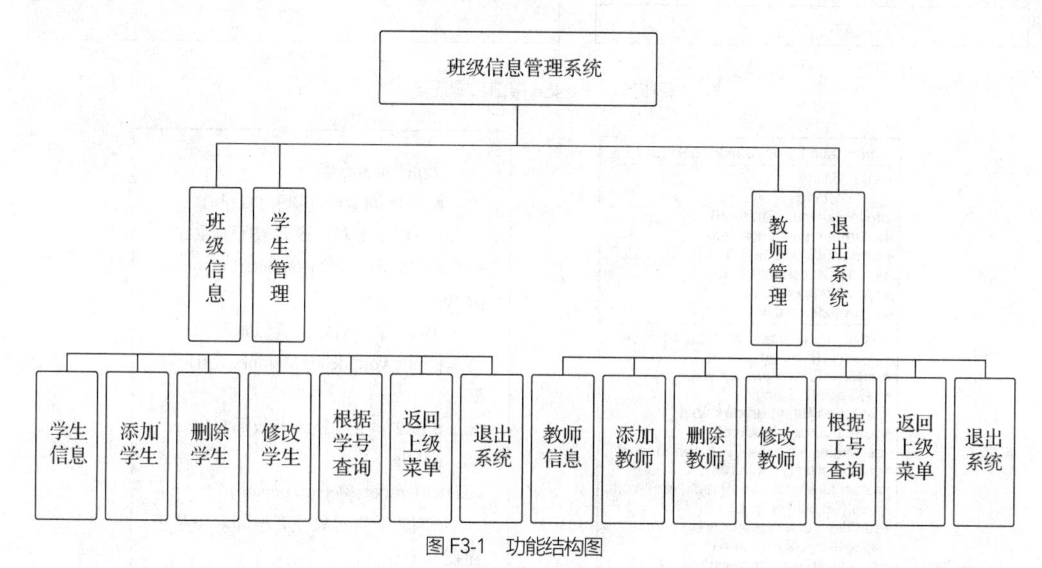

图 F3-1 功能结构图

（2）新增接口 Person，抽取实现类 Student、ClassTeacher、Lecturer（教师类）中相同的方法，程序设计中即可使用多态性。修改后的类图如图 F3-2 所示。

（3）重新设计 Clazz 类，增加数组存储 Lecturer 对象，在操作 Student 和 Lecturer 对象进行数据操作（增、删、改、查）时使用同一个方法实现，类图如图 F3-3 所示。

（4）重新设计 Memu 类，实现两级菜单的操作逻辑，用二维数组保存菜单文本内容。

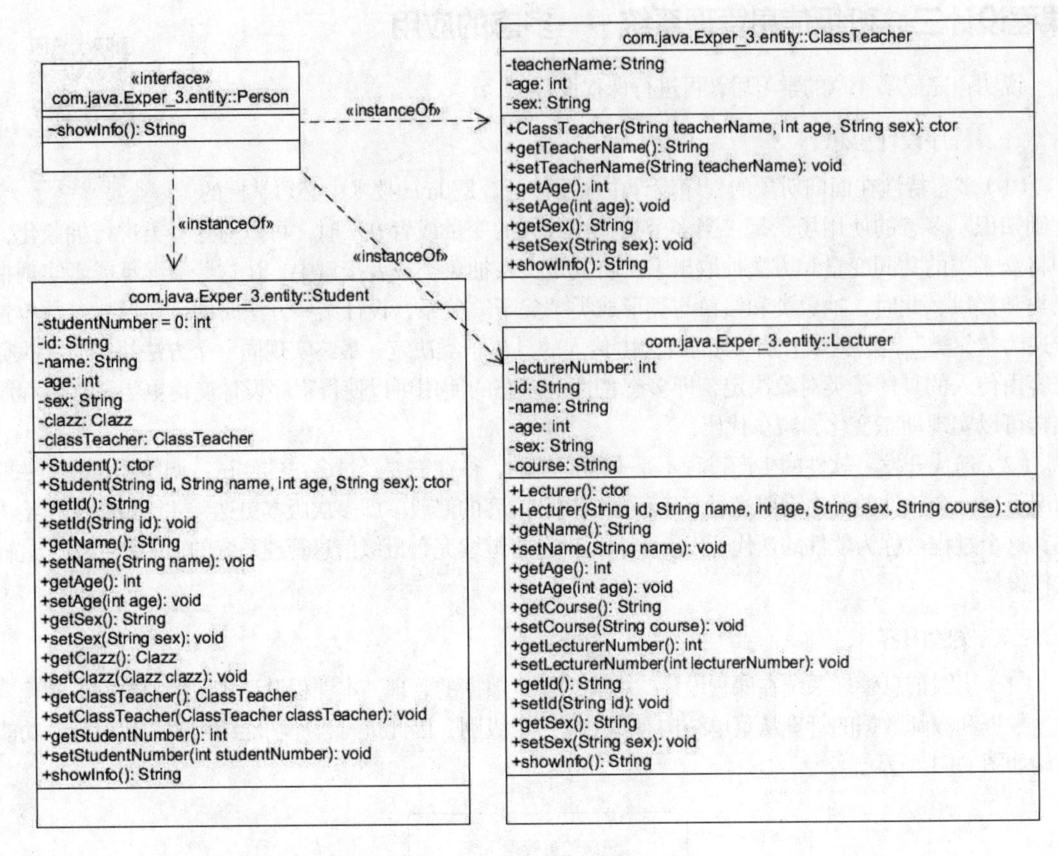

图 F3-2　Person 接口和实现类

com.java.Exper_3.manager::Clazz
-major: String -grade: String -students = null: Student[] -lecturers = null: Lecturer[] -numberOfStudents = 0: int -numberOfLecture = 0: int -sutdentIndex = 0: int -lectureIndex = 0: int
+Clazz(String major, String grade): ctor +getMajor(): String +setMajor(String major): void +getGrade(): String +setGrade(String grade): void +getStudents(): Student[] +setStudents(Student[] students): void +getLecturers(): Lecturer[] +setLecturers(Lecturer[] lecturers): void -count(Object[] obj): int +addMembers(Person person): void +isStudentFull(): boolean +isLecturerFull(): boolean +deleteMembers(String id): void +updateMembers(Person person): void +isMemberExist(String id): boolean +selectMumberById(String id): Person +printClazzInfo(): void +printHeaderInfo(): void +printStudentInfo(): void +printLectureInfo(): void

```
//统计对象个数
private int count(Object[] obj)
//添加学生对象或者教师对象
public void addMembers(Person person)
//删除学生对象或者教师对象
public void deleteMembers(String id)
//修改学生对象或者教师对象
public void updateMembers(Person person)
//判断学生对象或者教师对象是否存在
public boolean isMemberExist(String id)
//根据id查找学生对象或者教师对象
public Person selectMumberById(String id)
```

图 F3-3　Clazz 类图

三、实现效果

一级菜单：

```
=====================
欢迎使用班级信息管理系统!
=====================
【1】班级信息
【2】学生管理
【3】教师管理
【4】退出系统
=====================
```

二级菜单（学生管理菜单）：

```
=====================
欢迎使用班级信息管理系统!
=====================
【1】学生信息
【2】添加学生
【3】删除学生
【4】修改学生
【5】根据学号查询
【6】返回上级菜单
【7】退出系统
=====================
```

二级菜单（教师管理菜单）：

```
=====================
欢迎使用班级信息管理系统!
=====================
【1】教师信息
【2】添加教师
【3】删除教师
【4】修改教师
【5】根据工号查询
【6】返回上级菜单
【7】退出系统
=====================
```

班级信息：

```
*********************
年级：2024级，专业：软件工程，学生人数：5，专业教师人数：5
***学生信息***
学生信息-系统编号：0，学号：S001，姓名：tom，性别：男，年龄：21
学生信息-系统编号：1，学号：S002，姓名：jack，性别：男，年龄：22
学生信息-系统编号：2，学号：S003，姓名：lily，性别：女，年龄：22
学生信息-系统编号：3，学号：S004,姓名：json,性别：女，年龄：22
学生信息-系统编号：4，学号：S005，姓名：stone，性别：女，年龄：22
```

```
***讲师信息***
任课教师-工号：A001，名字：张老师，年龄：33，性别：男，教授课程：数据结构
任课教师-工号：A002，名字：李老师，年龄：43，性别：女，教授课程：高等数学
任课教师-工号：A003，名字：王老师，年龄：41，性别：男，教授课程：线性代数
任课教师-工号：A004，名字：柳老师，年龄：42，性别：女，教授课程：大学英语
任课教师-工号：A005，名字：吕老师，年龄：41，性别：男，教授课程：大学体育
*********************
```

课程设计四：班级信息管理系统——异常、常用类和正则表达式的应用

说明：完成第 6 章的学习后，可进行课程设计四。

课程设计四

一、程序设计思想

（1）异常。Java 程序在运行过程中经常会出现异常，一般情况 Java 程序会抛出运行时异常，帮助程序员查找代码中的错误，但是这些异常都是编程环境预定义的异常类型，例如空指针异常、算术异常等。也就是说，编程环境预定义的异常只能监测固定的某些异常情况。进行程序设计时，可根据设计需要，由程序员自定义异常。自定义异常的抛出条件和程序逻辑由设计者自己定义，自定义异常可以监测更多异常情况。

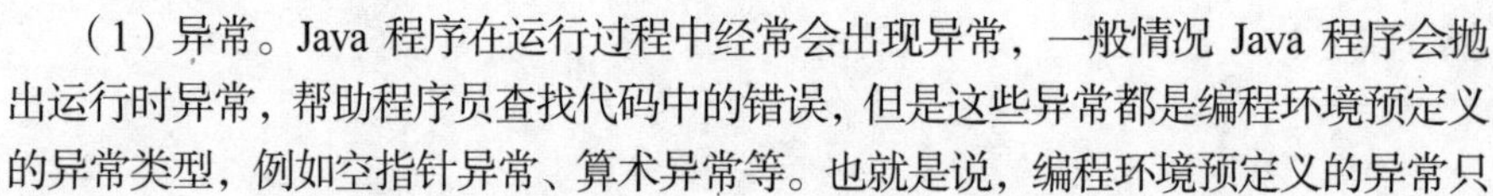

（2）常用类。在程序设计过程中，需要使用 API 提供的工具类。比如 String 类用于字符串的格式化（字符串的分隔、合并和匹配等），Date 类用于表示日期（日期输出时需要使用 SimpleDateFormat 类进行日期输出样式的设置），Math 类提供各种数学计算的方法等。

（3）正则表达式。用户使用系统时会进行数据的输入，一般输入的数据类型是字符串。程序运行过程中需要判断用户输入的数据是否符合程序处理数据的格式需求，使用正则表达式判断输入数据是否符合数据格式的要求。

二、实验内容

（1）在 Student 和 Lecturer 类中增加 Date 类型的变量 birthday，用于保存出生日期。重新设计构造方法，对象信息输出时包含 birthday 变量的值，前端操作过程中提供这个变量值的输入，输入获取的是字符串，应该将字符串解析为 Date 类型的对象进行保存。

（2）在 Person 接口中增加抽象方法，用于监测用户输入的数据是否符合要求，各个子类中分别实现这个方法。

（3）在 Student 和 Lecturer 类中实现对学生和教师相关输入内容（id、age、sex 和 birthday 变量值）的监测，规则如下。

学生的 id：以“S”开头，后面是数字，总长度为 4 位，例如“S001”

教师的 id：以“A”开头，后面是数字，总长度为 4 位，例如“A001”

学生和教师的 age：输入的数值只能是 0～100。

学生和教师的 sex：只能输入“男”或者“女”。

学生和教师的 birthday：输入的日期格式为“XXXX.XX.XX”，例如“2024.02.12”。

监测过程采用正则表达式进行判断。

（4）自定义一个异常，当监测的输入内容不符合要求时，抛出自定义异常对象。

重构之后的类图如图 F4-1 所示。

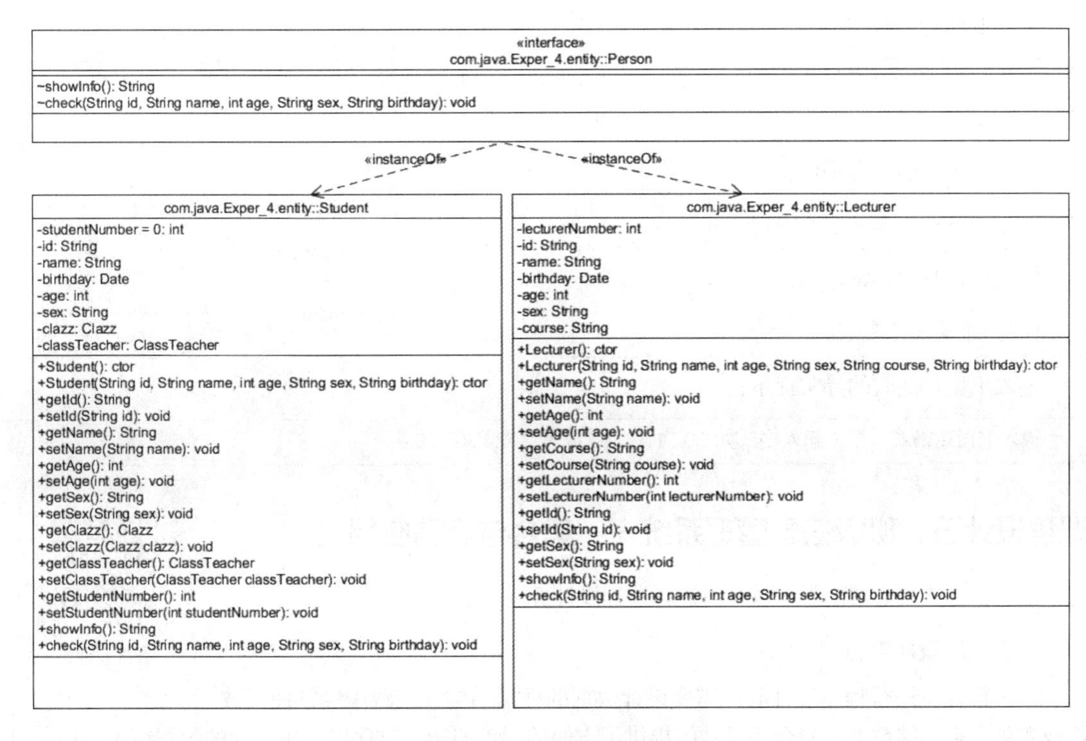

图 F4-1　Person 接口和实现类

三、实现效果

输出班级信息：

```
班级信息：
**********************
年级：2024 级，专业：软件工程，学生人数：5，专业教师人数：5
***学生信息***
学生信息-系统编号：0，学号：S001，姓名：tom，性别：男，年龄：21，出生日期：2002 年 02 月 03 日
学生信息-系统编号：1，学号：S002，姓名：jack，性别：男，年龄：22，出生日期：2001 年 02 月 03 日
学生信息-系统编号：2，学号：S003，姓名：lily，性别：女，年龄：22，出生日期：2001 年 02 月 03 日
学生信息-系统编号：3，学号：S004，姓名：json，性别：女，年龄：22，出生日期：2001 年 02 月 23 日
学生信息-系统编号：4，学号：S005，姓名：stone，性别：女，年龄：22，出生日期：2001 年 02 月 03 日
***讲师信息***
任课教师-工号：A001，名字：张老师，年龄：33，性别：男，出生日期：1990 年 02 月 03 日，教授课程：数据结构
任课教师-工号：A002，名字：李老师，年龄：43，性别：女，出生日期：1980 年 02 月 03 日，教授课程：高等数学
任课教师-工号：A003，名字：王老师，年龄：41，性别：男，出生日期：1982 年 02 月 03 日，教授课程：线性代数
任课教师-工号：A004，名字：柳老师，年龄：42，性别：女，出生日期：1981 年 02 月 03 日，教授课程：大学英语
任课教师-工号：A005，名字：吕老师，年龄：41，性别：男，出生日期：1982 年 12 月 03 日，教授课程：大学体育
```

输入ID时的异常提示：

```
学生：输入的学号必须以S字母开头，一共4位，形如S001！
教师：输入的工号必须以A字母开头，一共4位，形如A001！
```

输入年龄时的异常提示：

```
输入年龄错误，年龄应该在1～100
```

输入性别时的异常提示：

```
性别只能输入男或女！
```

输入出生日期时的异常提示：

```
输入的日期格式错误，输入格式如2024.2.12或者2024.08.01
```

课程设计五：班级信息管理系统——集合与流的应用

课程设计五

说明：完成第8章的学习后，可进行课程设计五。

一、程序设计思想

（1）集合。进行程序设计时，需要设计数据的存储结构，实践中经常使用数组或者集合来存储数据。集合相较数组提供了方便的元素遍历、排序以及更灵活的数据组织结构，可以根据设计的数据结构灵活选择集合的多个实现类，这些类提供多个操作数据元素的方法。有时使用集合替换数组可以更简便地设计数据结构。

（2）流。设计系统功能时，有时需要将程序中的数据以文件的形式存储到存储设备中，有时需要从存储设备的某个位置读取文件的数据到程序中，这两个过程是相反的，使用的技术就是流。注意流使用的过程中，由于程序使用的数据具有某种固定格式，已经存储的文件数据格式可能和程序使用的数据格式不一致，程序设计的过程中要注意数据格式的统一。

二、实验内容

（1）在系统顶层菜单中增加“保存学生信息”“保存教师信息”和“读取文件”3 个选项。“保存学生信息”“保存教师信息”选项，实现将系统当前的学生信息、教师信息写入计算机硬盘的指定位置，“读取文件”选项实现从计算机硬盘指定位置读取文本文件。系统功能结构如图 F5-1 所示。

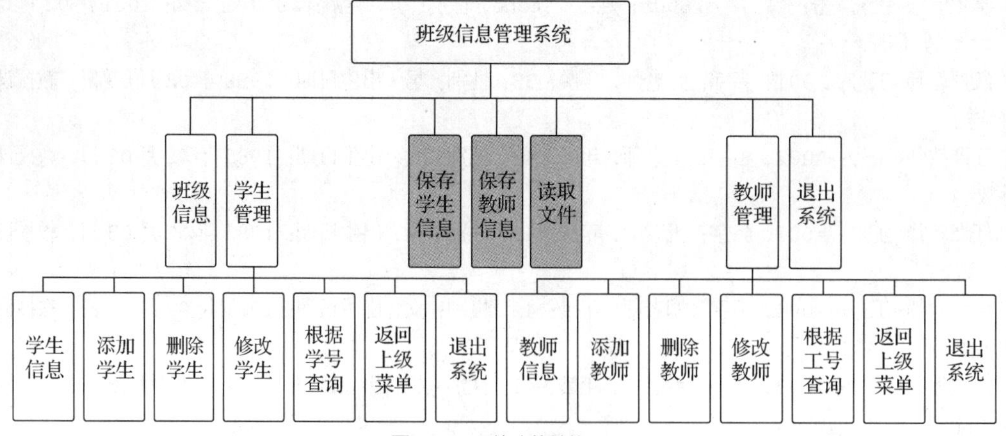

图 F5-1　系统功能结构

（2）课程设计四中，使用数组存储 Student 和 Lecturer 对象，删除数组元素时，需要设计算法移动存储的对象。本课程设计使用集合替换系统中的数组，利用集合的特性和提供的方法，重新设计数据的添加、删除、修改和查询方法。

（3）创建一个通用类 ReadAndWriteData，提供两个方法用于数据的保存和读取。方法如下：

```
//形式参数传入保存路径和数据集合，传递学生和教师集合时，均可实现数据的本地存储
public void saveData(String filePath,List<Person> list)
//形式参数传入读取文件的路径，方法实现对指定文本文件字符串的读取和显示
public void readData(String filePath)
```

Clazz 和 ReadAndWriteData 类如图 F5-2 所示。

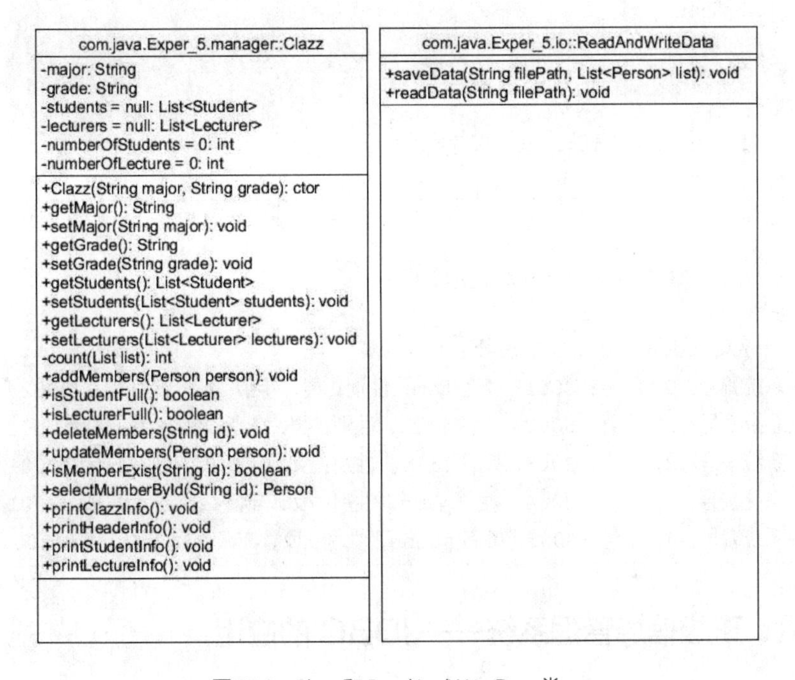

图 F5-2　Clazz 和 ReadAndWriteData 类

三、实现效果

顶层菜单：

```
======================
欢迎使用班级信息管理系统!
======================
【1】班级信息
【2】学生管理
【3】教师管理
【4】保存学生信息
【5】保存教师信息
【6】读取文件
【7】退出系统
======================
请输入序号使用功能:
```

保存学生信息功能：

```
=====================
请输入序号使用功能：
4
请输入文件保存的全路径，形如（"d://1.txt"）：
d://student.txt
数据保存到位置：d://student.txt，保存成功!
=====================
```

保存教师信息功能：

```
=====================
请输入序号使用功能：
5
请输入文件保存的全路径，形如（"d://1.txt"）：
d://teacher.txt
数据保存到位置：d://teacher.txt，保存成功!
=====================
```

读取文件功能：

```
请输入读取文件的全路径，形如（"d://1.txt"）：
d://student.txt
读取路径：d://student.txt，数据如下：
学生信息-系统编号：0，学号：S001，姓名tom，性别：男，年龄21，出生日期：2002年02月03日
学生信息-系统编号：1，学号：S002，姓名jack，性别：男，年龄22，出生日期：2001年02月03日
学生信息-系统编号：2，学号：S003，姓名lily，性别：女，年龄22，出生日期：2001年02月03日
学生信息-系统编号：3，学号：S004，姓名json，性别：女，年龄22，出生日期：2001年02月23日
学生信息-系统编号：4，学号：S005，姓名stone，性别：女，年龄22，出生日期：2001年02月23日
```

课程设计六：班级信息管理系统——JDBC 的应用

课程设计六

说明：完成第 9 章的学习后，可进行课程设计六。

一、程序设计思想

（1）数据存储。设计程序结构时，可以将部分数据以数组或者集合的方式存储，程序运行过程中数据是存储在内存中的。程序再次执行时数据又重新被加载到内存中，如果数据量太大则不适合频繁地通过内存进行存储，此时可以利用数据库进行存储。数据可以持久性地存储在数据库中，使用时从数据库中取出即可，这样可以提高系统的运行效率，确保数据的存储安全。

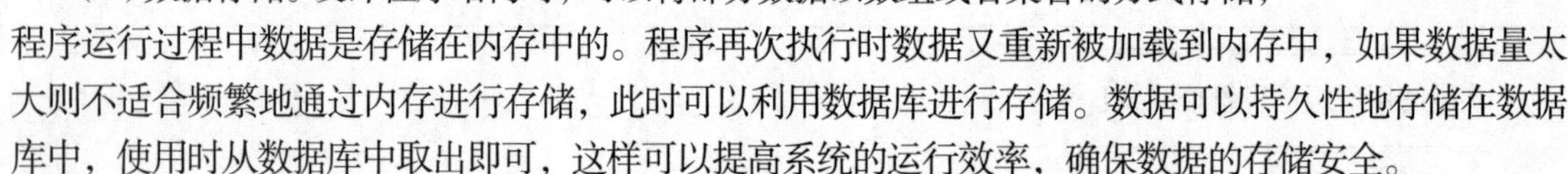

（2）JDBC 技术。Java 数据库连接技术可以帮助系统持久地连接数据库，设计系统结构时将数据以数据库表的形式进行存储，通过 JDBC 技术可以连接多种数据库。

二、实验内容

（1）重新构造系统，使用数据库表存储学生和教师的信息，不再使用集合存储。学生表与教师表的字段和 Student 和 Lecturer 的成员变量名称和数据类型保持一致。数据库表设计如图 F6-1 所示。

（2）由于不再使用集合存储数据，数据的存储通过 JDBC 技术实现。类 Student、Lecturer、Clazz、Menu 中的成员变量和成员方法需进行调整：删除不需要的变量，修改方法逻辑。重新设计的类如图 F6-2 和图 F6-3 所示。

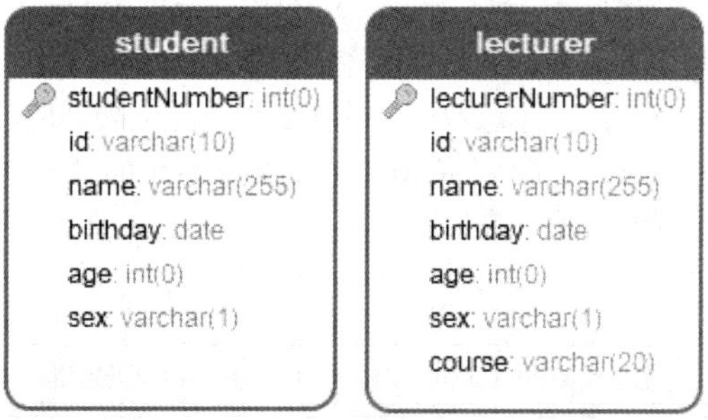

```
student
studentNumber: int(0)
id: varchar(10)
name: varchar(255)
birthday: date
age: int(0)
sex: varchar(1)
```

```
lecturer
lecturerNumber: int(0)
id: varchar(10)
name: varchar(255)
birthday: date
age: int(0)
sex: varchar(1)
course: varchar(20)
```

图 F6-1　数据库表设计

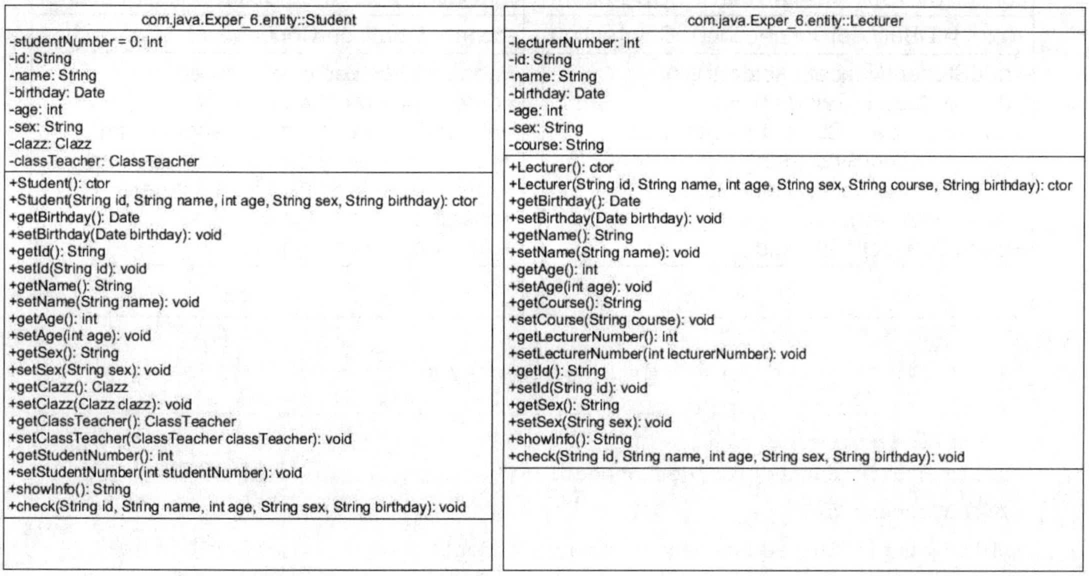

```
com.java.Exper_6.entity::Student
-studentNumber = 0: int
-id: String
-name: String
-birthday: Date
-age: int
-sex: String
-clazz: Clazz
-classTeacher: ClassTeacher
+Student(): ctor
+Student(String id, String name, int age, String sex, String birthday): ctor
+getBirthday(): Date
+setBirthday(Date birthday): void
+getId(): String
+setId(String id): void
+getName(): String
+setName(String name): void
+getAge(): int
+setAge(int age): void
+getSex(): String
+setSex(String sex): void
+getClazz(): Clazz
+setClazz(Clazz clazz): void
+getClassTeacher(): ClassTeacher
+setClassTeacher(ClassTeacher classTeacher): void
+getStudentNumber(): int
+setStudentNumber(int studentNumber): void
+showInfo(): String
+check(String id, String name, int age, String sex, String birthday): void
```

```
com.java.Exper_6.entity::Lecturer
-lecturerNumber: int
-id: String
-name: String
-birthday: Date
-age: int
-sex: String
-course: String
+Lecturer(): ctor
+Lecturer(String id, String name, int age, String sex, String course, String birthday): ctor
+getBirthday(): Date
+setBirthday(Date birthday): void
+getName(): String
+setName(String name): void
+getAge(): int
+setAge(int age): void
+getCourse(): String
+setCourse(String course): void
+getLecturerNumber(): int
+setLecturerNumber(int lecturerNumber): void
+getId(): String
+setId(String id): void
+getSex(): String
+setSex(String sex): void
+showInfo(): String
+check(String id, String name, int age, String sex, String birthday): void
```

图 F6-2　Student 和 Lecturer 类

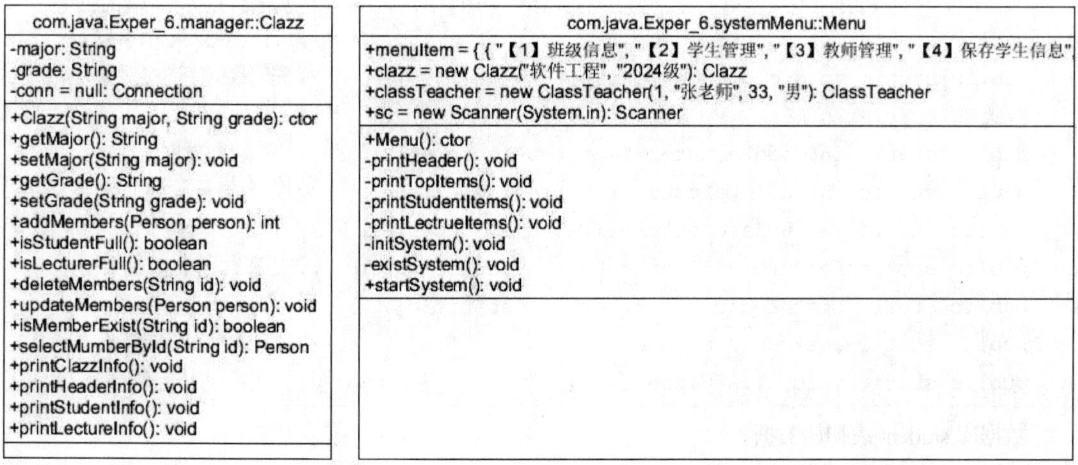

```
com.java.Exper_6.manager::Clazz
-major: String
-grade: String
-conn = null: Connection
+Clazz(String major, String grade): ctor
+getMajor(): String
+setMajor(String major): void
+getGrade(): String
+setGrade(String grade): void
+addMembers(Person person): int
+isStudentFull(): boolean
+isLecturerFull(): boolean
+deleteMembers(String id): void
+updateMembers(Person person): void
+isMemberExist(String id): boolean
+selectMumberById(String id): Person
+printClazzInfo(): void
+printHeaderInfo(): void
+printStudentInfo(): void
+printLectureInfo(): void
```

```
com.java.Exper_6.systemMenu::Menu
+menuItem = { { "【1】班级信息", "【2】学生管理", "【3】教师管理", "【4】保存学生信息",
+clazz = new Clazz("软件工程", "2024级"): Clazz
+classTeacher = new ClassTeacher(1, "张老师", 33, "男"): ClassTeacher
+sc = new Scanner(System.in): Scanner
+Menu(): ctor
-printHeader(): void
-printTopItems(): void
-printStudentItems(): void
-printLectrueItems(): void
-initSystem(): void
-existSystem(): void
+startSystem(): void
```

图 F6-3　Clazz 和 Menu 类

（3）设计类 DB, util 提供方法用于获取 Connection 对象，设计类 DBStudent 提供方法用于对数据库表 student 进行数据操作（增、删、改、查等），设计类 DBLecturer 提供方法用于对数据库表 lecturer 进行数据操作（增、删、改、查等）。注意数据库连接对象不能无限制地创建，对象使用完必须关闭。设计时在 DBStudent 类和 DBLecturer 类中各创建一个对象来使用即可，当系统退出时再关闭这两个连接对象。数据库操作相关类如图 F6-4 所示。

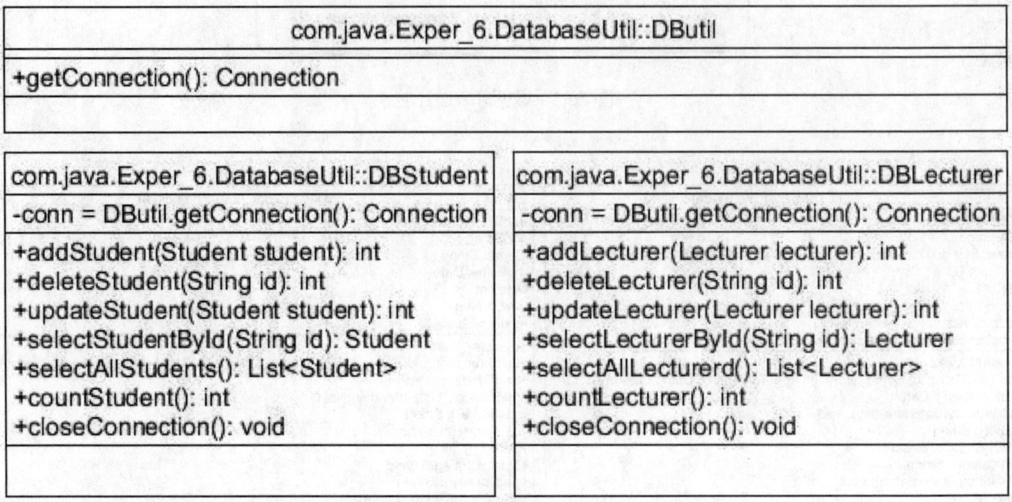

com.java.Exper_6.DatabaseUtil::DButil
+getConnection(): Connection

com.java.Exper_6.DatabaseUtil::DBStudent
-conn = DButil.getConnection(): Connection
+addStudent(Student student): int +deleteStudent(String id): int +updateStudent(Student student): int +selectStudentById(String id): Student +selectAllStudents(): List<Student> +countStudent(): int +closeConnection(): void

com.java.Exper_6.DatabaseUtil::DBLecturer
-conn = DButil.getConnection(): Connection
+addLecturer(Lecturer lecturer): int +deleteLecturer(String id): int +updateLecturer(Lecturer lecturer): int +selectLecturerById(String id): Lecturer +selectAllLecturerd(): List<Lecturer> +countLecturer(): int +closeConnection(): void

图 F6-4　数据库操作相关类

```
//类 DButil 方法
public static Connection getConnection()                //返回数据库连接对象
//类 DBStudent 方法
public static int addStudent(Student student)           //添加学生数据
public static int deleteStudent(String id)              //根据 ID 删除学生数据
public static int updateStudent(Student student)        //更新学生数据
public static Student selectStudentById(String id)      //根据 ID 查询学生数据
public static List<Student> selectAllStudents()         //查询所有学生数据
public static int countStudent()                        //统计学生表记录条数
public static void closeConnection()                    //关闭数据库连接对象
//类 DBLecturer 方法:
public static int addLecturer(Lecturer lecturer)        //添加教师数据
public static int deleteLecturer(String id)             //根据 ID 删除教师数据
public static int updateLecturer(Lecturer lecturer)     //更新教师数据
public static Lecturer selectLecturerById(String id)    //根据 ID 查询教师数据
public static List<Lecturer> selectAllLecturerd()       //查询所有教师数据
public static int countLecturer()                       //统计教师表记录条数
public static void closeConnection()                    //关闭数据库连接对象
```

数据库 student 表初始数据：

studentNumber	id	name	birthday	age	sex
1	S001	张山	1992-02-03	23	男
2	S002	王水	1999-02-03	33	女
3	S003	刘云	1992-01-03	21	男
4	S004	李天	1984-02-03	24	男
5	S005	谢空	2021-02-03	26	女

数据库 lecturer 表初始数据：

lecturerNumber	id	name	birthday	age	sex	course
1	A001	李一	1990-01-01	33	男	高级程序设计
2	A002	王二	1992-02-12	30	男	高等数学
3	A003	刘三	1996-05-09	32	女	大学语文
4	A004	赵四	2000-04-01	28	男	离散数学
5	A005	闫五	1991-12-01	30	女	线性代数

三、实现效果

顶层菜单“班级信息”功能效果：

```
======================
欢迎使用班级信息管理系统！
======================
【1】班级信息
【2】学生管理
【3】教师管理
【4】保存学生信息
【5】保存教师信息
【6】读取文件
【7】退出系统
======================
```

获取班级信息：

```
请输入序号使用功能：
1
班级信息：
**********************
年级：2024级，专业：软件工程，学生人数：5，专业教师人数：5
***学生信息***
学生信息-系统编号:1，学号：S001，姓名:张山，性别：男，年龄：23，出生日期：2000年02月03日
学生信息-系统编号:2，学号：S002，姓名:王水，性别：女，年龄：23，出生日期：2000年02月03日
学生信息-系统编号:3，学号：S003，姓名:刘云，性别：男，年龄：21，出生日期：2002年01月03日
学生信息-系统编号:4，学号：S004，姓名:李天，性别：男，年龄：24，出生日期：1999年02月03日
学生信息-系统编号:5，学号：S005，姓名:谢空，性别：女，年龄：26，出生日期：1997年02月03日
***讲师信息***
任课教师-工号：A001，名字：李一，年龄：33，性别：男，出生日期：1990年01月01日，担任课程：高级程序设计
```

任课教师-工号：A002，名字：王二，年龄：30，性别：男，出生日期：1993年02月12日，担任课程：高等数学

任课教师-工号：A003，名字：刘三，年龄：32，性别：女，出生日期：1991年05月09日，担任课程：大学语文

任课教师-工号：A004，名字：赵四，年龄：28，性别：男，出生日期：1995年04月01日，担任课程：离散数学

任课教师-工号：A005，名字：闫五，年龄：30，性别：女，出生日期：1993年12月01日，担任课程：线性代数

****

参考文献

[1] 梁勇. Java 语言程序设计[M]. 12 版. 戴开宇, 译. 北京: 机械工业出版社, 2021.

[2] 凯 · S. 霍斯特曼. Java 核心技术: 卷 I 基础知识[M]. 12 版. 林琪, 苏钰涵, 译. 北京: 机械工业出版社, 2022.

[3] 凯 · S. 霍斯特曼. Java 核心技术: 卷Ⅱ高级特性[M]. 12 版. 陈昊鹏, 译. 北京: 机械工业出版社, 2022.

[4] 周志明. 深入理解 Java 虚拟机（JVM 高级特性与最佳实践）[M]. 3 版. 北京: 机械工业出版社, 2020.

[5] 尼恩, 陈健, 徐明冠, 等. Java 高并发核心编程（卷 1）[M]. 北京: 清华大学出版社, 2022.

[6] 施珺, 纪兆辉, 赵雪峰. Java 语言实验与课程设计指导[M]. 3 版. 南京: 南京大学出版社, 2021.

[7] 杨云玉, 原晋鹏, 罗刚. Java 程序设计基础实验教程[M]. 成都: 西南交通大学出版社, 2018.

[8] 古凌岚, 张婵, 罗佳. Java 系统化项目开发教程[M]. 北京: 人民邮电出版社, 2018.

[9] 肖睿, 崔雪炜, 艾华, 等. Java 面向对象程序开发及实战[M]. 2 版. 北京: 人民邮电出版社, 2018.

[10] 陈国君, 陈磊, 李梅生, 等. Java 程序设计基础[M]. 北京: 清华大学出版社, 2021.

[11] 李金忠, 杨德石. Java 面向对象程序设计（微课视频版）[M]. 北京: 清华大学出版社, 2023.

[12] 张延军, 薛刚, 李贞, 等. Java 程序设计教程——微课 · 实训 · 课程设计[M]. 2 版. 北京: 清华大学出版社, 2023.